甲方视角下的建筑机电
全过程管理

王　波　主　编

顾　鹏　副主编

中国建筑工业出版社

图书在版编目（CIP）数据

甲方视角下的建筑机电全过程管理 / 王波主编；顾
鹏副主编 . — 北京 ：中国建筑工业出版社，2023.5（2023.11重印）
ISBN 978-7-112-28611-9

Ⅰ . ①甲⋯ Ⅱ . ①王⋯②顾⋯ Ⅲ . ①建筑工程－机
电设备－设备管理 Ⅳ . ① TU85

中国国家版本馆 CIP 数据核字（2023）第 063895 号

责任编辑：张文胜
责任校对：姜小莲

甲方视角下的建筑机电
全过程管理

王 波 主 编

顾 鹏 副主编

*

中国建筑工业出版社出版、发行（北京海淀三里河路9号）

各地新华书店、建筑书店经销

北京鸿文瀚海文化传媒有限公司制版

建工社（河北）印刷有限公司印刷

*

开本：787毫米×1092毫米 1/16 印张：14 字数：349千字

2023年5月第一版 2023年11月第二次印刷

定价：**58.00**元

ISBN 978-7-112-28611-9

（41014）

编写委员会

主　编：王　波

副主编：顾　鹏

委　员：尹小红　许　强　曲秋波　胡昌志　卢嘉琪

　　　　何泳滨　朱　磊　李　华　姚博涛　马增亮

　　　　周华强　夏　玺　陈然然

前　言

　　机电管控是一项跨部门、跨专业、全方位、全过程持续管理的工作。它专业性强、周期长、工作繁杂又艰巨。既要满足安全、功能要求，又需充分考虑运营及成本因素。它环环相扣，某个环节如管控不当便易出问题，因此需加强全过程管控，其中的可开发效益极高。

　　设计管控应是立体化、网路化的管理，而不仅是单一维度判断、思考问题。设计师往往只考虑技术而忽略了其他方面，只关心设计而不重视施工、调试及运营，这样容易造成系统不完善，或者很难落地。对机电设计而言，应重点关注机电全生命周期的管理，从方案、扩初、施工图、深化设计到施工、调试及运营，要能够形成一个全过程和闭环反馈运行机制，从而打破各阶段的壁垒，使机电系统真正全方位、系统性落地，从设计角度管理施工、运营，从设计角度管理成本、设备参数和选型。

　　同时，各阶段中的问题要及时发现或反馈，辨证论治，找出病根及时对症下药，使各个环节更加完善，使整个管控链条运行更加有效。如果把建筑比作人体，那么机电各系统如同人体的五脏六腑。如何从中医角度"把脉"机电问题，如何运用辨证论治理念综合诊治机电问题，做好"君臣佐使"药方的具体应用。可从执行力、创造力、持久力、黏结力、磁性力等方面阐述在机电设计管控中如何多力合一，如何协调多力的统一性和持久性，如何发挥合力的最大力量。

　　机制离不开协作与沟通，机电设计过程中需要跨专业、跨部门协同完成，这就构成了以全生命周期为主线，以跨部门、跨专业协同为副线的立体网络，也就是"三位一体"。设计管理角度强调了"多力合一"和"三位一体"，从问题诊治角度强调了"辨证论治"，从图纸品质角度着重"精益求精"，从图纸管理角度考虑"去冗化简"和"返璞归真"，从工作心态角度应"我以我心荐'轩辕'"。

　　机电设计师应主动和相关专业沟通、协调，提出自己合理化建议，机房提资应考虑整体逻辑,如制冷机房专用变配电室紧邻制冷机房、冷却塔在制冷机房垂直上方区域等,总体要实现整体和谐和最大合理性。在以往项目中常常发现机房面积偏大,布置不合理,存在面积浪费、减少车位数量和缩减店铺面积等问题。建筑形式、业态、物业权责、分期等都会对机房面积存在或大或小的影响,经验表明从多层、高层、超高层,机房面积占比依次增加,不同的机房形状对设备布置影响也很大,如矩形的比多边形、不规则的机房布置起来容易,无死角。从系统角度分析,一方面因装机容量偏大,设备选型偏大,造成机房面积增加,或系统末端机房分散,造成机房数量较多,面积增加;另一方面因设备布置未精细化设计,设计全过程中未与相关专业做好提资和反提资工作。另外,随着屋顶商业价值的开发,屋顶设备及排布也应引起重视。因此,本书从甲方视角阐述了甲方对建筑机电工程关注点及系统形式及选择。

绿色、低碳为当今社会普遍关心的问题,持续、健康的发展已成为大家的共识。商业建筑作为服务水平高、用能设备众多的公共建筑,其能耗强度多为 $100 \sim 200kWh/(m^2 \cdot a)$,为住宅能耗的 $10 \sim 20$ 倍。研究表明,一方面,我国公共建筑的能耗水平近年来呈现增长趋势,和发达国家同类建筑的能耗水平差距在不断缩小;另一方面,我国的商业地产处于快速发展阶段,建筑规模仍在迅速增长。近年来,绿色和低碳的概念在商业地产中逐渐发展,建筑能源管理系统作为建筑绿色、低碳运行管理的重要工具,得到了广泛应用。开展节能减排工作,不仅能够降低能耗费用开支、提升服务品质,还有助于提升品牌形象、管理水平和综合竞争能力。作为商业建筑的建设者,应贯彻落实国家各类政策,考虑节约资源,保护环境,同时又要为社会提供一个休闲、舒适、安全的购物、办公、居住的环境。

从甲方视角,工程中发现了很多技术和管理类的问题,如"大马拉小车"、商场"下冷上热"等技术类问题,发现了设计管理专业提资和反提资问题,发现了施工安装、调试的问题,也发现了运营管理等方面的问题。如既有商业建筑暖通空调系统普遍存在运行工况偏离设计工况的问题。在设计阶段,由于建筑围护结构数据不详尽、业态不确定、室外参数选择不合理等原因,导致空调负荷计算不准确;在设计负荷确定后,冷源配置与水系统设计不合理也会造成运行能耗偏大;建筑运营过程中,由于业态变更或功能变化导致空调负荷变化等。此外,既有建筑暖通空调系统经长时间使用后设备存在一定程度的损耗,且由于维护不足等原因造成设备运行效率逐年下降,从而造成建筑暖通空调系统能耗增加。基于以上原因,既有建筑暖通空调系统存在很大的系统调适和节能改造需求。因此,本书从甲方视角阐述了能源管控方面的焦点及案例分析。这些问题应逐一分析消化解决,本书给出了作者的自己的思考和管理思路。

国内项目建设部门分工明确,保证了项目开发的快速高效,但机电系统是系统工程,涉及多专业、多部门，沟通不畅或者落地执行出现偏差，就会让系统出现问题。调查发现，商业项目中很多系统带"病"工作，或者处于瘫痪状态，能源管控更是无从谈起，或者通过简单断电等粗暴方式管理，或者被动式问题处理管理。因此，笔者倡导机电管控应全过程管理，从建筑的生命周期看待问题，保证系统合理和能源建设合理。

随着人们环境保护意识的增强，能源问题急需改善，商业项目的竞争也更加激烈，建设者开始意识到能源管控的要求。而国内还未有一家此方面的系统专业咨询单位，设计顾问或设计单位往往只停留在满足节能等相关法规要求，未能提供系统的能源方案及节能措施，施工调试不到位，运营管理人员认知偏弱，不了解系统，造成了很多无效的投资和能源的浪费。

目前很多项目机电系统调试还只停留在使系统基本运转起来，满足基本功能要求的阶段，距离系统很好地适应不同工况下的使用要求及充分满足运营管理需要还有较大的差距。由于受到设计缺陷、工期、环境、施工质量、调试能力及意识、物业运营管理能力等诸多因素的影响，目前在建和已建成的商业建筑在机电系统综合调试工作方面仍存在或多或少的问题，一定程度上影响了项目的开业运营，更重要的影响了系统设计工况下所要达到及长期能耗的控制。本书也具体阐述了调适理念、组织架构、各方职责等相关内容，之所以采用"调适"一词，是指比调试更精细化的管理，让系统更加匹配、适应实际工况。另外，调试是个长期反复调试的过程，通过精调会更适合建筑。

商业建筑业态多样、功能复杂、人员密集，是民用建筑的用能、耗能大户，而其机电系统复杂、多变，初投资成本高，在建设功能方面既要满足安全、舒适性的要求，又要控制后期设备运营、维护成本。因此，设计、施工阶段应合理选择系统，避免无效投资，保证系统正常运行，后续又能满足持续经营需求，满足物业的运维要求。所以需要加强其全过程管理。

机电没有建筑那么雄伟高大的身躯，没有结构那么健硕有力的体魄，也没有精装那么娇艳优美的容颜，更没有景观那么热情绚丽的色彩。但机电有一颗不停跳动的心，把营养源源不断地输配到建筑的每个角落。使建筑这个庞然大物有条不紊地运行，带来舒适安全的居住、购物环境。

笔者有幸参与各类商业综合体建设管理工作，全过程参与了设计、施工、运营的机电工作，把在建设运营过程中的所思、所想和遇到的问题一并整理出来，希望能够给予广大的机电工作者一定的借鉴和参考，出版此书亦希望能够抛砖引玉，广交朋友，广泛讨论，不断提高机电业务水平。

本书在筹备、组织和编写过程中，尹小红、许强、曲秋波、胡昌志、卢嘉柒、朱磊、李华、姚博涛、马增亮等同志也积极参与其中，负责了部分章节的编写或修改工作，同时也给予了相关指导、支持和帮助，谨此表示感谢。

积极提供技术资料和支持编写工作的单位有青岛海信日立空调营销股份有限公司、青岛海尔空调电子有限公司、广州绿能环球节能科技有限公司、青岛渥汇人工环境有限公司，在此一并表示感谢！

由于作者水平有限，编制时间仓促，难免存在一些错误、遗漏、偏差与不足之处，敬请读者将发现的问题和意见向作者反馈和提出，不胜感激。

王波

2023年2月13日

目　录

第1章 机电设计管理之道

1.1 "三位一体"在机电设计管控中的应用

针对日常设计管理中问题的解决，笔者提出了"辨证论治"和"多力合一"的解决思路和设计管理心得。

对机电设计而言，应重点关注机电全生命周期的管理，从方案、扩初、施工图、深化设计到施工、调试及运营等，要能够形成一个全过程和闭环反馈的运行机制，从而打破各阶段的壁垒和灰色地带，使机电系统真正全方位、系统性落地，如从设计角度管理施工、运营，从设计角度管理成本、设备调试等。

同时，各阶段中的问题要及时发现或反馈，"辨证论治"，找出病根并及时对症下药，使各个环节更加完善，使整个管控链条运行更加有效。

全过程管理机制离不开协作与沟通，机电设计过程中需要跨专业、跨部门协同完成，这就构成了以全生命周期为主线，以跨部门、跨专业协同为副线的立体网络，也就是"三位一体"。

1.1.1 从空调水系统看全过程管控的具体应用

空调水系统设计中，通常会通过全年能耗模拟、负荷延时图等方法进行大小机搭配、选择空调主机，设计单位应根据全年运行模拟分析给出制冷系统年综合 COP 运行目标值及制冷主机年运行效率、冷水泵和冷却水泵输配效率以及冷却塔运行效率等目标值。这些常规工作内容在这里就不一一展开讨论了，重点讲述设计在施工、调试和运营阶段开展的工作。

施工图完成后，后续由总包深化设计，重点关注设备排布、土建基础、具体节点大样图等，订货前要根据厂家所提设备选型审核确定设备参数；群控方面要进一步与厂家、物业确定群控点位，以及共同探讨和制定更匹配本项目的控制策略；调试中要重点关注空调末端设备调试、制冷站单机设备调试、制冷站水系统及联动调试及群控系统调试，关注水平衡和负荷平衡。

如某一项目，在冷却泵性能测试中发现1号冷却水泵出口手阀未全开，调整后流量由调整前1290m³/h增加至1400m³/h，水泵功率从164kW下降至115kW，水泵扬程从40mH₂O降至24mH₂O。可见在出口手阀未全开时，有16mH₂O被该手阀消耗。群控界面方面，发现厂家所提过于简单，并未结合项目量身打造。通过谈判，对界面及控制策略进行了进一步调整，如图1-1所示。

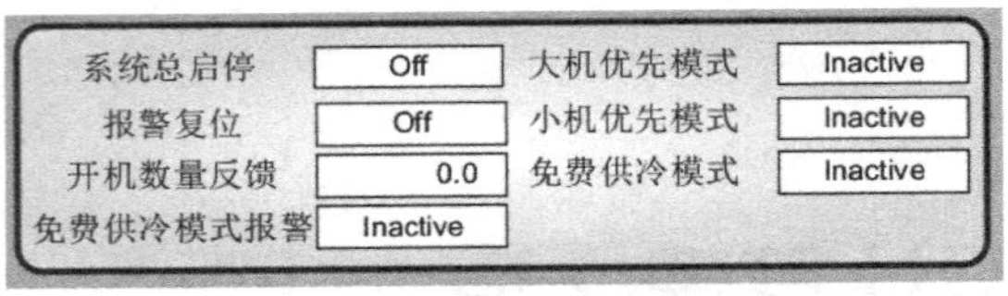

系统总启停	Off	大机优先模式	Inactive
报警复位	Off	小机优先模式	Inactive
开机数量反馈	0.0	免费供冷模式	Inactive
免费供冷模式报警	Inactive		

图1-1 原制冷机群控操作界面

因此，系统落地执行过程中需要通过全过程管理，才能够使空调系统最终达到设计意图。否则设计人员只关心设计本身，对其他阶段不理睬或不参与。同时，由于项目、物业人员往往对大系统缺乏整体认识，使得施工和调整、运营中的问题很难被发现，造成不必要的损失，设计、运营中发现的问题也不能完全反馈到设计前端。

如以前制冷机选型往往存在"大马拉小车"的问题，就是因为设计缺少运营数据，设计偏保守，造成设备选型偏大，增加无效成本。

1.1.2 从租户看跨部门协同中的具体应用

作为商业项目，无法回避租户条件的变更调整，也是机电专业特别的"痛"。下文通过分析租户条件调整时各部门的职责来阐述跨部门协同工作。

1. 设计管理部的主要职责

（1）审核租户工程条件，梳理差异项并反馈给招商运营部门；

（2）配合招商部门与租户协商机电预留条件及交场界面要求等；

（3）确认最终租户工程条件并落实设计变更修改，协调设计院出具设计变更单并提供租户工程条件图；

（4）负责编制租户二次机电设计要求及图纸要求，提供给商业部门；

（5）审核租户二次装修机电部分图纸。

2. 招商运营部门的主要职责

（1）负责组织并协调租户工程条件沟通会，协调设计管理部、项目部、物业管理团队、成本管理部参加，确保各部门信息顺畅及时，以便快速判断是否可以按照租户要求执行或做调整，必要时需上报公司层面决策；

（2）负责梳理由项目部以及设计管理部审核后的租户工程条件和租户对接，形成最终确认版的租户工程条件；

（3）负责将对成本、工程进度等有较大影响的租户工程条件通过公司流程决策；

（4）负责将设计管理部确认的租户工程条件图、租户二次机电设计要求及图纸要求发送给租户，督促租户据此进行图纸设计并报设计管理部、物业管理团队等相关部门审核；

（5）负责收集各部门图纸审核意见并完成最终图纸的确认；

（6）负责组织物业管理团队、项目部、设计管理部（如需）完成租户现场工程条件确认及场地交接；

（7）负责协同物业管理团队将现场难以达成租户实际装修需求的工程条件（例如：风管标高过低，影响顶棚设计等）反馈给设计、项目部调整；

（8）负责协调租户合同签署后的工程条件变更，并反馈需求信息，协同设计管理部、项目部与租户就工程条件变更达成一致意见。

3. 项目部的主要职责

（1）反馈租户工程条件执行情况，确认是否存在潜在的其他返工。

（2）审核租户工程条件及交付标准，准确反馈对工程进度、工程量等的影响。控制施工节奏，减少应租户要求调整带来的变更成本增加。

（3）协同招商业部门完成租户现场工程条件确认及场地交接。

（4）审核租户二次装修机电部分图纸。

（5）负责租户机电现场安装质量、安全等方面的管控，满足相关要求。

4. 物业管理团队的主要职责

（1）针对租户工程条件对照表，反馈运营管理相关信息，确认是否存在运营管理问题及运营费用是否会增加；

（2）审核租户工程条件对照表；

（3）审核租户二次装修机电部分图纸；

（4）负责租户重要设备进场、隐蔽工程的验收。

5. 成本管理部的主要职责

评估按照租户要求引起的工程及施工界面调整所产生的变更对成本造成的影响。当公司决策按照租户要求变更后，记录每项由租户引起的设计、工程变更实际产生的成本，以便后评估。

租户机电管理是设计、招商、施工、物业验收全过程的管理（图1-2）。只有打通各环节和部门，才能在服务好租户的前提下，降低无效建设成本，避免由租户二次机电改造造成的长期运营成本增加。

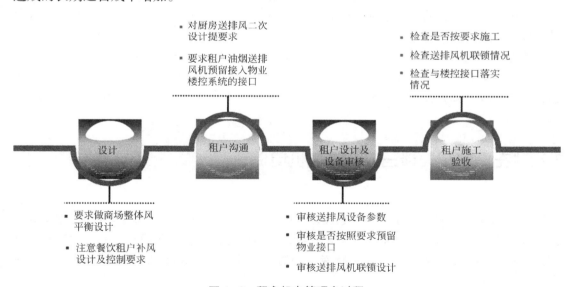

图 1-2　租户机电管理全过程

从中可以看出各部门在租户变更调整中都承担着各自的职责，是一个共同参与完成的过程，这个过程需要跨部门协作，从技术到成本、从工程施工到交付，都务必需要互相协作。

1.1.3　从防冻保温看跨专业协同的具体应用

防冻保温不只是机电专业的问题，而是一个综合问题。从建筑角度要考虑维护问题，如严寒地区车道出入口部位应设置两道卷帘，其间距应按照汽车经过时两道卷帘门不同时开启为原则确定；卷帘门靠车库内侧应设置带有强制循环水泵的热水风幕；首层入口设置门斗或旋转门，门具有自复位功能；车库到电梯厅设平开门或旋转门，冬季鼓励顾客走旋转门，避免车库冷风灌入室内公共区。

机电专业技术措施举例如下：

（1）严寒、寒冷地区及夏热冬冷地区新风取风口应设置与风机连锁的多叶密闭保温风阀，以阻挡非运行期间的冷风侵入；

（2）寒冷、严寒及夏热冬冷地区，有冻结风险的区域内的消防喷淋系统建议采用预作用系统；

（3）严寒地区租户内邻外围护结构2m范围内的喷淋管道冬季应采取电伴热保温防冻措施，供电取自租户电箱；

（4）严寒地区空调处理机组及新风机组不应露天设于室外。寒冷及夏热冬冷地区空调处理机组及新风机组不宜室外露天设置，如必须设于室外，应充分考虑防冻及保温措施；

（5）严寒地区空气处理机组及新风机组必须设置预热段防止表冷器冻结，寒冷地区空气处理机组可不设预热盘管；

（6）严寒地区预热盘管及寒冷地区新风机组和空调机组盘管的背风面应独立安装两个防冻开关。防冻开关应设置于水流速较低、易冻之处。

从中可以看出，防冻保温涉及建筑、暖通空调、给水排水、电气、弱电等专业，从设计角度各专业综合考虑。

机电管控是一项跨部门、跨专业，全方位、全过程持续管理的工作。它专业性强、周期长、工作繁杂艰巨；既要满足安全、功能要求，又需充分考虑运营及成本因素。它环环相扣，某个环节如管控不当便易出问题，因此需加强全过程管控，其中可开发效益极高。

1.2 "左提右挈"谈三位一体之机电提资

前文分享了"三位一体"在机电设计管控中的应用，其中提到了跨部门、跨专业协同的问题。本节结合机电不同阶段的主要内容，具体阐述机电各专业间及机电与建筑等专业间互相提资的相关内容。从而实现跨专业的协同管控，专业间能够"左提右挈"，从而满足高设计质量。

1.2.1 方案设计阶段

方案设计阶段机电专业的主要工作内容是结合项目定位及当地情况确定项目机电设计标准，结合市政条件、当地特殊要求以及项目分期及各功能区块定位，通过必要的经济技术比较与分析，确定机电系统方案；对机电系统重点与后期实施难点进行分析，并给出应对方案；对机电系统容量进行初步估算；确定机电主干路由走向及主要机房位置等。明确了工作内容，那么专业间如何协同呢？此阶段建筑专业应给机电专业提供基本建筑信息，从而满足机电设计需求。

1. 建筑专业给机电专业提资内容

（1）总建筑面积等基本指标信息；（2）业态基本落位图及基本面积指标；（3）餐饮面积指标；（4）总平面图；（5）人防落位图（如有）；（6）各层防火分区划分图；（7）各层标高要求；（8）项目绿建星级定位等。

2. 机电专业给建筑专业提资内容

（1）机房位置、面积、层高、载荷等需求；（2）各类管井位置、面积、开洞等需求；（3）大型设备吊装孔、运输通道需求；（4）屋顶设备布置需求；（5）地库板上敷土深度；（6）外墙百叶需求等。

机房提资除主机和通用机房外，还应关注机房内值班室、配电间、热计量间等非主次机房提资，同时关注相关机房防水等方面的要求。扩初阶段相互提资大多数是方案阶段提资的具体完善、细化和聚焦，此处不再详细阐述。下面具体阐述施工图阶段的相关内容。

1.2.2　施工图设计阶段

此阶段的主要工作内容是确保前期设计要求在施工图设计中落实；确保机电设计重点及难点按照前期设计在施工图设计中落实；协调并组织设计单位落实跨专业设计内容，如机电与幕墙、室内、市政、燃气专项设计等的跨专业设计，避免发生设计盲区与灰色地带；审核机电设计需求在施工图纸中的落实情况并确保按照机电要求落实，如冷却散热设备对百叶通风率的要求，机电用房内排水沟定位等对土建设计的要求等；按照业态落位及租户提出的机电预留要求，协调落实租户的机电预留设计需求。确保各机电系统施工图质量满足报审、招标、施工等要求。

因篇幅所限，本节主要讲其他专业给机电专业提资的内容。

1. 幕墙专业给机电专业提资内容

（1）接地系统做法；（2）玻璃幕墙的传热系数；（3）屋面雨棚图纸；（4）泛光照明图；（5）百叶位置、大小和性能要求等。

2. 精装专业给机电专业提资内容

（1）室内精装图纸：顶棚、地面、墙面综合布置图中应包括顶棚造型、标高、灯具、广播、视频监控、开关、插座、消防探测和报警装置、喷淋、消火栓、风口、检修口等机电设备设施的布置；（2）普通照明回路划分、照明控制要求、应急照明灯的回路设计；（3）室内、车库标识的位置、数量及控制方式。

3. 结构专业给机电专业提资内容

（1）各层结构平面图；（2）各层净高控制区域结构变化资料；（3）积水坑图；（4）预留洞等。

4. 景观专业给机电专业提资内容

（1）室外标识的位置、数量及控制方式；（2）提供室外水景、泛光照明图等，明确水、电接口位置；预留电量、水量；（3）室外井盖布置原则；（4）屋面景观图。

5. 暖通空调专业给结构专业提资内容

（1）大型设备的吊装孔、运输通道，净高、宽度要求；（2）机房内及屋面上各类设备基础和荷载要求；（3）外墙预留套管、剪力墙体上留洞、楼板留洞等；（4）水管安装密集的场所；（5）地暖降板区域。

6. 暖通空调专业给其他专业提资内容

（1）复核方案阶段各机房面积、净高、位置、数量等；（2）大型设备的吊装孔、运输通道，净高、宽度要求；（3）复核各类风井、水井尺寸，风管、水管路由；（4）各种风井百叶面积、高度、距离要求（含百叶通风率要求）；（5）室内各种风口和百叶尺寸；（6）机房内及屋面上各类设备基础和荷载要求，大型机房内排水沟；（7）外墙预留套管、剪力墙体上留洞、楼板留洞等；（8）挡烟垂壁位置，吊顶检修口；（9）地暖降板区域，分集水器、散热器位置。

7. 电气专业给建筑专业提资内容

（1）复核方案阶段各机房面积、位置、数量；（2）大机房净高，开门数量、尺寸；（3）变电所、消防泵房控制室、柴发机房控制室、制冷机房控制室、屋顶强弱电间等门槛高度；（4）外墙电气套管、剪力墙体上留洞、电井内楼板留洞；（5）大型电气设备的运输通道，净高、宽度要求。

8. 电气专业给结构专业提资内容

（1）变压器、高低压柜、柴发机组的重量及其运输通道；（2）外墙电气套管、剪力墙体上留洞、电井内楼板留洞。

9. 给水排水专业给建筑专业提资内容

（1）复核方案阶段各机房面积、位置、数量；（2）卫生间、厨房等同层排水降板范围及高度；（3）地下大机房以及小机房降板、设备房排水沟、机房门尺寸；（4）车库集水坑、设备机房集水坑、下沉广场集水坑、电梯坑集水坑、隔油池间集水坑坑等；车库坡道及车库内部排水沟；（5）进出单体的套管；消防水池的套管；消防水池人孔；（6）消火栓位置；（7）地上消防泵房、给水泵房、隔油池间以及屋顶水箱间设备布置、设备基础；（8）消防泵房、给水泵房以及隔油池间等设备基础、设备吊钩位置、挡水门槛设置；（9）卫生间地漏、排水立管位置。

10. 给水排水专业给结构专业提资内容

（1）消防水池水位，消防水池人孔、集水槽位置等；（2）消防泵组荷载及泵房顶板的吊钩设置；（3）给水设备房水箱及变频设备荷载；（4）屋顶消防水箱荷载、水箱基础高度；（5）进出户单体套管；消防水池套管；以及穿梁套管；（6）标准层剪力墙消火栓留洞、穿梁套管；（7）穿柱帽位置。

1.2.3 机电专业间的相互提资

机电专业除与其他专业互相提资外，专业内部间还有大量的提资工作。

1. 施工图阶段暖通空调专业给电气专业提资内容

（1）各类设备功率及控制要求；（2）各类防火阀、电动阀；电动挡烟垂壁；（3）需要特殊说明的问题，如电伴热（如有）等；（4）施工图阶段暖通空调专业给给水排水专业提资；（5）需要设置上下水的机房；（6）需要设置补水的设备等；（7）空调冷凝水排水要求等。

2. 强电专业给消防报警系统提资内容

（1）消防风机控制箱、消防水泵控制箱、消防电梯配电箱位置、编号，接入消防风机、消防水泵控制箱的多线制控制线数量；（2）火灾时需切除的非消防配电箱体位置，箱体内分励脱扣器数量；（3）防火卷帘控制箱、预作用喷淋系统末端排气阀控制箱位置；（4）需接入消防电源监控系统的消防配电箱；（5）需接入电气火灾监控系统的配电箱、低压柜。

3. 给水排水专业给电气专业提资内容

（1）消防泵房（地下泵房及地上转输泵房）：各系统泵组功率、液位远传信息、压力开关位置、电动液位浮球阀、集水坑泵功率；（2）给水泵房（含转输水箱间）：给水加压设备机组功率、液位远传信息、水消毒装置、集水坑泵功率；（3）地下车库：各类集水坑（废水坑、电梯集水坑、雨水口、污水坑）、隔油设备功率、报警阀组位置、水量指示器、空压机、电伴热、电动阀、消火栓等；（4）地上各层：消火栓、水流指示器、电热水器功率、电伴热、自动跟踪定位射水装置等；（5）屋顶消防水箱间：稳压设备功率、流量开完、液位远传信号、水箱电动液位浮球阀、检试用消火栓等。

4. 给水排水专业给暖通空调专业提资内容

（1）需要做供暖防冻的机房：消防泵房、屋顶消防水箱间；（2）设置七氟丙烷、超细干粉灭火后的房间，且设置在地下防护区和无窗或固定窗扇的地上防护区，应设置机械排风装置。

上文讲述了机电专业之间及机电与建筑等专业相互提资的内容，专业间应加强沟通协助，组织不同设计单位专业间提资会，只有提资及时、准确，才能保证图纸质量具体落地，才能避免"错、漏、碰、缺"等问题的发生。因篇幅所限，弱电相关方面的提资后续将具体讲解。

1.3 "左提右挈"谈三位一体之弱电提资

本节讲解弱电专业在不同设计阶段专业间互相提资的主要内容。

1.3.1 方案设计阶段

弱电专业在方案阶段要了解项目定位及周边市政情况，初步分析项目智能化设计的重点与难点。结合项目特点进行智能化相关设计单位规划，确定各单位工作职责与相关界面。根据项目业态需求、各部门要求，确定智能化系统设计原则及子系统设计。弱电专业在前期设计时一方面需清楚市政条件外，还应清楚物业、IT、招商、运营等使用部门的需求，清楚物业管理权属、分期开发计划从而确定系统划分。从专业角度应关注如下几点：（1）审核弱电系统机房、管井设置是否满足布线半径覆盖要求；（2）审核弱电子系统主干桥架的设置及走向；（3）各子系统实现方式的经济技术比较，方案描述，实现功能描述；（4）审核各子系统布点原则及系统规模初步估算；（5）审核根据各子系统规模得出的系统造价概算；（6）审核能耗能效平台设计方案；（7）绿色建筑要求的满足情况。

1. 建筑专业给弱电专业提资内容

（1）商业总建筑面积；（2）大租户（超市、影院、百货）、零售业态等面积指标；

（3）总平面图需反映各建筑单体概况，主出入口位置，以便确认室外化粪池位置；（4）人防落位图，只需反映出人防区域；（5）各层平面图中应明确防火分区划分图、业态规划、各房间功能，设备用房布置位置、各层标高等；（6）屋面层应反映出天窗、楼梯间、屋顶绿化等范围，以便确定屋顶设备放置位置；（7）明确项目绿色建筑星级定位；（8）明确降板区域及降板高度。

2. 弱电专业给建筑专业提资内容

（1）需建筑配合落位：消防安防控制室（需与消防专业协调沟通确定）、计算机网络机房、BA机房（根据项目所在地具体情况确定）、进线间、通信运营商机房、有线电视机房（广电5G信号使用，需根据项目所在地情况确定）、公共通信机房（需根据项目所在地运营商建设实施范围确定）等的面积大小、位置（需满足机房位置的项目指引及规范要求）及层高；（2）弱电井的面积大小、位置（需满足指引及规范要求）及层高；（3）室外小市政进线至建筑内的预留预埋套管的数量、位置。

3. 弱电专业给强电专业提资内容

弱电相关机房、弱电井内的电量（此电量为根据以往项目的建设体量及本项目系统设置情况为参考所预估的电量，后续各阶段需根据实际设置需求跟进相应电量的预留大小）。

1.3.2 扩初设计阶段

1. 弱电专业给建筑专业提资内容

（1）需建筑配合落位；（2）复核方案阶段相关机房、弱电井的面积、位置的落实情况，并提资弱电竖井楼板开洞的大小及位置；（3）人防区域预留预埋密闭套管的数量及位置。

2. 弱电专业给结构专业提资内容

提资机房设备重量，结构专业复核机房楼板荷载满足承重要求。

3. 弱电专业给强电专业提资内容

根据初步设计的点位设计情况，提资各主要弱电机房电量。

1.3.3 招标图及施工图阶段

1. 弱电专业给建筑专业提资内容

（1）根据建筑的最终图纸复核相关机房、弱电井、板洞、预留预埋套管等的落实情况；（2）停车场车行出入口岗亭位置与建筑专业协调确认，并预留弱电线路。

2. 弱电专业给结构专业提资内容

提资最终机房设备重量，结构专业再次复核机房楼板荷载满足承重要求。

3. 弱电专业给幕墙专业提资内容

（1）室外幕墙壁装或雨棚吊装的摄像机位置提资给建筑、幕墙专业确认安装位置及方式；（2）通往室外出入口的门禁系统读卡器位置提资给建筑、幕墙专业协调确认。

4. 弱电专业给标识专业提资内容

（1）确定触摸查询位置及数量，并预留弱电线路；（2）确定车位引导屏的位置、形式及尺寸，确认引导屏与标识专业结合。

5. 弱电专业给强电专业提资内容

（1）根据招标图及施工图阶段的点位位置设计情况，提资各主要弱电机房电量（包含背景音乐及紧急广播UPS）；（2）配电箱及控制箱的BA接口要求，落实在配电箱招标技术要求内；（3）智能电表通信及传输协议提资给强电专业，需满足远程抄表及电力监控系统功能。

6. 弱电专业给消防专业提资内容

（1）需根据门禁系统、停车管理系统，提资消防强切信号的位置；（2）消防控制室大样发消防专业复核设备数量及排布是否满足要求。

7. 弱电专业给暖通空调专业提资内容

需暖通空调专业考虑的计算机网络机房内精密空调的送回风形式及室外机的放置位置。

8. 弱电专业给给水排水专业提资内容

（1）需给水排水专业考虑的网络机房预留空调室外机的排水位置；（2）智能水表通信及传输协议，需满足远程抄表系统功能。

9. 弱电专业给室内专业提资内容

弱电点位的位置及安装形式与室内图纸沟通并保持一致。

10. 弱电专业给景观专业提资内容

室外监控摄像机、防水音箱、Wi-Fi覆盖AP、弱电箱图纸提资给景观专业并确认安装方式及位置。

1.3.4　专项设计阶段

专项设计阶段应结合设备进行深化设计，下面重点阐述弱电深化阶段关注点及群控系统的重点工作。

1. 深化关注点

（1）背景音乐点位需求、控制方式、回路要求；（2）信息发布及导购系统的点位需求及控制方式；（3）审核室外弱电管井位置、室外Wi-Fi点位、室外弱电箱位置、室外广播、监控点位，是否满足景观配合要求；（4）审核视频监控点位、门禁点位，停车场管理系统及报警点位；（5）审核Wi-Fi点位及客流统计点位；（6）审核室内推广区域的弱电预留是否充分；（7）设备选择是否满足集采品牌要求；（8）设备参数是否达到设计和设计指引要求；（9）审核无线对讲点位以及租户弱电箱点位。

2. 冷机群控工作重点

确保制冷系统群控的系统架构、点位设置、优化控制功能等满足设计要求：（1）检查群控点位设置是否满足有关要求；（2）检查群控点位表是否与群控点位原理图表达一致；（3）检查网络架构图中是否明确了主要设备的通信协议；（4）检查冷站群控功能是否满足有关要求；是否明确群控控制功能，是否明确效率监测和水压图监测功能；（5）检查群控设计是否预留通信接口开放给能耗能效管理平台；（6）检查机房平面图中能量计安装位置是否满足测量精度要求；（7）如冷站系统（含蓄冷系统、三联供系统等）特别设计，检查是否考虑了与常规冷站实现整体优化控制，及冷热量计量是否明晰。

1.4 "盱衡大局"浅谈设计管控全局观

商业建筑机电设计师分工比较精细，往往会配置水、电、暖等专业工程师，分工精细有利于专业研究及管控的深度，利于质量的控制和效率的提高。但分工太细会使设计师失去大局观和统筹协作，有时候会各自为政，缺少系统性思维和全局观。机电是系统工程，它涉及设计、施工、运营等各阶段，设计师设计时要综合考虑各阶段特性，对机电系统进行系统全面设计。另外，设计管理不光只是技术类管理，还涉及大量的管理相关类问题，要能统筹相关专业，协调相关单位或部门。如前文提及的"三位一体"的管理理念就是"盱衡大局"的一种具体实施办法。本节将从能源规划、节能设计、改造项目尽职调研及机电调试等方面阐述全局观问题。

1.4.1 项目能源规划和节能设计应整体考虑

项目初期应全面进行市政调研，掌握项目市政配套情况及收费标准，做好能源规划和系统选择。能源系统调研的主要内容包括市政供电、燃气和集中供热/供冷系统的技术要求、配套费收费标准以及当地绿色建筑、环评等要求，从而指导能源形式选择、能源计量系统、前期配套设施和锅炉房设计等。比如前期市政冷热源的选择，要基于配套费和取费的情况，对项目投资情况、运营费用等进行综合分析。具体案例如表1-1所示：

不同方案对比 表 1-1

	方案1.1集中供冷+集中供热+风机盘管+新风	方案1.2集中供冷+集中供热+风机盘管+新风	方案2冷水机组+集中供热+风机盘管+新风	方案3多联机VRF	方案4多联机VRF+地板散热器
设备初投资	935万元	852万元	734万元	844万元	985万元
初投资（综合）	743万元	659万元	754万元	643万元	803万元
冷热源使用寿命	终身	终身	15～20年	10～15年	10～15年
运行费用	237万元	243万元	156万元	134万元	152万元
装机容量及耗电量	低	低	一般	高	高
计量方式	• 通过计量风机盘管的电动两通阀的开启时间，以及测量风量的档次，最后换算成负荷的使用量 • 新风费用按面积平摊		可实现各户独立计费	可实现各户独立计费
分期建设/灵活性	集中能源站计划于2018年4月开始动工，在2019年供冷季时满足用冷需求，在此日期之前无法提供供能服务	自建机房，可根据开发进度投入使用	可视具体用户入住情况实时安装并投入使用	多联机可视具体用户入住情况实时安装并投入使用。供热可根据开发进度投入使用
机房面积	400m²（换热机房300m²+能源计量间100m²）	500m²（制冷机房330m²+换热机房120m²+能源计量间50m²）	240m²（室外平台）	240m²室外机占用面积170m²（换热机房120m²+能源计量间50m²）

续表

	方案1.1集中供冷+集中供热+风机盘管+新风	方案1.2集中供冷+集中供热+风机盘管+新风	方案2冷水机组+集中供热+风机盘管+新风	方案3多联机VRF	方案4多联机VRF+地板散热器
外立面百叶需求	可实现无外立面百叶		可实现无外立面百叶	可实现无外立面百叶，也可在外立面每层设百叶，位置可对齐	可实现无外立面百叶，也可在外立面每层设百叶，位置可对齐
噪声影响	小		小	较大	较大
冬季舒适度	一般		一般	一般	好
维护管理	适中		适中	较大	较大
绿色建筑评价得分	优势		适中	优势	优势

注：方案1.1与方案1.2同为集中供冷+集中供热+风机盘管+新风系统，但冷源接入费用和运行费用不同。

由表1−1可知，采用市政能源供冷、供热的方案，设备初投资和运行费用均较高，方案3和方案4多联机系统外立面百叶和室外设备区对建筑效果的影响较大，在无政策强制的前提下，塔楼建议方案2：冷水机组+集中供热+风机盘管+新风。

不同商业综合体建筑能耗差异大，与系统选择、施工调试情况、设备管理水平，以及对节能的重视程度等都有很大关系。设计前期就应有节能措施和运营策略分析。这些也是跨专业、跨部门协调的过程，需要有全局管控，以系统综合考虑各类因素，找到最适合项目的系统形式。

1.4.2 改造项目尽职调研要将运营数据及具体设计综合考虑

在既有建筑节能改造前，需进行项目机电系统尽职调研，通过查询设计图纸及现场调查测试，展示项目机电系统现阶段运行状况并发掘存在的问题，作为开展下一步项目改造工作的基础和依据。

尽职调研报告主要包括：项目业态分析、机电系统物业划分、机电容量评估、机电系统评估、运维问题诊断、能耗分析及设备运行状况分析等。如北京某商业建筑空调面积8.81万 m^2，原设计东、西区及超市有3个制冷机房，原空调系统冷水机组总装机容量约为5757RT，现阶段实际供冷量为总装机容量的40% ~ 60%，存在冷水机组初投资高、运行负荷率低、闲置，以及水泵效率低等问题，制冷机房综合效率为3.1左右，冷却水输配系数平均值为23.05，冷水输配系数平均值为13.75，远低于空调系统节能运行标准要求。基于实际空调负荷测算及水系统压降分析后，将该项目东、西区部分业态空调系统进行合并，通过优化冷水机组总装机容量、二级泵系统改一级泵系统等措施，提高了冷机负荷率和COP，并提升了冷水输配系数。改造后，在10% ~ 100%负荷率范围内，冷水机组综合COP提升至5.5以上，考虑水泵能耗后，制冷机房总体能效由3.1提升至4.0左右。

1.4.3 机电调适要多维度、多专业综合考虑

通过调研发现，某商场存在地下一层、一层外门冷风渗透现象严重；部分外门缝隙较

大，热风幕送风无法有效到达地面；部分风管安装不规范，穿墙处未封堵；屋面排烟风机漏热等问题。

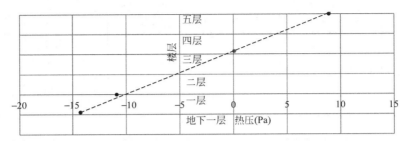

图 1-3　某商场内主要热压线分布

该商场内主要热压线分布如图1-3所示，根据测试值知：三层以下室内处于负压状态，室外向室内窜风；三层及其以上各层室内处于正压，室内向室外窜风。优化建议如下：

（1）门、窗漏洞封堵：外门缝隙较大，统一对外门缝隙较大处加装密封条，建议主出入口设专人开关门。

（2）建议后勤通道加闭门器，确保能自动关闭。

（3）综合管线穿墙封堵：综合管线套管未填充，使用与其他符合要求的综合管线套管穿墙相同保温材料对其进行填充。

（4）建议排查餐饮排风和补风是否联动，保障补风全部开启。建议业主组建餐饮排风排油烟排查小组，定期排查各餐饮后厨排油烟、排风是否与补风联动，并建立奖惩机制，并逐步实行排油烟、排风与补风联动控制。

（5）建议将电热风幕在条件允许的情况下更换为热水风幕。

可以看出，要根本解决商场内气流组织的问题要综合考虑。一方面解决有围护结构等建筑设计问题，同时也要考虑到施工情况；一方面要解决设计问题，同时也要解决运营问题。

1.4.4　专项设计应如何统筹管理

某些配套专业都存在一定的垄断性，如果前期沟通不到位或协商不到位，就会出现较多问题。如电信、移动、联通等网络运营商通常为其自建系统，施工过程往往不受控制，施工质量差，线路敷设乱、明线多、设备安装不规范，很难满足项目机电安装高品质的要求。处理方式：（1）尽早与各运营商沟通，提前要求运营商出设计图纸，根据运营商设计图纸提前规划预留线槽。（2）运营商进场施工后，首先进行交底，提出安装质量要求。安装过程中跟进指导安装，对不符合项目质量要求之处要求整改。（3）信号天线居中安装于线槽下，提前确定电井内设备、电箱安装位置、标高等。

综上可以看出，很多问题不仅仅只涉及本专业，还会涵盖其他专业和维度的问题。故日常管理中要整体综合考虑，要有全局观。项目要整体把控，全面处理各类问题，使项目更加合理和健康有序。

1.5　"多力合一"浅谈机电设计合作的重要性

前文从五行学说讲述了机电系统，探讨了如何从中医角度"把脉"机电问题，如何运用辨证论治理念综合诊治机电问题，做好"君臣佐使"药方的具体应用。本节主要从执行力、创造力、持久力、黏结力、磁性力等方面阐述在机电设计管控中如何"多力合一"，如何协调"多力"的统一性和持久性，如何发挥"合力"的最大力量。

1.5.1　从合力公式谈起

力是矢量，合力指的是作用于同一物体上多个力加在一起的矢量合。合力是矢量，如2个分力，方向完全相同，$F_合=F_1+F_2$；如果方向完全相反，则$F_合=F_1-F_2$。

但实际工作中，因各个部门或专业都会从各自的角度思考和看待问题，因此自下而上地处理问题过程中，很少会出现意见完全相同或相左的情况，往往会存在争议项和不同见解，正如同各分力间会存在一个夹角，此时合力为$F_合=\sqrt{F_1^2+F_2^2+2F_1F_2\cos\alpha}$。如果夹角越大，也就是日常工作中对问题的意见争议越大，那么合力就会更小，事情的实现度就越低。

因此在跨部门、跨专业的沟通和配合中要减少夹角α，也就需要达成最大的共识。笔者提出了"三位一体"和"多力合一"的管理理念，本节只针对"多力合一"展开讨论。

1.5.2　执行力

标准化可提高周转率和管理能力，标准化越高效率越高，高周转率的本质是标准化，但标准化贵在执行力，否则标准被束之高阁，只是一纸空文。

"三分战略，七分执行"，如何加强执行力？执行力源于责任心，责任出激情、出智慧、出力量，有责任心就会把工作挂在心上、抓在手上，做到事事有落实，件件有回音；会克服阻力，解决困难。

如方案阶段市政输入条件不明朗，特别是三、四线城市职责不清晰，标准不明确，如周边电源是否满足项目需求，市政热力收费标准具体是多少，是否可采用燃气管井，市政给水压力具体是多少等，往往这些一时或无法给出准确的市政配套条件和收费标准，而这些也往往会影响机电方案、系统的选择和设计。

这就需负责市政配套的业主有强大的责任心和执行力，持之以恒地与市政部门了解谈判，组织各类市政方案汇报，寻求各类解决办法，保证市政输入条件的准确性和及时性，避免颠覆机电方案。

1.5.3　创造力

工作中不光需要有执行力，对设计师而言更需有创造性思维，无论是技术层次和管理层次均需有创新。如前文所讲的群智能技术就是技术类创新，实际工作中敢于运用新的技术在项目中应用或试点,通过一系列的管理措施保证新技术能够完全实现,同时及时总结经验教训,使技术逐步完善成熟。特别是随着"双碳"目标的落实,一系列节能、低碳技术逐步被大家所接受和认可,如中深层热泵技术、光储直柔技术等。

关于管理创新,有一个很好的案例:"中国尊"设计采用了设计联合体模式,解决了超高层建筑开发建设中普遍存在的扩初设计与施工图设计之间、施工图设计与施工之间的"信息鸿沟"问题,实现了项目设计各环节的信息对称和高效协同。

因此要从实际中寻求创新,从问题中寻求突破口,通过创新解决问题。

1.5.4 持久力

全过程管控最离不开持久力。建筑讲的是空间概念,机电讲的是系统,因此机电系统要完美,需要有人跨界统筹管理,从方案设计到施工图设计,再到调试、运营,都要系统整体把控,要持之以恒地让设计方案逐级落实到位,针对各阶段的问题及时处理,让初心强大的驱动力持久为系统赋能、解惑。

1.5.5 黏结力

黏结力不同于持久力,指的是跨专业、跨部门合作中避免灰色地带,信息缺少等。

商业项目施工图阶段建筑条件图相较于方案、扩初阶段,业态分布、防火分区等调整较大,带来机电专业系统、末端机房、主管井、主干路由等均与初步阶段不一致。

要求施工图阶段设计单位在有限时间内解决这些问题,需要强大的有现场黏结力,保证施工图质量,不能因调整不再复核计算管径、风量、风速等。

项目如进入"三边工程"阶段,设计院既要满足施工图节点,又要配合完成政府报验,还要保证项目工地施工进度,此阶段如施工图未完成,各专业间配合不完全将会造成"既成事实"施工情况,带来土建改造或机电无法按照理想情况实施的问题。

因此,项目部需提供现场施工完整计划,设计院针对计划出具项目设计配合计划,计划需要细致到每个施工安装节点,确保现场施工不失控。同时,在确保设计阶段保证现场施工安装情况下,制定满足报审节点的设计计划,需要充分考虑专业间和部门间配合内容的落地。通过黏结力消除专业与部门的间隙和信息鸿沟。

1.5.6 磁性力

技术类管理人员往往只关心专业本身,而机电共性问题往往会被忽略,造成专业间不闭环、非技术类管控不到位等现象发生。

所以建议一个项目要有一个机电牵头人,对外负责整个项目机电专业与各设计单位机电的沟通、配合,下达专业及管理任务指令,负责召开设计例会、设计沟通会和评审会等。

对内及时与各部门、各专业负责人沟通、协同,反馈专业问题和进展,各专业共性问题及时统筹规划解决。

这个核心人物就如同磁铁,有一定的影响力或号召力,能够通过自己的努力影响和管控其他专业或部门,化解问题,达成专业和谐,实现相互相吸、互帮互助的氛围。

希望日常设计管理中大家朝着共同的目标使力,形成统一的合力,通过不同的管理思路使机电系统能够完美落地，让其把健康的"血液"输送到建筑空间，让建筑本身及设计管理焕发生机和活力。

1.6 "相辅相成"浅谈如何与供方合作

前文从设计管理角度讲述了"多力合一"和"三位一体"，从问题诊治角度阐述了"辨证论治"，后续我将从图纸品质角度阐述"精益求精"，从图纸管理角度阐述"去冗化简"和"返璞归真"，从工作心态角度讲述"我以我心荐'轩辕'"等管理心得。本节从供方合作角度谈谈如何与供方协调和合作。

1.6.1 互相尊重

合作首先是平等的，是建立在互信且相互尊重的基础上。作为甲方设计人员，日常工作中主要与相关顾问、设计院、施工单位、厂家等供方打交道。合作中自然有相关合同等法律条文的约定，但日常工作主要还是人与人的沟通和协作，尊重不是停留在语言表达中，而是靠实际行动来践行。

如设计周期管控，首先要与设计单位做好出图计划及人员组织安排，研究协商出图计划并达成共识，过程中按照节点督促相关工作，如有困难及时解决，做好事前预警及事后弥补办法。

设计工期要未雨绸缪，做好事前管控和安排，千万不能只关注节点不关注问题；做好过程管控，关注过程节点的实现情况及存在的问题，加强过程中的图纸评审及校对。

在整体工作全面展开前，可以先拿一个防火分区或某一层打样，等设计完成后各部门整体审图，检查是否满足产品标准、做法是否满足施工要求、是否存在错漏碰缺、是否满足成本限额设计指标等。这样可以避免因交底不清楚、理解不同或标准不确定等因素造成的图纸修改量。

做好过程中的专业协调工作，帮助设计单位之间做好沟通，明确相关输入条件，解决设计单位面临的实际困难，如遇到困难只提要求而不面对问题，就未达成相互尊重。

设计工作量大且繁杂，难免会出现各类问题，遇到问题不要相互指责，要共同面对和解决问题，大家因项目聚在一起就是一种缘分，每个人各有专业特长，应相互欣赏、共同努力，把精力放在图纸的精细化设计上，少扯皮少推诿。

相互尊重是合作的基础，作为甲方千万不要自认高人一等，工作中使用命令的口气。

1.6.2 互信互助

一个项目成立之初，各方人员大部分不相识，如何得到别人的信任，如何让别人愿意帮助自己，关键还是看自己的做人及做事。

举个简单的例子说明此事。某商业项目采用的是群智能技术，前期大家并不了解该技术，面临各类质疑，甚至做好了系统万一实现不了用手动的可能。经过反复沟通和学习才对技术有了初步的认识，后续通过参观考察及项目单点试点对系统有了较深的认识，逐步建立了信任，设计范围从最初的中庭空调系统和群控系统延伸到群控、整楼BA、遮阳卷帘及电梯、照明等集成及相关运维平台。

除技术可靠性及如何落地外，项目还面临与空调、BA等系统对接以及施工调试等诸多问题。经对群智能原理的反复了解和实地项目考察，最终研究选定。经过项目组全力以赴的努力，最终实现系统落地与完美呈现。这离不开项目组全体成员的相互帮助、在工作中不断探索的精神以及遇到问题齐心克服困难的勇气和担当。设计中组织召开群智能系统与被控设备厂家接口协调会议，确定接口形式及接口协议参数，明确在系统调试过程中各相关方的责任，避免前期要求不明确造成后期成本增加，同时也为项目进入调试阶段铺平了道路。进场后组织群智能单位对各类传感器、执行器、表具进行检查，复核设备选型及设备接线，检测设备控制方法。在复核完设备的性能、接线及控制后，与项目成员、施工人员一起召开技术交底会，把设备安装位置、如何接线及安装注意事项作了详细讲解，并对项目实际使用的控制线缆线序及颜色、压接端子以电子表格的形式进行了明确。如此，对现场施工提供了有力帮助，避免了后续调试阶段线缆错接现象的发生。调试更是各方协作互助的过程，通过定期开例会、现场巡检、问题梳理等制度，及时排除和处理问题。同时，力所能及地解决其他专业问题，如通过监测风机盘管干管状态，其夏季工况阀门在100%开度下，供回水温度偏高、供回水温差较小，且末端用户普遍反馈较热。经排查电动阀门执行器控制与反馈信号无误，且与现场执行器反馈标识对应无误（全开为绿色、全关为红色），但实际电动执行器与阀体安装角度有误。阀门调试如图1-4所示。

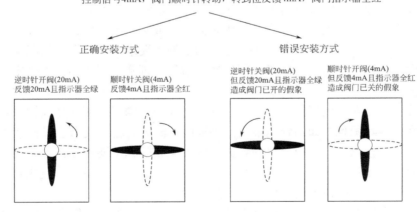

图1-4 阀门调试

1.6.3 坦诚、简单

坦诚、简单很好理解，这里还是通过一个反面案例来说明此事。

某产品在回标中完全响应技术要求，但具体项目订货时就提出各类问题，如37kW直接启动的控制柜未做消防认证，需改成星三角启动；但从技术层面看，本项目小于45kW均可采用直接启动。IP30控制柜未带应急启动装置，要改成IP55；因项目消防泵房专门设置了控制室，IP等级30即可满足项目需求。如按照厂家所提要求修改只会增加成本。后经进一步核实，实际不存在此类问题。

如此做法势必会影响企业信誉，影响后续长期合作，不如坦诚、简单点。

供方之间的合作，互相尊重、互信互助是起码的准则，合作中大家简单、坦诚点会事半功倍。

1.7 "返璞归真"浅谈机电施工图设计管理

商业项目机电系统较复杂，同时设计周期较长，加之前后变动较大、标准不完善等诸多因素，往往管控不到位，很容易造成施工图设计质量差等问题。管理办法往往采用编制和完善设计标准、制定施工图集及审图要点等措施、办法加以管控。

因该话题涵盖内容较多，相信大家在实际工作中都会有自己的管理办法。本节从"返璞归真"角度重点介绍几点笔者具体心得体会和管理办法。

何为"返璞归真"？一方面指有时候大家往往只关注方案、扩初设计，而忽略了施工图设计的细节技术管控，认为有标准、图集，施工图没什么太多可管控的，从而忽略了施工图的真正落地性，同时忽视了设计师的设计水平差异性和对方案的理解程度。另一方面施工图管理过于单一或者流于形式，没有真正达到图纸质量、进度及精益等方面的管控目标。

1.7.1 设机电设计牵头人

前文在"多力合一"中提到了设机电牵头人，因为技术类管理人员往往只关心专业本身，而机电共性问题往往会被忽略，造成专业间不闭环、非技术类管控不到位等现象发生。

所以建议一个项目要有一个机电牵头人：对外负责整个项目机电专业与各设计单位机电的沟通、配合，下达专业及管理任务指令，负责召开设计例会、设计沟通会和评审会等；对内及时与各部门、各专业负责人沟通、协同，反馈专业问题和进展，各专业共性问题及时统筹规划解决。

施工图阶段任务琐碎且工作量大，专业配合更加紧密，跨部门沟通更加频繁，需要牵头人统筹，协调沟通，对项目整体有较全面认识，否则会造成信息不对称、图纸细节处理不到位等问题。

1.7.2 施工图设计打样，避免无效劳动

精装、幕墙施工往往会现场实体打样，这样可以及时发现设计、选材、施工、成本等方面的诸多问题。笔者认为设计图纸也需要这样。

比如某单位要求消防系统采用环形总线形式，设计院并没有仔细了解其设计标准，实际设计采用了树形总线，这样待全部设计完成后才发现与标准不符，就会出现大量返工情况。

如果采用设计打样的机制就很容易避免此类问题的发生，交底标准自然清晰明了，这

里只是通过此说明设计打样的重要性。

举例如下：如图1-5所示空调主管道布置在店铺，每个风口都设置支管穿租户到中庭布置，会增加很多防火阀，造成消防点位增加，增加了调试难度、故障点及成本。虽然这样做的出发点是控制中庭的层高，但考虑到中庭有450mm安装空间，将2个风口合并到一个支管上还是完全满足的。

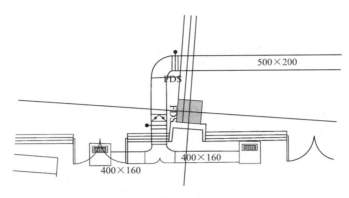

图 1-5　空调管道布置图

1.7.3　联合审图机制，提高设计团队整体管理水平

审图除了规范外，还有其他方面需要关注，如功能性、成本、施工等方面的内容。审图人因经验不同、关注点也会不同，审图所提的意见往往差异性较大。

通过联合审图的机制可以发挥群策群力的团队力量，同时也会带动大家的积极性，增加设计经验。

比如，虽然一个人只管理1~2个项目，但如果他参与了其他项目的设计评审和施工图审查过程，就可以增加其他项目的相关经验，从而避免自己管控的项目发生同类问题，提高设计质量，同时也提高自己的管理能力和团队的整体水平。

1.7.4　重视各类计算

很多计算书会被忽视，这样有时会造成选型不合理等现象的发生。如电动调节阀选择并未采用详细的选型计算，直接套用同规格管径。型号选型错误会给后期调试和运营带来困扰，既不节能，舒适性也差。

另一方面，商业项目后期设计调整较大，或前期输入条件不足，会造成计算并不精准，后期无人重新校核。

因此要强调一定从方案、扩充、施工图、深化设计等各个阶段时刻关注计算书的复核。特别是水泵、空调机组等选型。

1.7.5　关注和加强过程管控

施工图设计阶段应定期组织设计例会，及时处理过程中的各类问题，关注提资及反提资，关注设计输入条件的调整，加强设计进度管控，加强阶段性设计成果评估。

需要强调的是，施工图设计并不是在施工图设计阶段才介入，应从方案阶段就参与进来，充分了解、领会原设计意图，以便设计能够充分完全落地。

以机房、管井举例：机电机房和管径的布置除满足技术等方面要求外，重点要保证机房和管井后期避免调整移位，否则一旦核心机房调整，对施工图调整较大。同时，扩初阶段要关注二级机房及管井落位复核，如：机电水暖管井、报警阀室间、隔油池间、空调机房，新风机房，送排风机房、配电间、弱电间等，复核其位置及面积，避免后期调整。

屋顶综合设计应综合考虑后续增加活动场地、预留独立空调、排油烟设备、光伏等场地条件，避免后续的较大调整。屋面设备管线在布置合理的前提下，应尽可能集中设置或紧贴屋顶构筑物布置，以保证屋面空地面积大且连续。不能集中的设备或管线，尽量采用靠边布置的原则，以利于空间的节约，如屋面大型设备，包括冷却塔、锅炉房、风冷热泵及其空调管井等。屋面设备布置应避让室外广场和室内步行街的主要观赏角度。屋面设备布置应满足屋面消防要求，不应影响人员疏散及人员交通，不应对疏散通道进行遮挡。屋面美化装置与各设备末端管线的保护控制距离应满足规范要求。屋面设备管线需根据当地气象条件考虑防冻保温要求。出屋面的楼梯间与电梯机房、新风机房合并设置。影院IMAX厅屋顶不宜摆放平时用风机，新风机房屋顶不宜摆放油烟类风机。北方地区屋面新风机房冷、热水管应设置在机房内，不应直接敷设在屋面。屋面与设备相关的建筑构筑物（包括设备机房、土建竖井构筑物）、大型设备，应远离采光顶，避开步行街内视线所及范围。屋面靠近女儿墙部分的风井及超过2m高的风井应考虑通过扩大出屋面的风井面积尺寸来降低风管及百叶高度。

如果因为机房、管井在施工图阶段不满足规范要求，或者前期考虑不全面等原因，待施工图完成后再调整，势必对机电施工图造成很大影响，如果再存在工期紧张、其他调整量较大等因素，其设计成果将很难实现。

1.7.6 加强机电深化设计

机电深化设计往往由施工单位或厂家完成，此部分职责并不清晰，工作内容又较复杂，往往被大家忽视。

机电是系统工程，最终落地环节如处理不到位，整个系统可能都会存在一定的问题或安全隐患。因此，应加强对此部门的管控，制定相关管控流程、标准及审核重点。

如弱电专业的不同产品、不同系列的结构不同，需结合具体产品类型调整图纸设计。

施工图设计时间紧凑、商业调整频繁，所以设计工作紧迫且任务艰巨，作为甲方设计师又面临各类工作，如果管控不到位，一方面质量难以保证，另一方面产生无效成本。

因此我们应返璞归真，回归到图纸管控上，作为一名设计师，首先要管控好图纸；管控好技术，关键要管控好施工图。

1.8 "去冗从简"浅谈机电优化设计管理

随着竞争的激烈，商业投资和运营成本的压力也越来越大，机电无论从建安成本和运营成本都分别占总成本、运营成本的1/3左右，如何在满足购物环境和租户招商条件下，从设计角度降低机电投资成本，杜绝无效投资；如何通过设计降低物业设备管理成本，减少能耗，帮助物业进行节能管理。这些都是设计师应重点考虑的问题。

"去冗从简"有两层含义：一方面指系统要追求简单可靠，不应冗杂，如IBMS集成度高可能会带来更多的施工调试、运营的问题，有些时候简单反而更好；另一方面指的是从成本角度控制到位，使系统功能与实际需求恰配，不冗余。

下面从具体案例角度阐述笔者对这方面的相关思考及心得。

1.8.1 "大马拉小车"问题

从运营统计中会发现很多商业项目存在装机容量偏大的问题，就是常说的"大马拉小车"问题，如变压器负载率不足50%，制冷主机前期容量计算及设备配置不合理，部分设备长期闲置或低效运行等。

租户用电需求往往高于设计需求，特别是餐饮店铺，这种"虚胖"的需求多了，自然就影响到了干线和变压器的计算。

因此有人提出130VA/m²（总装机容量减去车库用电量后除以商业面积）的设计指标偏小，要提高装机密度。我们会看到有些商业项目变压器装机容量会选到150VA/m²以上，而实际运营指标如何呢？图1-6是某商业项目高峰期各变压器的负载率的统计情况。

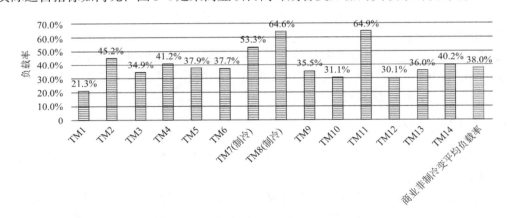

图1-6　某商业项目高峰期各变压器负载率

实际运营指标显示变压器的装机容量普遍偏低，其原因主要有如下几个方面：

（1）实际餐饮占比远低于规划设计阶段的35%。实际开业率未达到100%。

（2）客流量对变压器负载率的影响较大，客流较大的项目在周末时变压器负载率较高，相对于客流中/小的项目，对变压器负载率约有10%的影响。若在节假日（如5.1/10.1等非周末节假日），对负载率的影响会更大。

（3）部分用电设备开启/使用率低。物业为控制能耗，对项目内不太影响效果的设备开启率较低（如：地库送排风机、商场新风机等）；空调末端设备实际运行中均未达到工频运行，均在较低频率下运行等。这一方面对变压器负载率的影响为2% ~ 3%。

（4）充电桩的使用率低。上述项目中充电桩几乎均未使用，大部分项目充电桩数量均在10个以下，而规划设计阶段充电桩车位数一般为总车车位数10%左右，该部分充电桩预留容量对变压器负载率的影响为2% ~ 3%。

（5）根据规范要求，变压器的负载率≤85%。

（6）变压器所带负荷不平衡性的影响约10%；为了适应商业未来用电的变化及调整，变压器装机有10%左右的预留容量。

从运营角度看，餐饮比例不高于35%（电餐不高于60%）的情况下，130VA/m² 设计指标可满足需求（充电桩比例增加或快充占比增加另行计算）。

图1-7是某项目的制冷机运行情况，从中看出运营指标也远远低于设计指标。

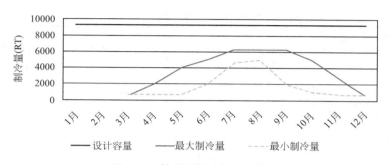

图 1-7　某项目制冷机运行情况

从设计角度进行反思，主要存在以下问题：

（1）照明及设备等内热负荷取值问题；

（2）商场人员密度取值问题；

（3）各空调区域的同时使用系数取值问题；

（4）商场尚未满租，实际客流量偏低。

因此需要重新定义设计参数，关注人员密度等设计指标，从中总结出合适的设计指标，避免"大马拉小车"问题的发生，避免增加无效投资和设备闲置。

要控制住各系统的"源头"，让其合身、适配，过大过小都不好。

1.8.2　品质的再思考

"降本"不是降低品质，但品质也不等同于高端的配置，如同可口的饭菜并不都是采用高端的食材。

某些项目采用了四管制、加湿系统等，自然有它的好处，但是否真正"合身"，是否真的需要，就需要研讨了。要结合项目特点量身打造，不能一味照搬照抄，不是一味采用配置高的系统。

1.8.3　技术的进步反思

技术是不断进步的，技术的应用也需与时调整，不能一成不变，需要深入思考，不断在实践中琢磨探索、调整并应用。

案例1：商业项目AHU/PAU每台机组的粗、中效过滤常规做法均会设压差传感器，从而判断过滤器的脏堵情况，以决定是否需更换、清洗维护等，从技术层面看这并无问题，但细细思考是否每台设备均需设置呢？

不妨从物业运营角度来分析。物业基本是根据过滤器的脏堵频率定期更换、清洗过滤器的，不会针对一台设备去更换粗效过滤器、清洗中效过滤器。实际上因机组处于的环境基本相同，粗、中效过滤器的脏堵情况基本会一致，那么还有必要每台机组均需做检测呢？是否可以不同楼层适当选择典型区域的 1 ~ 2 台即可呢？

案例2：目前某些商业项目采用Wi-Fi室内定位代替传统的视频客流分析统计系统，实际应用情况如何呢？是否与设计师初衷一致呢？表1-2是某商业项目实际运营情况统计。

某商业项目实际运营情况统计　　　　　　　　　　　　　　　　　　表 1-2

项目名称	日均在线人数/人	日均客流人数/人	Wi-Fi在线人数占比/%	租用宽带/M	宽带费/万元·年$^{-1}$
项目1	2500	45000	5.56	100	10
项目2	1500	35000	4.29	500	12
项目3	2000	40000	5.00	100	10
项目4	1160	24681	4.70	100	10

可以看出，Wi-Fi在线人数占比最高只有5.56%，且上网群体多为店铺员工、第三方驻场外包人员，而Wi-Fi系统的顾客利用率预计低于3%。一个10万 m^2 的商业项目此系统投资预估在90万 ~ 100万元。所以还有必要设计此系统吗？用它做客流统计是否有必要呢？

1.8.4　施工做法的探讨

设计中往往忽略施工做法的成本管控，可能更多的是采用常规做法的心态，没有细致考虑其成本造价的差异。如防烟排烟风管耐火极限保证措施等。

现列举一案例：某项目根据集团要求保温及防结露保护层做法：采用B1级阻燃橡塑泡棉，保护层采用玻璃布缠绕，外刷二道防火漆。根据标准图集《管道和设备保温、防结露及电伴热》16S401，对保温及防结露管道保护层做法的要求如图1-8所示。

落的材料。
9.1.5 涂抹型防潮层材料，20℃接强度不应小于0.15MPa，其软化温度不应低于65℃，挥发物不得大于30%。
9.1.6 包裹型防潮层材料的拉伸强度不应低于10.0MPa，断裂伸长率不应低于10%。
9.2 防潮层设置
　　设备与管道的防结露和电伴热防冻绝热层外表面；敷设

蚀或溶解作用。
10.1.2 保护层材料应选择机械强度高，且在使用环境下不软化、不脆裂和抗老化的材料。
10.1.3 保护层材料应选择燃烧性能等级不低于B1级的材料。
10.2 保护层设置
保护层用于需要保护的绝热层或防潮层的外表面，使其不受损坏，或者由于美观需要而设置。不会受到损坏的防潮

层表面可不设保护层。当防潮层表面不设保护层时，防潮层材质的燃烧性能等级必须是A级或B1级。如三元乙丙橡胶防水卷材防潮层可兼作保护层（仅适用地沟或潮湿地区）。但对无覆盖表面的绝热层外面应设保护层（泡沫橡塑除外）。

表3　常用保护层选用表

保护层名称	燃烧性能等级	厚度(mm)			
		绝热层外径≤760管道	绝热层外径≥760管道	设备、平壁	可拆卸结构
不锈钢薄板	A	0.3~0.35	0.4~0.5	0.4~0.6	0.4~0.6
铝合金薄板	A	0.4~0.6	0.8	0.6~1.0	0.8~1.0
镀锌薄钢板	A	0.3~0.5	0.5~0.7	0.5~0.7	0.5~0.7
玻璃钢薄板	B₁	0.4~0.5	0.5~0.7	0.8~1.0	0.8~1.0
玻璃布+防火漆	A	0.1~0.2	0.1~0.2	0.1~0.2	由工程设计确定

表4　粘结剂性能表

项目	沥青类低温粘结剂	聚氨酯类低温粘结剂
使用温度范围(℃)	-196~60	-196~100
低温粘结强度(MPa)	>0.05(-196℃)	≥2(放在液氮中5min)
软化点(℃)	>80(环球法)	—
延伸性(cm)	>3(25℃时)	—
闪点(℃)	>245(开口杯)	—
针入度(1/10mm)	52.5	—
成型时加热温度(℃)	180~200	—
密度(kg/m³)	950~1050	1100~1200
颜色	黑色	淡黄色或褐色黏稠液
黏度(厘泊)	—	5000~8000
pH	—	6.0~8.0

图 1-8　保温及防结露管道保护层做法

可以看出，保护层用于需要保护的绝热层或防潮层的外表面，使其不受损坏或者由于其美观需要而设置，不会受到损坏的保温、防潮层表面，可不设保护层。

以此标准化做法成本高、施工繁琐，从既满足功能需求和成本角度考虑，取消给水排水及消防水保温及防结露管道保护层做法，即取消"保护层采用玻璃布缠绕，外刷二道防火漆"的，从而使项目节省了近百万元的成本。

1.8.5　交付标准的探讨

结合一个具体案例，介绍在租户谈判中如何进退有度，既满足租户需求又不浪费无效成本投资。某快销品牌租户要求如下：

（1）设置独立空调，原设计风机盘管+新风系统，需增加管井及主机位置；

（2）配电总需求容量460kVA（182W/m²），超原设计标准（120W/m²）；空调负荷明显偏高（92 W/m²），需增加容量。

1. 问题分析

（1）因前期设计中整个大楼并没考虑分体空调，租户到屋面主机的路由较困难。

（2）租房所提空调负荷偏大，要求其提供类似店铺的空调配置，该品牌所提主机选型。经核实所选RUXYQ42AB主机设备功率为36.7kW，总设备容量为4×36.7=146.8kW，远低于所提的230kVA的需求。

2. 对策及反思

（1）一线品牌的租户基于运营时间和品质的要求会提出设置独立空调的要求，因此在前期定位及机电设计预留时需考虑此部分内容。项目管理部明确提出"首层外铺、地下一层与地铁相通商铺应预留分体空调设置条件"。前期预留到位就避免了后期增加带来的管井、主机位置难找等一系列问题，提高了招商谈判、设计的时间。

（2）根据租户所提空调设计图纸，空调负荷为152kW，充分印证了设计的合理性。故针对这种情况，只同意满足其空调负荷要求（注意只是满足空调用电需求，而不是提供230kVA的用电量），这样一方面既能满足租户的要求，另一方面也减少了投资。

若纠结于230kV的配置问题，那么谈判时间就可能很长或者无结果。因谈判人员不一定是技术人员，并不一定全面了解设计，设计图纸是最好的说明。当然按照150kW设计存在一定风险，但有充分理由冒这个险，即使有问题也很好解决，并且收到了节省20万元的回报。

1.8.6　设备、材料的选择及品牌的定位

随着成本压力的增加，很多项目对材料、设备进行了重新定位和选择。

在这里只想说明一点，不能戴着有色眼镜看待产品。随着技术和生产能力的提高，一些国产设备性能也越来越好，其性价比也比较高；而关键的系统设备应重视品质，不能盲目降低标准，如隔油池设备，否则会代来运营的麻烦。

因此"降本"的同时要谨慎评估效果，即是否可以满足物业及运营后期的使用需求，不能因前期设计"降本"导致后期运营成本的提升。要保证客户满意度及体验感，不能优化客户敏感点高的部分，降低设计品质。

"去冗化简"需要精细的设计管理，需要从实践中不断总结提升，需要突破传统思维

和固定思维，需要认真思考、定义产品。

1.9 "精益求精"浅谈机电深化设计管理

诚心而论，机电深化设计管理是目前管控的盲区，存在管控界面不清、无相关标准、重视程度不足、深化设计深度、水平差异较大等诸多问题，而深化设计是否到位直接影响到机电系统的落地性能。

机电深化设计是对机电系统进行综合协调、细化完善、优化校核的过程，主要包括管线综合（含预留、预埋）、二次机电设计（精装区、租户）、系统深化设计及设备选型等。

机电管线综合主要包含路由的深化、标高的控制、管线规格优化、支吊架综合（含抗震支吊架）等，预留、预埋主要涉及配合建筑、结构砌筑墙体的预留、预埋。

二次机电设计主要结合公区及租户区域精装情况进行综合顶棚点位设计、一次机电的调整和二次机电的设计。

系统深化设计主要是根据设备参数、性能进行设备选型计算及系统、平面深化，或结合精装、景观等专业进一步深化、校对系统等。

机房深化主要是设备机房，根据设备尺寸深化基础及设备布置，管线优化，配套专业细化等。

计算方面包括水力计算、容量计算、选型计算以及其他选型计算。

1.9.1 管线综合设计

管线综合的目的是将水、暖、电及其他相关专业图中的管线绘制在一起，发现其中存在的施工交叉矛盾或无法施工的部位，按照施工规范和管道避让等原则调整平面布置，以优化路由、预埋、标高、工艺等要求。

尤其是在管线密集部位（如走道、管井、设备房等）绘制管线布置详图（剖面图、大样图、立面图等），核对设计图中各种管线、设备的安装方式、标高是否可行。

关于标高特别强调一点：标高问题应在前期方案阶段就应研究考虑，而不是等到施工图阶段才考虑，否则因机房、管井位置及系统选择等因素，后期遇到问题可能无法解决。

前期就应研究、确定各类管线的路由排布原则：哪些适合走店铺？哪些走公共区？哪些走后勤走道？各区域给机电能预留的净空多少？同时，做管线综合时需校核原一次机电预留的一次结构洞口（结构剪力墙），并提供二次结构（建筑后砌墙）洞口预留图。

另还有一个重要工作，确定管线路由后，应确定管道、设备支架形式，绘制管道支架大样图，按照各专业设计图纸、施工验收规范、标准图集要求，正确选用支架形式、确定间距、布置及固定方式、对大型设备、大规格管道、重点施工部位应进行应力、力矩验算，做好预埋件等设计。

机电主干管线的布置应充分考虑安装工序的条件以及机电设备、管线对安装空间的要求，在满足使用功能、路由合理、方便施工的原则下合理性确定管线的位置和距离。

支吊架存在大量计算的工作，如管道竖向荷载计算、管道水平荷载计算、自然补偿的水平推力计算、波纹补偿器的水平推力计算、内外压平衡补偿器的水平力计算等。这些一般会由总包提供，建筑设计院复核，但日常中部分设计院因为此方面能力不足，或有意规避责任，只简单复核主管道等相关载荷内容。如采用综合支吊架、抗震支吊架，就更难去复核了。

管道载荷技术书举例如图1-9所示。

管道规格	DN450					DN350				
	3.7m	4m	4.2m	4.8m	2.7m	3.7m	4m	4.2m	4.8m	2.7m
竖向荷载	15	16	17	19.3	10.8	10.2	11	11.2	13.3	7.5
水平荷载	4.5	5	5	5.8	3.3	3	3.3	3.5	4	2.2
管道规格	DN600					DN300			DN350	
	3.7m	4m	4.2m	4.8m	2.7m	1.5m			1.5m	3.5m
竖向荷载	25	28	29.3	33.5	18.8	3.5			4.1	9.4
水平荷载	7.5	8.4	8.8	10	5.7	1.0			1.2	2.8

注：水平荷载取竖向荷载的0.3倍

6.管道竖向力及水平力设计值(1.35)	
支吊架上管道的竖向力设计值(kN)	7.69
支吊架上管道的水平力设计值(kN)	2.31

管道荷载计算书	
1. 管道基本参数	
1.1 管道支架间距(m)	4.2
管道规格	DN250
公称直径(mm)	250
实际外径(mm)	273
壁厚(mm)	7
保温层厚度(mm)	60
保温材料容重(kg/m³)	250
2. 管道自重计算	
截面面积(mm²)	5850.404
自重(kg)	45.9256714
满管水重(kg)	52.658585
保温层面积(mm²)	62777.16
保温层重(kg)	15.69
3. 管道附加重量计算(10%)	
附加重量(kg)	11.42785464
4. 支吊架重量	
支吊架重量(kg)	10
5. 每延米竖向荷载、水平值	
每延米管道总重(N)	1357.06
每延米水平荷载(30%竖向荷载) (N)	407.1192031
6. 管道竖向力及水平力设计值	(1.35)
支吊架上管道的竖向力设计值(kN)	7.69
支吊架上管道的水平力设计值(kN)	2.31

图 1-9　管道荷载技术书

1.9.2　二次机电设计

根据空间位置不同，二次机电设计主要分为公共区和商铺的二次机电设计。

公共区二次机电设计：指在原施工图的基础上，根据精装修提供的综合点位图，对原机电系统末端点位（天、地、墙）及相应系统的调整设计。如灯具、烟感、喷淋、排烟口、回风口等，根据顶棚重新排布，既要满足规范及使用功能，又要满足精装效果要求。

商铺二次机电设计：商铺内所有空调、通风、供暖、给水排水、配电、照明、消防、弱电系统的所有深化设计图纸；因商铺一次机电仅预留了水、电、暖的基本条件，并未设末端，后续由租户根据精装情况进行二次机电设计。

为保证室内效果公共区会对末端点位位置或系统进行调整，如空调风口、排烟口等，这些需与一次机电单位进行密切沟通确认后方可进行大范围调整，要复核功能、规范类的相关规定。

综合顶棚设计时，笔者建议应以灯具为基准坐标点，喷淋、烟感等以灯为基准按照规范距离布置，排烟口依托空调风口带处理，回风口设置于通往后勤走道的回廊凹处，从而保证设备带整洁、干净。建议要复核原设计点位是否冗余。综合顶棚涉及多专业，此方面建议汇总编写审核要点，方便后续审图及管控。

商铺涉及两部分内容，一是因租户需求对一次机电的调整，二是根据精装和功能需求进行的二次机电设计。商业项目因涉及多部门，要重点关注租户提资后的一次机电调整、复核及各部门协作流程管理。

1.9.3 系统深化及设备选型

1. 机房及管井深化设计

此部分主要根据厂家设备尺寸、基础等条件重新复核机房条件及配套专业，对设备排布进行复核或调整，优化管线路由、关注设备间距及维修维护条件，提供减振、支吊架等安装详图。

2. 市政等专项设计

电力、燃气、供热等市政配套专业，往往由专业部门进行专项设计。关键是前期与市政部门对接清楚，输入条件准确，避免后续返工。

3. 系统性专项设计

消防报警系统、虹吸雨水系统、中水系统、防火卷帘、配电箱、漏电火灾、智能照明系统、消防电源监控系统、防火门监控系统、余压监控系统、消防水炮系统、气体灭火系统、电动挡烟垂壁系统、远传抄表系统、电力监控系统、电伴热系统、太阳能系统等，一方面，因设计院对产品了解不深，所提系统图往往只是示意；另一方面，不同产品存在一定差异，所以产品确定后由厂家进行深化设计。

如冷机群控系统，设计院通常只提供控制原理图，后续应与弱电专项设计单位及厂家进一步对接控制策略，深化DDC网络架构图及其机房平面图等。

4. 设备选型确认

冷机、冷水泵、冷却水泵、冷却塔、电动阀、能量计、风柜、隔油池等设备/材料需要根据具体厂家选型进步确定参数。

在二次机电设计完成的同时，一次机电需深化和复核，如根据深化设计后的空调通风管道末端阻力，复核风机及空调机组的静压是否满足一次设计要求。

1.10 "溯本求源"机电优（深）化设计路在何方

机电设计优化越来越受到大家的重视，但是市场大环境不景气的情况下大家都在"节衣缩食"，机电优化设计因管理界面及管理难度等问题并未受到应有的重视。优化设计应贯彻整个设计过程，特别在前期和后期都至关重要，前期主要涉及系统及产品定位等原则性问题，产品的配置及定位不准确将会造成成本的较大浮动；后期如果管理界面不清晰、责任不明确，会存在管理不到位或混乱的情况，难以保证系统、产品落地。另外，设计师在设计中往往偏保守，设计存在可压缩空间，如不细究会存在成本浪费问题。厂家因利益因素会存在冗余等附加设计。故应全过程进行精细化管理，避免无效成本，实现产品与成本匹配的最大化。本节从优化思路、限额指标、设计优化点、材料选择、工艺做法等角度探讨其理念与路径。

1.10.1 机电优化设计思路

机电优化设计应贯彻项目建设的始终，前期方案应关注产品配置、限额指标、经济技术分析等，后期应从具体落地角度重点关注深化、优化设计等，如管线综合、顶棚综合、设备选型及系统深化等。各阶段应有侧重，错过对应阶段会引起成本、工期等一系列问题。设计是源头，应稳扎稳打，否则设计乱套了，后续工序管理难度将加大，一旦管理动作跟不上，将造成管理的混乱和无效成本的增加。故设计前期应关注输入条件的准确性和及时性，保证系统的可持续性。后期加强设计管理及优化深化管理工作，保证系统全面落地，保证系统运行安全、满足客户需求，实现招商灵活和运营便捷。特别强调一点，优化设计不能仅关注初投资，还应关注运营成本。

1. 产品配置标准

产品配置标准是项目的具体定位及交付标准，类似产品的说明书，其配置内容与成本息息相关。传统项目的产品配置标准已相对成熟，具体项目应根据具体定位进行调整，前期会指导设计、成本预算等。产品配置标准主要阐述设计参数、系统形式、配置标准、设备、材料选型及品牌要求等。

2. 限额指标

在满足全生命周期运营及顾客需求的情况下，主要从成本角度限制各专业造价成本，在满足产品配置情况下实现成本的限额，满足建造成本与收入收益的适配，逐步实现产品标准匹配更加合理。

3. 经济技术分析

机电方案设计过程中一方面依据国家规范及行业、企业标准及运营经验明确系统形式，有些系统需结合市政、项目定位情况等，做经济技术分析。如是否设置冰蓄冷、电储能系统应结合系统特点及峰平谷电价做经济技术分析，给出优缺点分析及投资回报率，最终结合项目绿色建筑要求等项目定位，综合判断。

4. 可塑和弹性

商业项目存在一定的不确定性，如招商输入条件滞后工程建设，预留条件与招商条件不匹配，会引起工期的延误或现场的拆改。招商业态的调整会引起大量的现场拆改等问题。如餐饮比例不足，后期会引起增加管井、排油烟、事故排风等。故前期应做好业态规划，做好设计预留。增加设计的相对弹性，后期可塑性，不会因一点调整造成结构加固、现场拆改等问题。

5. 优化、深化设计

优化设计通常是机电系统的完善和优化，如对主机选型参数、空调输配水系统阻力精细化计算等。优（深）化设计主要包含系统深化和优化、二次机电及管线综合深化、机房深化、设备选型及深化、工艺做法深化等。如某项目水泵扬程初设计为45m，后续经精细化计算，扬程调整为35m，减少了初投资，降低了运营成本。

1.10.2 设计限额指标

设计限额指标在方案设计时应考虑进来，否则超标准会引起招标、设计返工等一系列问题。下面从专业角度重点谈各系统的限额指标。

1. 系统限额指标

商业建筑面积在5万 m^2 以上的，空调负荷指标建议如下：华东区域160 ~ 180W/m^2、华北区域130 ~ 150W/m^2，供热指标70W/m^2，其中面积为空调面积。上述指标是从运营情况总结而来。但机电顾问及行业标杆企业存在负荷指标偏大等问题，如达到了230W/m²，存在较大的设计冗余，设备实际运营负载率较低，存在投资成本和运营成本增加等问题。因此，前期设计应结合项目定位、所在区域、运营经验等综合制定，做到"量身裁衣"。电气限额指标建议在130VA/m²左右（装机容量减去车库及充电桩电量后除以建筑面积），目前有些项目的限额指标为150～180 VA/m²，从项目调研统计看，大部分项目变压器负载率高峰时在50%及以下，一方面造成初投资增加，特别是装机容量增大后外线配套费投资较大；另一方面变压器负载率在50%～75%比较节能，故装机容量偏大负载率底，变压器电损也大。另外，主机较大，机房面积加大、末端管线也会较多，造成无效成本的增加和管理运营成本的增加。故应重点关注设计指标。

2. 餐饮比例

餐饮比例预留较低会引起招商和后期改造困难，餐饮比例预留较高，会增加较多成本增加，故应限制在一个合理区间，既不会造成投资成本过高也会有一定的预留弹性。因招商中实际餐饮落位与设计预留可能存在较大的不同，故设计时应模块化设计，把商业划分几个网格，每个网格都能具备餐饮条件，不至于某个区域不具备餐饮条件后期拆改较大。从调研情况看，常规项目餐饮比例基本在20%～30%之间，故建议设计预留餐饮比例在35%。从实际招商看，燃气的需求呈逐年下降趋势，燃气厨房一方面燃气路由问题较难解决，另一方面应配置事故排风和燃气报警系统，投资也大。故燃气厨房要适当控制。

1.10.3 其他优化措施及内容

机电系统具体优化措施及优化点很多，因篇幅所限就不一一展开讨论了，下面提出几个优化点，以抛砖引玉。

1. 细节优化点

（1）冷却塔可考虑采用并排布置并合用集水盘，从而取消平衡管设置。

（2）水泵选型可考虑取消流量富裕系数，从而降低水泵成本。

（3）夏热冬暖项目屋面空调机组采用室外型机组从而降低土建成本。

（4）冷水母管及竖向主干管，管径选取需同时满足流速小于2.0m/s及经济比摩阻小于200Pa。考虑减小母管管径的可能性。

2. 材料选择

材料选择涉及成本及效果，这方面往往被忽视，故应格外引起重视，特别应关注材料选型及参数。常规会有技术规格书或甲供材料限制。

（1）排油烟管管材采用不锈钢板，厚度为1.0mm；矩形风管长边尺寸或圆形风管直径 $Db（D）>1120mm$。

（2）建议风管保温采用离心玻璃棉，不用双面夹筋；室外工况采用发泡橡塑，不用带铝箔，因室外管道还有一层铝皮保护。

3. 工艺做法

工艺做法也是设计的重要部分，关系产品质量和成本等，此方面设计院并不擅长，施工单位更擅长。可通过相关图集和标准来加强管控。下面举两个案例供思考。

（1）冷水泵、板式换热器、膨胀水箱、空调冷水系统上的阀门等配附件及分、集水器应采用40mm厚难燃B级自带不燃铝箔发泡橡塑进行保温。室外需要保温的冷（热）水管道，制冷机房、换热机房等机房内水管均需要在保温材料外做0.6mm的压花铝皮保护层。

（2）排烟系统的排烟阀需要带280℃熔断反馈信号，此阀门目前无3C认证，有3C认证的是排烟防火阀（常开）和排烟阀（常闭但是没有熔断功能，无法满足规范要求），故采用两阀组合使用。现已取消3C认证的要求，可直接采用带280℃熔断反馈信号的排烟阀，既可节省接阀空间，还可节省阀门成本。

4. 设备、材料选择

设备、材料选择主要涉及产品、材料选型及品牌定位等。现在大多数项目都有自己集采的设备，甲方应关注设备性能和行业情况，制定合理的技术规格书，选择性价比更有的设备或材料。

1.11 "火眼金睛"浅谈机电人的眼力

前文从执行力、创造力、持久力、黏结力、磁性力等方面阐述了在机电设计管控中如何"多力合一"，如何协调"多力"的统一性和持久性，如何发挥"合力"的最大力量。作为设计师，还应具备"定力""眼力"和"耐力"，本节通过几个小案例说说笔者对设计师"眼力"的理解。眼力其实就是专业的敏感度和对事物透彻的观察能力，对问题的辨别、预判、分析能力，对事物能够未雨绸缪，事前筹划，考虑各种因素的影响，综合思考后能够寻求最好的解决方案。下面针对商业项目喷淋点位布置、消防回路划分、公共区风口布置、燃气设计阐述"眼力"的重要性。

1.11.1 关于喷淋系统布点原则

商业项目喷淋设计除了因消防模式不同有所差异外，其设计遵循规范就好，但同时应兼顾施工、运营等诸多因素系统性考虑，而不是仅仅只停留在满足规范。下面结合图1-10所示的两种不同的布置方式具体阐述。

图1-10（a）与（b）除因消防模式不同而增加了窗喷系统外，主要差异在于租户与公共区的喷淋布置方式不同。图1-10（a）中，租户与公共区、租户与租户之间除主管道外，分支管道基本独立，图1-10（b）未考虑功能分区，按照大空间统一平均布置喷淋点位。从规范角度讲二者均满足要求，图1-10（b）设计便捷，相对节省成本，但未充分考虑精装、租户施工及后续运营等相关问题。精装区域喷淋点位后续将会结合精装顶棚情况统一调整，故租户与公共区共用的分支管道将会受制于精装进度，通常精装设计和施工均较滞后，后续大量末端喷淋分支管线无法施工或后续返工较大，影响打压试验及消防管道充水等，从而影响整个工期。图1-10（b）中租户与租户也未分开，租户装修会对其他租户存在一定的影响，特别是租户的后续改造对周边租户的影响更大，故建议每户从主管道引分支。当然，在招商过程也存在拆、分铺的情况，但毕竟数量可控，如所提较早施工也可控，图1-10（a）的整体运营的安全及便捷性远远大于图1-10（b）的做法。

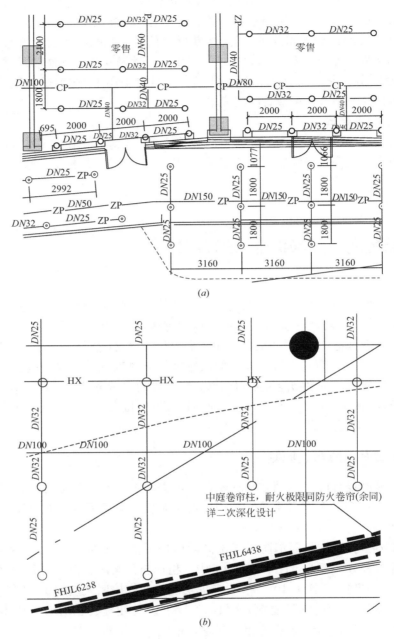

图 1-10　喷淋布置图

　　另外，租户一次报审按照"毛坯"交付，喷淋采用上喷，而后续租户采用吊顶的居多，就会改成下喷，这样改动量较大，存在无效成本和影响工期等不利因素，故建议租户内的喷淋系统按"毛坯"交付原则设置上喷喷头，并预留下喷接口（四通接口），此做法增加了改成下喷的灵活性。设计过程中还要注意厨房区域喷头采用公称动作温度为93℃的喷头。

1.11.2 关于消防报警系统布点原则

消防报警系统也存在上述类似问题，为避免租户装修对其他租户和公共区域的影响，建议公共区域与租户区域的火灾自动报警系统线路应分回路设置。否则后期租户装修会影响公共区消防系统，给验收和后期管理带来困难和风险。

故基于租户精装的影响，建议公共区域与租户区域的火灾自动报警系统线路分回路设置，非独立防火分区中租户区域的报警系统探测器管线宜独立成环，与报警干线环网连接，在各租户区域的后勤走道高位设置消防接线盒/箱。同时，商业项目中庭回廊区域的消防应急广播/背景音乐回路单独设置。关于其管道敷设，建议公共精装区域、后勤通道及租户区域的火灾自动报警系统管线采用明敷，因精装因素后续点位会调整，如暗敷会存在大量重新敷管的情况，造成不必要的成本浪费。

1.11.3 关于中庭风口的设置

中庭管线较多，中庭设计前期一定要关注管线综合和标高的问题，考虑管线排布的原则，如果大量的水管走租户区域，存在漏水索赔、后期检修维修困难、租户拆除管线困难等风险，为避免不必要的纠纷，建议空调水主管尽量避开店铺区域，敷设在后勤走道或公共区域。空调大管道如影响中庭标高，建议调整到租户内或者限制主管道的尺寸大小。前期一次机电设计时，精装方案或施工图往往还没有，有些设计院设计时只从规范角度考虑，未考虑风口的实际布置情况，如回风口设置在中庭区域。

除非此部分后续精装采用格栅吊顶，风口不受影响，否则风口需结合精装情况进行调整，根据经验，建议一次设计回风口调整到中庭通往后勤走道的门口处，后续结合精装具体调整风口尺寸和位置，此做法对中庭吊顶影响较少，后续与精装配合较好，利于现场施工。如图1-11所示。

排烟风口同理，与空调送风口综合考虑，建议与空调送回口错位布置，如图1-12所示。

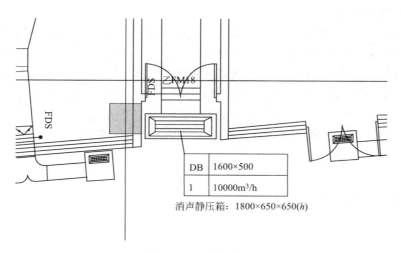

DB	1600×500
1	10000m³/h

消声静压箱：1800×650×650(h)

图1-11 回风口布置

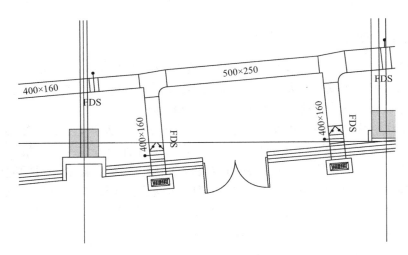

图 1-12　空调送风口布置

　　每个风口一个分支，如标高允许的情况下，可以 2 ~ 4 风口合用一个分支管道，将会减少防火阀的设置。

1.11.4　燃气报警系统

　　燃气系统往往存在设计盲区，前期一定与当地燃气部门沟通，确定相关燃气做法，如设立燃气管井等。否则后期燃气接入较晚，若燃气路由不合理，对土建和系统影响较大。故前期应有一定的分辨能力和预见力，做好沟通，提出相关设计要求。建议设计原则如下：

　　（1）租户区域报警及联动：每个燃气餐饮商铺的厨房内应独立设置租户可燃气体报警控制器，供厨房可燃气体探测器及声光警报器接入；燃气探测器报警后，由该控制器联动关闭场所内燃气管道上的紧急自动切断阀（该燃气干管上设置的紧急自动切断阀也应联动关闭），联动厨房事故排风机控制箱控制燃气泄漏区域的事故风机开启，联动声光警报器发出报警信号，同时租户可燃气体报警控制器应将报警信号上传至消防控制中心的公共区域可燃气体报警控制器。

　　（2）公共区域报警及联动：公共区域可燃气体报警控制器设于消防控制中心，并作为可燃气体报警系统主机。非租户区域（如燃气表间、燃气锅炉房、燃气管井、水平燃气管道走廊沿线等）的可燃气体探测器及声光警报器接入该控制器，当发生燃气泄漏时，由该控制器联动关闭相关场所燃气管道上的紧急自动切断阀，并联动相关区域的事故排风机开启。

　　故设计师日常设计时除了遵循规范基本准则外，还应从施工、运营等多角度看待问题。甲方设计师应有一定的"眼力"分辨设计是否满足多方诉求。

1.12　"不厌其烦"浅谈设计师的耐力

　　本节探讨对设计师"耐力"的理解。目前地产追求"短平快"的背景下，更加考验设计师的"耐力"和"定力"。

1.12.1 耐力的必要性

耐力是持续性追求专业技术及管理的能力和学习的能力，是专业的热爱度和坚持能力。如无热爱将不会长久，对机电的热爱是耐力的基础。下面从全过程管理、商业设计属性和专业属性等方面阐述耐力的必要性和重要性。

1. 全过程管理的需要

一个好的产品需要持久、反复打磨的过程，这个过程比较考验设计师的耐力。机电设计管控应结合建筑生命周期，做到全过程管控，在设计整体、系统管理过程中不断聚焦、纠偏、细化、精细化管理。这需要设计师有全局观和足够的耐力，从设计前期、方案、扩初、施工图、深化设计到施工、运维，全方位、全过程跟踪和落实，这个过程跨度周期长，涉及跨专业、跨部门持续协同和跟踪，涉及事物琐碎，非常考验设计师的责任心和耐心。耐心是责任心的基础，故面对庞大的系统工程耐力非常重要。

2. 商业属性的需要

商业项目因市场的调整和输入条件的不确定性，需要不断变化和调整，存在反反复复图纸调整和现场改动的情况。如招商条件因市场的变化导致实际的输入条件发生调整，需要结合现状、租户条件进行研判是否可行；需与商管、工程、成本等部门沟通，寻求最优解决方案。如调整可能会存在防火分区、土建管井、机电等方面的调整，存在大量的相关图纸完善和修改的工作量，这个过程是一个持续跟踪和落地的过程，也是一个反复协商、修改落地的过程。故需要一定的制度来加以完善，实现运营机制有效运行，对设计师而言非常考验耐力。

3. 专业属性的需要

建造标准颗粒度前期相对较大，把控大方面、大原则的问题，机电主要明确主系统的选择等，后期结合各专业的介入和招商条件的输入、材料设备的选择及深化需求等不断完善。机电涉及专业多，内容琐碎且复杂，专业间有一定的关联性，在大环境不断变化的情况下，专业协同、沟通工作量将会很大。加之文前所说跨度周期较长、专业性强、问题琐碎等问题，如无耐心，工作就不能连续，会产生系统落地效果差或错漏碰缺等问题。目前甲方设计师往往存在"一人多职"或"一人多专"的情况，增加了管理的难度。

通过技术和管理制度可以完善或规避管理的挑战和难度，对人而言需要一定的经验和耐力等基本功，才能把问题解决好。

1.12.2 耐力的考验

一个好的项目需要设计师有足够的耐力，将面临内外沟通协同、问题持续跟踪、落地实施等方方面面的考验。下文从落地实施和材料、设备选择两个方面阐述对耐力的考验。

1. 落地实施的考验

前文阐述了商业和专业属性及管理的要求，需要机电设计师应有耐力基本素质。如何衡量耐力？笔者认为关键在于管理动作和产品是否有效全面落地。机电施工图通常由建筑院设计，二次机电通常由精装单位设计，两家单位存在管理界面和分工问题，设计之初应考虑后续工序，一次机电设计不能把后续问题完全交给精装，应做好预留等工作，后期精装能拿来即用，不能因精装的调整造成一次机电大量的调整甚至现场的拆改。如风口从规范角度设置于公共区域，而不考虑风口的形式和位置，就不能满足精装的要求。精装更加琐碎和具体，需要认真、耐心地梳理综合顶棚、一二次机电衔接等方面的问题，这些工作工作量大，时间紧迫，应该有足够的耐心，以保证系统的完整性和最终的效果。租户的对接也存在同样的问题，作为设计师应该关注施工、成本、招商、运营等方面的内容，耐心听取他们的诉求和对问题的反馈，及时纠正或修正设计问题，把问题前置，把问题消化到前端，持久完善设计，用足够的耐心把产品精雕细琢、打磨得更好。

2. 设备、材料选择的考验

商业项目涉及设备、材料种类、型号繁多且生产厂家众多，产品、厂家存在参差不齐甚至鱼龙混杂的问题，如何在众多的材料、设备中找到性价比高的产品，如同大海捞针。需要技术能力的判断，更需要耐心对设备、材料的研究。不断打磨招标文件和技术规格书，不断进行市场调研和产品性能分析，不断进行产品使用功能和运维问题的调研和分析。

1.12.3　耐力的打造

耐力不仅仅是一种心态，更是一种工作态度和对待问题的解决办法，是面对复杂问题持久的责任心和解决问题的心态。如何打造、磨炼耐力呢？

1. 持之以恒的学习能力

如何磨炼耐力，一方面考验设计师的责任心，另一方面需要持久的学习能力，只有自己强大了，有管理思路和技术水平了，才会很好地统筹管理和技术中的问题，解决行业内的痛点，才能在面对繁杂的问题时坦然面对，才能耐心地对待方方面面的问题。否则能力不足以支撑，失去耐心，就会造成管理混乱。只有持之以恒的学习力才能给耐力的持久源源不断地输入动力。

2. 耐力的延伸和拓展

耐力不仅是一种心态，更是一种工作态度。设计师不仅仅只关心设计问题，还应考虑施工和技术的可实施性，考虑后期的运营，把全链条的执行和落地综合考虑。学习不仅是个人的学习，更是组织的整体学习力，耐力不是一个人的耐力，更是一个组织的耐力。只有整个组织有了耐力，才能更好地达成共识，快速解决问题。另外，需将富有耐力的气氛传达到上下游合作伙伴，用魅力影响其对待问题的态度，为共同的目标持续不断地贡献自己的力量。

笔者认为设计应贯穿于项目全生命周期中，设计管控中应将安全、质量、成本等深入融合、贯彻日常设计管理中，而如果产品定位不明确，输入条件不准确、论证不完善、设计管理不到位，就会造成成本增加等诸多问题，面对此类问题除了技术和管理的方法规避外，还需端正看待这些问题的态度，那就是有足够的耐力去解决这些问题。

1.13　"赤诚之心"我以我心荐"轩辕"

"为学日益，为道日损"，日常设计管理中不光要关注技术的积累，更要总结、调整自己的管理思路及办法，不断提升自身管理水平。

知识、经验积累得越多越好，这些会很好地帮助专业管控和问题研判。而且管理者需要不断减损杂欲妄想，需务实而踏实、执着而唯一。

机电人的"道"应追寻内心，用"责任心""敬畏心""谦卑心""求知心""平常心""热爱心"等驱动、践行专业、职责之本分。

1.13.1 责任心与敬畏心

前文所提"三位一体"的全过程管控，要求设计师不只关注设计工作本身，还应关注施工、调试、物业运营等工作，这就是一种责任心的表现。

具备全过程的管理意识和整体的责任心，在日常工作中逐步落实、践行，从而实现系统的最终落地和完美展现。

机电系统复杂、规范众多、产品多样、时间跨度长，设计师要通晓各类规范、了解产品特性，清晰各阶段重难点等，因此对设计师综合素质要求较高，更需要强大的责任心支撑。

机电系统除了满足功能外，"安全"性更加重要。管理中会面对诸多安全方面的考验，要求我们时刻不能松懈。

安全需要敬畏，敬畏安全就是敬畏生命，如消防报警等系统直接涉及生命安全，我们安全意识要加强，责任心更要加强，工作中要加强审图力度，加强深化设计管理等。

面对规范强制性条文应恪守职责，不能因成本等因素突破规范而留下隐患。某种意义上讲敬畏规范就是敬畏生命，人需要一颗敬畏之心。

如漏电火灾系统，因很多项目存在漏电指标超标问题，过程未加强管控，待施工完再整改，难度较大，有些地方已不具备整改条件。所以有人提出既然都漏电超标，似乎也没什么明显的危险存在，干脆拆除。我想这是一件本末倒置的事情，没认识到问题的严肃性，岂不知30%的火灾是因电气火灾引起。规范类的事情可以挑战，但不要轻易突破。

管线综合中要关注管线综合排布的原则及标高、支吊架的受力计算等，同时也要关注伸缩节等细节的设计、关注施工工艺等；管线综合涉及机电、结构等专业，涉及设计、施工等单位，涉及安全、效果、成本等因素。

如设计说明中有些做法泛泛说明引自某图集，岂不知图集并不完整，没有此具体做法。因此要慎重选择图集，需要深化设计来弥补图集的不足。此方面就靠经验和责任心了。

1.13.2 求知心与谦卑心

机电系统复杂，专业性较强，如想专业见长，需自始至终保持一颗求知心和谦卑心。

行业内有专家、学者，需要与其多交流、沟通、学习，不断地开阔眼界和思路，不断积累专业经验，对工作中的具体问题要钻研透。

如楼控系统，既要懂控制系统，也要懂空调工艺；既要搞清监控点位设计原则，也要搞清控制策略；既要搞清相关设计，也要懂相关施工调试。要知其然和所以然。

日常中也应谦卑，作为一名设计师，你可能在安装调试方面不如工程师有经验，可能在运营管理方面不如物业人员有经验，可能在产品性能方面没有厂家有经验，故他们从施工、运营等角度提出的图纸问题，应虚心听取和分析，不要想当然；现场巡查中则要虚心向工人请教，从现场中反思设计问题。

如风井二面或三面是混凝土墙，风井设计时并没有考虑风管的安装操作空间，就会造成风管无法有效连接，存在漏风等问题。

你再专业，也会有不擅长的地方，因此要保持一颗谦卑的心，虚心向身边的同事、朋友学习。求知心会使你专业钻研得更深，谦卑心会使你专业领域走得更远。

1.13.3 平常心和热爱心

建筑领域机电专业毕竟是小专业，工作中往往是建筑专业牵头，如想踏踏实实走专业路线，那就需要一颗平常心，把自己心态调好，不急不躁，认准自己的定位。

机电系统杂乱，工作量大，真正做好一件事需要付出加倍的努力，往往还收效甚微，有时甚至还费力不讨好。

机电毕竟不同于建筑、精装，大家都可从观感角度评说一二，机电需要功夫，需要深入研究。

例如，某项目与厂家对接时提出设计院所选冷却水泵、冷水泵的断路器选型偏少，如表1-3所示。

某项目断路器选型   表1-3

序号	功率/kW	设计选型	厂家要求/A	启动方式	类型
1	160	400	500	星–三角形	冷却水循环泵（三用一备）
2	132	315	400	星–三角形	冷水循环泵（三用一备）
3	75	200	250	星–三角形	冷却水循环泵（两用一备）
4	75	200	250	星–三角形	冷水循环泵（两用一备）

以160kW电动机举例，$\cos\Phi$取0.8，计算电流取304A。启动电流按7倍额定电流计算：$304 \times 2.2 \times 7 = 4681.6$（A）。

MA型断路器选型400A，MA脱扣器一般8 ~ 14倍可调；$4681.6/400 \approx 11.7$倍，在8 ~ 14倍范围内。

从星三角启动电动机的转矩–转速和电流–转速曲线图可以看出，星三角启动在星角转换阶段，会产生一个峰值电流（I_J），但该峰值电流是小于直接启动的启动电流（I_{ST}）的，即$I_{ST} > I_J$。

由以上计算结果看，断路器磁脱扣能躲避直接启动的尖峰电流，那么对于星三角启动星角转换时产生的峰值电流，理论上也应该没有问题。

从电动机特性曲线可以看出，轻载启动、一般启动、重载启动的，启动电流基本是一致的，仅是启动时间上的差别。

所以厂家提的"星三角启动要求空载或者轻载启动，所以要求水泵关阀门启动，否则会过载跳闸"的说法没有说服力。

因此，我们便可以思考，是不是贴牌的功率有误？或者是否拿上一级大功率的单级泵替换了本级的多级泵？

专业研究需要我们敢于坐冷板凳，甘于寂寞，虽机电专业是小专业，但我们在这条路上一直追寻，同样会得到大家的尊重。要用平常心在专业道路上去追梦。

热爱专业才能在专业道路上走得更远，因热爱才会钻研，因钻研才能创新。我们要探索，要追求创新。

如前文所讲的群智能技术就是技术类创新，实际工作中敢于将新的技术在项目中应用或试点，通过一系列的管理措施保证新技术能够完全实现，同时及时总结经验教训，使技术逐步完善成熟。

因为热爱才有激情，才能坚持，才能在专业上走得更远。

第2章 机电设计之我见

2.1 "得天独厚"浅谈商业项目机房选址

商业项目往往因得铺率等商业价值因素把机电机房撵到犄角旮旯，虽然有利于消化价值不高的面积，提高得铺率，利于空间平面布局，但如选址不合理，也会引起功能的缺失或成本的浪费，如变配电机房位置设置较偏，会引起出线较远，电缆成本增加；如冷却塔离制冷机房垂直上方距离较远，会造成冷却水管主管道在车库等区域水平管线较长，会引起层高、安全、成本、输配效率等一系列问题，如管井井道上下不贯通，会引起管线增多，管线穿中庭区域，造成施工、维护困难，成本增加等问题。故设计之初应从功能、运维及成本角度综合考虑机房选址，不能一味的迁就建筑和结构，故机电设计师应主动沟通、协调，提出自己合理化建议，机房提资应考虑整体逻辑，如制冷机房专用变配电室紧邻制冷机房、冷却塔在制冷机房垂直上方区域等，总体要实现整体和谐和最大合理性。

2.1.1 制冷机房选址建议

制冷机房的选址应符合《全国民用建筑工程设计技术措施·暖通空调动力2009》第6.2.1条的要求，同时结合各项目地块实际情况综合考虑设置，建议着重考虑如下几个因素：

（1）机房宜设置在冷负荷中心，如确实因建筑布局要求无法布置在负荷中心时，应进行方案经济性比较，包括传输距离加大带来的设备容量增大、输配效率降低等不利因素。

（2）应充分考虑大型设备的进出运输通道以及吊装空间等，机房位置应充分考虑设备运输通道与主体结构施工的同步性，如因机房设置在负荷中心而引起运输不便或不经济，可考虑设置在地下外围护结构附近。同时，吊装口应避开主机上方，室外部分便于车辆运输。

（3）制冷机房周围（本层半径10m范围内以及上下层投影区范围内，在机房已做吸声材料的情况下）不宜布置对噪声要求较高的商业营业区、办公区以及休息区等。

（4）制冷机房的设置区域应保证5.5m以上净空。

（5）制冷机房应考虑大型维修或更换主机时的二次运输出入口通道设计，如外门、吊装口、可拆除隔墙等。

（6）建议重复利用水泵区域空间，如有条件可采用"房中房"，如水泵上方设置夹层，设置换热站或制冷主机、水泵等配电柜。

（7）冷却塔建议尽量在制冷机房垂直上方区域，以减少冷却水管道的水平距离，提高输配效率等。

2.1.2　换热站选址建议

　　换热站的选址应符合《全国民用建筑工程设计技术措施·暖通空调动力2009》第6.8.1条的要求，同时结合各项目地块实际情况设置，建议着重考虑如下几个因素：

　　（1）换热站的位置宜选在负荷中心区，如确实因建筑布局要求无法布置在负荷中心时，应进行方案经济性比较，包括传输距离加大带来的设备容量增大、成本增加等不利因素。

　　（2）换热站周围（本层半径10m范围内以及上下层投影区范围内，在机房已做吸声材料的情况下）不宜布置对噪声要求较高的商业营业区、办公区以及休息区等。

　　（3）换热站宜设于地下层，且尽量贴邻制冷机房。

　　（4）换热站的设置区域应保证至少有3.5m以上的净空。

　　（5）换热站布置尽量考虑一次高温市政管线在车库的路由长度不要太长，以保证后期运行的安全性和增大层高。特别要避免设置在货运通道上。

2.1.3　锅炉房选址建议

　　（1）锅炉房宜设置于地下一层靠外墙处；当常压（负压）燃气锅炉房距安全出口的距离大于6m时，可设置于裙房屋顶。但是，当锅炉采用相对密度（与空气密度比值）≥0.75的可燃气体作燃料时，锅炉房不得设置于建筑物的地下室或半地下室。

　　（2）锅炉房严禁设置在人员密集场所和重要部位的上一层、下一层、贴邻位置以及主要通道、疏散口的两旁。

　　（3）锅炉房宜尽量设置于负荷中心，并应尽量设置于锅炉排烟管道排放位置投影区域附近。

　　（4）燃气、燃油锅炉房应采取防爆泄压措施，并应有相当于锅炉间占地面积10%的通室外泄压面积，泄压方向不得朝向人员聚集的场所、房间和人行道，泄压处也不得与这些地方相邻。地下锅炉房采用竖井泄爆方式时，竖井的净横断面积应满足泄压面积要求。

　　（5）应充分考虑并妥善安排好设备的运输和进出通道、安装与维修所需的起吊空间。

　　（6）锅炉房净高（地面到梁底）宜大于等于4.0m。

2.1.4　车库排风排烟机房（含送补风机房）选址建议

　　（1）车库排风排烟机房宜选在本防火分区中心或相邻防火分区的中线上，以减少设备容量或降低对有效净高的影响。

　　（2）送、补风机房宜直接布置在室外新风井的下方，以减少设备容量和增大净高。

　　（3）车库排风排烟机房（含送补风机房）的设置区域应保证至少有3.2m以上的净高。

　　（4）若采用机械加压送风设施，则送风机应配置专用机房。

　　（5）若采用机械排烟设施，则排烟风机应配置专用机房，且宜设于顶层后勤区或屋面。

　　（6）车库排风排烟机房宜选在本防火分区中心或相邻防火分区的中线上，以减少设备容量或降低对有效净空的影响。

2.1.5　空调机房和新风机房选址建议

（1）空调机房和新风机房宜设置于商业后勤区，新风口宜通过立面百叶处取风，应尽量避免将新风口设置于屋面。

（2）空调机房和新风机房周围（本层半径5m范围内以及上下层投影区范围内，在机房已做吸声材料的情况下）不宜布置对噪声要求较高的商业营业区、办公区以及休息区等。

（3）如因建筑外立面美观需求，不能在外墙上开百叶时，空调机房和新风机房宜布置在从屋面取新风的土建风井附近，以减少设备容量和增大净高。

（4）空调机房和新风机房宜靠近商业服务区域，风道作用半径不宜大于50m，风机到最不利末端管道长度不宜大于100m。

（5）空调机房和新风机房的设置区域应保证至少有4m以上的净空。

（6）与租户贴邻的空调机房、新风机房应采取吸声隔振措施，同时考虑出管井管线对租户层高的影响。

2.1.6　通风机房选址建议

（1）通风机房应设置于商业后勤区或屋面。

（2）与租户贴邻的通风机房应采取吸声隔振措施。

2.1.7　冷却塔摆放位置及设计要求

（1）冷却塔宜设置于对景观及周边建筑影响较小的裙房屋顶。

（2）冷却塔设置应充分考虑噪声与飘水对周围环境的影响。

（3）冷却塔距塔楼距离应不小于30m。

总之，机房选址前期应引起足够重视，系统及布置要合理，不要存在机房面积浪费等问题。

2.2　"迥然不同"商业项目机房占比分析

商业项目为了提高得铺率越来越关注机房选址、面积及布置的设计，上节讲述了机房的选址原则，本节分析机房占比问题。在以往项目中常常发现机房面积偏大、布置不合理，存在面积浪费、减少车位数量和店铺面积等现象。建筑形式、业态、物业权责、分期等都会对机房面积存在或大或小的影响。经验表明，从多层、高层、超高层机房面积占比依次增加，不同的机房形状对设备布置影响也很大，如矩形的比多边形不规则的机房布置起来容易，无死角。从系统角度分析，一方面因装机容量偏大，设备选型偏大，造成机房面积增加，或系统末端机房不集中，造成机房数量较多，面积增加；另一方面因设备布置未精细化设计，设计全过程中未与相关专业做好提资和反提资工作。另外，随着屋顶商业价值的开发，屋顶设备及排布也应引起重视。机房面积占比多少合理呢？下面结合项目具体统计数据进行分析。

2.2.1　机房面积占比经验数据分析

很多设备数量不会随着建筑面积的增加而成比例增加，如无论项目大小，一般都会选择3～4台冷水机组，虽然设备容量增大会导致设备外形尺寸加大，但对机房面积的增加影响有限。所以项目面积小时，一般来说机房面积占比会大些，而项目面积大时，机房面积占比会小些。主机房面积一定考虑设备运输、维护通道等。表2-1为针对商业项目做的数据统计。

商业项目面积统计及机房占比数据　　　　　　　　表 2-1

指标	项目1	项目2	项目3	项目4	项目5	最小	最大
商业建筑面积/m²	126794	124492.4	114743	105261	86999.2	—	—
屋顶平面面积/m²	22949	19837.67	19889	9042	21600	—	—
地下车库面积/m²	67030	99256.63	91376.9	57952.8	48733	—	—
商业设备机房总面积/m²	13996	13894.6	7803.4	8819.25	5497.73	—	—
商业设备用房面积占比/%	10.76	11.16	11.51	8.38	6.32	6.32	11.51
商业区域内设备房占比/%	5.64	4.59	6.80	4.29	2.93	2.93	6.80
地下商业主机电房占比/%	3.53	4.34	4.71	3.64	2.86	2.86	4.71
地下服务车库机电房占比/%	4.18	3.20	2.74	3.73	2.68	2.68	4.18
屋顶机电面积占比/%	39.32	69.98	27.33	22.22	75.29	22.22	75.29
制冷机房占商业建筑面积比例/%	0.93	0.78	1.02	0.63	0.49	0.49	1.02
锅炉机房占商业建筑面积比例/%	—	—	—	0.25	—	0.25	0.25
变配电室占商业建筑面积比例/%	0.74	1.03	0.84	1.03	0.62	0.62	1.03
发电机房占商业建筑面积比例/%	0.19	0.19	0.37	0.18	—	0.18	0.37
智能化机房占商业建筑面积比例/%	0.38	0.33	0.30	0.28	0.25	0.25	0.38

注：1. 按区域和系统统计各设备房面积（含墙体和柱）。
　　2. 若每类机房多于一个，逐个统计，机房面积不可重复统计。
　　3. 机房面积需包含对应值班室的面积。
　　4. 如不是仅为持有商业服务的机房，按照商业和非商业建筑面积比例拆分列出归属商业部分的面积，和按照持有商业和非持有商业建筑面积比例拆分列出归属持有商业部分的面积。

由上可知，商业项目主机房占商业建筑面积的比例在3.5%～5%较合理，如含次机房和管井等，机房面积占比在8%～11%较为合理。这里之所以采用商业建筑面积，是因为不同项目车库面积差异较大，机房主要服务商业区域，采用商业建筑面积较合理和准确。酒店项目机房面积占比一般认为在9%～11%较合理。下面以具体案例来说明机房优化情况。

某项目经统计机房面积约36000m²（不含管井、强弱电间），约占商业总面积的12.6%，具有一定的优化空间。针对机房进行了精细化优化，根据厂家所提设备尺寸，中央制冷机房重新排布设备，优化后原机房面2268m²调整为1968m²，节约300m²，另增加了一间值班室。中央制冷机房高压配电室原设计设备布置不够紧凑，闲余空间较多，重新布置后将原设计181m²，优化后80m²；节约101m²。

经过一系列优化，将机房面积占比控制在较合理的范围内，因工期和现场施工进度的要求，未能及时对地上机房进行系统优化，如某些报警阀室、空调机房存在面积较大或设备布置不合理的情况，表2-2是其具体优化面积情况统计表。

机房面积优化前后对比   表2-2

楼层	优化前面积/m²			优化后面积/m²			车位/个
	暖通	给水排水	电气	暖通	给水排水	电气	
地下三层	1995	1344	60	1596	1075	60	10
地下二层	4826	893	3642	3861	714	2914	
地下一层	2771	331	2531	2217	320	2025	10
地面下一层	1910	232	611	1528	220	590	
一层	1573	236	157	1258	220	157	
二层	738	129	320	720	124	280	
三层	1402	70	157	1122	70	157	
四层	958	70	162	873	70	162	
五层	1394	90	157	1115	70	215	
六层	3942	70	245	3154	70	215	
七层	3392	234	138	2714	234	128	
合计	24901	3699	8180	20158	3187	6903	
节约面积				4743	512	1278	

该项目共优化机房面积6533m²，优化的面积转化商业面积近2000m²，增加车位20个，其他大部分用于后勤用房、仓库等。节约的面积带来了一定的商业租金等受益。反思之所以出现上述问题，是因为设计之初装机容量偏大，未对机房设备布置做系统优化，后重新复核了装机容量低，机房面积重新进行了深化，让设备排布更紧凑、合理。

2.2.2 具体机房面积分析及建议

1. 商业项目制冷主机房

商业项目制冷主机机房因受装机容量、设备台数、备用情况、层高、招商等因素，其面积会有所差异。调研发现，有些项目装机容量偏大，笔者认为华北区域一般控制在130 ~ 150W/m²（面积为空调面积），华东区域为170 ~ 180W/m²（面积为空调面积）较为合理，如主机选型偏大，势必影响机房面积。主机选型建议采用"3+1"模式或"2+2"模式，一台设备故障后，其他设备容量可承担总容量的70% ~ 75%；超市如招商无特殊要求，建议与中央空调系统合并；如层高较高，可以重复利用冷水泵、冷却水泵上方区域设置配电柜或设置换热站。表2-3是对商业项目制冷机房及锅炉房的统计。

商业项目制冷机房和锅炉房面积统计表 表2-3

制冷机房面积/m²	2158.15	1173.08	1176.1	659	423	617	556
锅炉房面积/m²	403	0	0	259	0	330	0
合计/m²	2561.15	1173.08	1176.1	918	423	947	556.45
影响因素比例	1.50%	0.93%	1.02%	0.87%	0.49%	1.12%	0.97%

由表2-3可知，每10万m²商业建筑面积大约需要900m²左右的制冷机房（一次泵系统），如果采用分布式二次泵系统，制冷机房面积会适当减小。对酒店项目统计分析如表2-4所示。

酒店项目制冷机房面积统计 表2-4

项目	项目1	项目2	项目3	项目4	项目5
净建筑面积/m²	702	431	509	398	439
面积占比/%	0.82	0.45	1.12	1.06	0.9
平均占比	0.87				
中位数	0.90				
制冷机配置	4×600TR	2×650+1×350RT	3×650RT	3×400RT	3×400TR
制冷机类型	离心机	离心机	离心机	离心机	螺杆机
每万平方米冷吨	279	172	428	321	247
平均每万平方米冷吨	268				
算数平均冷吨	289				
中位数	279				

经过对已开业五星级酒店的调查，在配备3台制冷机组的情况下，2台同时开启的情况很少，而且2台全开时，每台的负荷率在60%左右。对于建筑面积在5万m²左右的酒店，推荐：（1）制冷额定制冷量按1200～1400RT设计；（2）制冷机可选组合为3×400RT、2×400+1×500RT、1×400+2×500RT、1×350+2×500RT等；（3）制冷机房净面积在450m²左右。

2. 锅炉房面积分析

结合酒店项目分析锅炉房面积情况，如表2-5所示：

锅炉面积统计 表2-5

项目	项目1	项目2	项目3	项目4	项目5
净建筑面积/m²	523	368	172	238	255
锅炉房面积/%	0.61	0.38	0.38	0.64	0.52
平均占比/%	0.51				
中位数/%	0.52				
锅炉配置	4×4t/h 蒸汽炉	2×3t/h 蒸汽炉	4×2t/h 蒸汽炉	1×2t/h+1×3t/h 蒸汽炉	4×2t/h 蒸汽炉

项目	项目1	项目2	项目3	项目4	项目5
每万平方米吨位	1.86	0.52	1.76	1.34	1.64
平均每万平方米吨位	1.31				
算数平均吨位	1.42				
中位数	1.64				

注：1. 项目1：除地下汽车库及主机房外，酒店供暖和生活热水均采用市政热水为主热源，同时为商场、办公楼和酒店加湿、酒店洗衣房及厨房提供蒸汽。当市政高温热水中断供应时，切断地下汽车库供暖以及商场、办公楼和酒店加湿的热源供应，由蒸汽锅炉确保酒店供暖及生活热水热源的正常供应。

2. 项目2：2台锅炉仅为满足洗衣房用汽，其余用汽均由市政供给。

3. 项目3：4台锅炉负担酒店的生活热水、空调加湿、空调加热、洗衣房用汽。

4. 项目4：2台锅炉负担酒店的生活热水、空调加湿、空调加热、洗衣房用汽。

5. 项目5：冬季负担酒店的空调加湿及洗衣房用汽，夏季负责酒店的生活热水及洗衣房用汽，过渡季节负责酒店的生活热水、洗衣房用汽、空调加热、空调加湿。

对于建筑面积在5万 m^2 左右的酒店，推荐：锅炉房净面积为250～300m^2；锅炉安装吨位为8t。

3. 换热站面积分析

北方地区项目可利用市政热源，每个酒店市政热力负担的范围和负荷种类又有差别，故在换热量的设置上也有很大差别，导致换热站面积差别较大。表2-6是酒店项目换热站面积统计。

酒店项目换热站机房面积统计表　　　　表2-6

项目	项目1	项目2	项目3
净建筑面积/m^2	356	384	183
面积占比/%	0.41	0.4	0.38
平均占比	0.397		
中位数	0.4		

对于建筑面积在5万 m^2 左右的酒店，推荐250m^2的区域换热站，布置起来会比较宽松，有利于运行检修维护。商业项目每10万 m^2 商业建筑面积大约需要300m^2的换热机房。

4. 车库排风排烟机房（含送补风机房）面积分析

每个防火分区一般设置两台排烟排风风机（落地），单台风机风量在3万 m^3/h 左右，总共需要60m^2左右。因地下车库会有部分后勤用房，会有额外的排烟排风风机（2台左右，吊装），故总共需80m^2左右。

5. 空调机房经济面积分析

每个防火分区一般设置两台空调机组和两台新风机组，一般一台空调机组（风量2万 m^3/h 左右）和一台新风机组（风量2.5万 m^3/h 左右），设置一个机房，每个机组承担1000m^2左右，每个机房经济面积70～80m^2。但如果有部分消防吊装补风机，面积可能在80～90m^2左右。

排烟机房及空调机房要重复利用楼梯上部空间，可节约一定机房面积；有些设备可采用吊装机柜，设备房下方将提供一定空间。管井建议结合楼梯和垂直梯布置，一方面保证管井上下贯通，另一方面可有效控制机房面积。

6. 变配电机房面积分析

商业项目装机容量建议控制在130W/m²（总装机容量减去车库及充电桩容量后除以商业建筑面积），变配电站应根据供电半径布置，面积情况如下：两台变压器（带高压）160～200m²，个别不规则站可以到220m²；两台变压器（不带高压）120～160m²，个别不规则站可以到180m²；4台变压器（带高压）300～330m²，个别不规则站允许到350m²；4台变压器（不带高压）280～320m²，6台变压器400～550m²。原则上不超4台变压器。

开闭所：商业地块宜单独设置10kV开闭所，面积：不带电业高压计量的80～100m²个别不规则的则到120m²；带电业高压计量的100～140m²，个别不规则的则到150m²。

因篇幅所限，其他机房就不一一展开讨论了，下面简单阐述其具体面积需求。如项目具备双重电源，原则上不建议再设置柴发机房（除非有特殊情况）。一般柴发机房面积控制在约100m²/10万m²商业面积；商业项目消防控制室面积建议控制在100～150m²；计算机网络机房面积控制在60～120m²；三家运营商机房面积控制在60～80m²；消防水泵房（含水箱/水池、控制室）面积控制在600～680m²/10万m²商业面积；生活水泵房（含水箱、控制室）控制在250m²/10万m²商业面积。机房设计前期应充分考虑装机容量、位置及布局的合理性，不要轻易因后期平面调整而重新设计，做好其面积优化及设备优化工作。

2.3 "分毫析里" 商业建造数据的探索及挖掘

2.3.1 建筑基本数据指标

商业结合项目根据体量及区域定位，通常划分为三大类：城市型、区域型、社区型。城市型辐射整个城市及城市周边区域，业态较全，品牌档次较高；区域型辐射城市或区域，业态也相对较全；社区型辐射区域至社区，业态更平民化，业态相对聚集。如万象城规模以15万m²以上居多，万象汇规模以10万m²以下居多，龙湖项目按规模分为三类：8万～10万m²，10万～15万m²，15万m²以上。得铺率应结合动线情况和商业定位综合考虑，建议控制在60%左右，过高过低均不好。总长度控制在200～250m为宜，过长则面临消防和购物舒适性等问题，过短则业态存在缺少层次感和动线单一等问题；进深控制在60～80m为宜。

下面针对商业项目基本层高及净高情况，分析机电管线如何排布并满足净高要求，如表2-7所示。

商业项目基本层高分析　　　　　　　　　　　　　　　表2-7

楼层	业态	层高/m	公共区域净高/m	备注
一层		5.8～6.5	4～4.7	
二层及以上	零售及餐饮	5.5～5.8	3.7～4	儿童、运动有局部2层通高
地下层	超市、零售、餐饮	5.5～6	3.8～4.2	

　　从统计数据来看，商业项目标准层层高通常在5.5m左右，净高通常控制在3.8m左右。调研统计来看，有些项目即使建筑层高为5.8m，实际精装净高才3.8m，按照常规道理应控制在4m及以上较合理。那为什么会出现这种情况呢？原因是多样的，最重要的原因是设计之初考虑不周，如机房、管井选址不合理，梁高未能有效控制，管线排布原则不合理，管线尺寸选择偏大、未能充分论证管线综合等，即使后续采用BIM等技术措施，也很难控制到理想的层高，成型后续仅依靠BIM等技术手段解决，一旦管线排布原则调整，图纸修改量很大。

　　净高通常受梁高和机电管线影响较大，中庭区域梁高通常为0.7 ~ 0.8m，局部有1.1 ~ 1.2m的梁，设计之初就应充分评估是否需在主梁预留管线洞口。管线在机电方案和扩初时应充分论证，首先明确管线排布原则，如运营要求较高，非租户管线一律不准走租户区，大量管线势必走中庭和后期走道，从而影响中庭净高；如租户管线情况可放宽，就要研究什么管线可以穿店铺区域，如检修较少的风管可以走店铺，空调水管存在一定的安全隐患，建议走公共区域等。同时应关注机房、管井的选址情况，如机房管井集中，集中出线区域管线叠加较多，会很难满足净高要求。为提高得铺率或因燃气餐饮店铺解决泄爆问题需靠外墙，造成后勤走道不连贯，部分管线会穿店铺；同时，不能为了一味地强调管线不穿店铺，造成管线路由较绕，从而造成超辐射距离和成本浪费，如弱电桥架在满足店铺净高的前提下，局部管线可以穿店铺。扩初时就要避免管线从一侧穿中庭到另一侧的情况，中庭空调管径高度控制原则不要大于500mm，排烟主管道不要走中庭，回风口尽量设置于中庭通往后勤走道的尽头端，店铺标高原则上与中庭同高，如不满足，则优先满足前场区域，餐饮厨房区域要保证3.2m的净高要求。中庭区域机电所占净高空间为0.7 ~ 0.8m，如采取相应控制措施，可以控制在0.45m。下文针对某一项目具体提出一些管线布管原则。

　　此项目层高只有5m，精装净高要控制在3.6m，结构为钢结构，给机电管线综合带来了巨大挑战。为保证层高，机电设计之处采取了如下设计原则：

　　1. 暖通空调专业

　　（1）公共区域的送风、回风、排烟主管设置在商铺内，支管伸至公共区域。

　　（2）普通商铺内设置有新风管、排烟管、空调水管，餐饮店铺还设置有排油烟风管、排油烟补风管、平时兼事故排风管。

　　（3）后勤走廊设置有排烟管、空调水管。

　　2. 给水排水专业

　　（1）主要管道管径：消防窗喷管DN150、自动喷淋主管DN150，餐饮给水管DN50，餐饮排水管DN150。

　　（2）窗喷管围绕店铺防火玻璃，主管走在店铺外。排水管走后勤走道。

　　（3）喷淋信号阀水流指示器安装在后场走道、公共区，水表设置在管井内。

　　3. 强电专业

　　强电桥架主要敷设在后勤走廊，消防电桥架有待建筑确认卷帘位置，考虑预留桥架一个（100mm×100mm），需要深入至公共区域内。

　　4. 弱电专业

　　（1）主要路由分为四部分，每部分包括信息设施桥架和弱电综合桥架，分别接入相应弱电竖井，地上竖井上下贯通，每个服务范围半径50m，可全覆盖。

（2）影响的范围主要为公共区域、后勤通道、出入口，其次为租户区域（无线AP、弱电箱、餐饮区油烟机监控点位等）。

（3）弱电设备主要吊顶安装，门禁设备、入侵报警设备、墙插地插等做预埋管后明装，其余主要设备放置在空调机房及弱电间明装，检修较为方便。租户弱电箱（尺寸400mm×350mm×120mm）多数为后勤通道吊顶内安装，若有固定吊顶需留出检修口。

后期采用BIM及精细化设计，最终保证了净高的要求。需注意，如中庭设置了防火卷帘，则要考虑其对净高的影响。

2.3.2　防火分区数据指标分析

按照防火规范，高层商业项目地上区域可以控制在4000m²，但考虑到餐饮店铺往往较集中，且后期店铺拆分、合并较大，建议餐饮区域防火分区控制在3000m²左右，给店铺调整留有一定弹性。若后期防火分区调整，对建筑特别机电影响很大，会存在大量的图纸修改量或拆改费用。地下室餐饮区域防火分区面积要控制在1000m²，零售区域防火分区面积要控制在2000m²。另外需特别关注充电桩的相关设计要求，参考《电动汽车分散充电设施工程技术标准》GB/T 51313-2018，如图2-1、图2-2所示。

3.0.1　分散充电设施规划应与配电网规划相结合。
3.0.2　分散充电设施的类型和规模宜结合电动汽车的充电需求和停车位分布进行规划，并应符合下列规定：
　　1　新建住宅配建停车位应100%建设充电设施或预留建设安装条件；
　　2　大型公共建筑物配建停车场、社会公共停车场建设充电设施或预留建设安装条件的车位比例不应低于10%；
　　3　既有停车位配建分散充电设施，宜结合电动汽车的充电需求和配电网现状合理规划、分步实施。
3.0.3　在用户居住地停车位、单位停车场配的充电设备宜采用。

图 2-1　《电动汽车分散充电设施工程技术标准》GB/T 51313-2018 部分截图（一）

6.1.5　新建汽车库内配建的分散充电设施在同一防火分区内应集中布置，并应符合下列规定：
　　1　布置在一、二级耐火等级的汽车库的首层、二层或三层。当设置在地下或半地下时，宜布置在地下车库的首层，不应布置在地下建筑四层及以下。
　　2　设置独立的防火单元，每个防火单元的最大允许建筑面积应符合表6.1.5的规定。

表6.1.5　集中布置的充电设施区防火单元最大允许建筑面积(m²)

耐火等级	单层汽车库	多层汽车库	地下汽车库或高层汽车库
一、二级	1500	1250	1000

　　3　每个防火单元应采用耐火极限不小于2.0h的防火隔墙或防火卷帘、防火分隔水幕等与其他防火单元和汽车库其他部位分隔。当采用防火分隔水幕时，应符合现行国家标准《自动喷水灭火系统设计规范》GB 50084的有关规定。

图 2-2　《电动汽车分散充电设施工程技术标准》GB/T 51313-2018 部分截图（二）

可以看出，商业项目需设计充电桩，随着新能源汽车的普及及政策倾向，充电桩的配比会越来越高，按照标准要求，充电桩区域需按照1000m²设置防火单元，传统的灭火措施对电池着火对存在一定的灭火难度，故其要求也会越来越严，目前各地方的把控力度有所差异。其对机电专业的主要影响分析如下：

1. 给水排水专业

（1）消火栓的位置需要根据新的防火单元做调整，数量将有所增加。

（2）所有的喷头、管道以新的防火单位为界限重新布置，每个防火单元内都要设置信号阀和水流指示器。

（3）每个防火单元内需设置集水坑，集水坑和潜水泵数量有所增加。

（4）防火单元内灭火器设置需按照严重危险等级考虑。

2. 暖通空调专业

（1）每个防火单元单独设置机械排烟风机和机械补风风机（有车库出入口的防火单元，在出入口处无防火卷帘的情况下，该防火单元可以采用坡道自然补风）。排烟风机和补风风机设在专用机房内。

（2）机械排风和机械送风系统的设置：可以单个防火单元设置也可以相邻两个防火单元合用。若单个防火单元设置，系统比较清晰，排风排烟管可以合用，但是风机数量较多；如相邻两个防火单元合用，可以减少风机数量，但是排烟排风系统合用风管控制比较复杂。

（3）排风、送风机房、排烟、补风机房数量、风机台数及风井数量均增加。

3. 电气专业

（1）需要根据建筑、水暖专业的增设同步调整。

（2）按要求100%设置充电桩预留变压器负荷。

2.4 "量体裁衣"浅谈商业消防不同模式的机电设计

大型商业综合体消防设计模式基本可分为中庭防火分区、有顶棚步行街、"扩大中庭"等，不同模式存在较大差异，这些差异会对商业项目设计及运营产生较多影响。故前期建筑概念、方案设计时就应提前筹划，与当地相关部门、施工图审查单位、设计单位做好沟通。本节将简要概述商业项目各种消防模式的特点，重点讲述不同模式下机电配置的相关差异。

2.4.1 不同模式的基本情况说明

1. 有顶棚步行街

有顶棚步行街是近年来随着大型商业综合体的发展不断演化、完善的。该模式最大的特点是采用了具备一定安全度的步行街、两侧店铺的面积得到严格控制并划分不同的防火单位，以突破传统建筑防火分区的划分，将步行街两侧的建筑视为不同建筑。餐饮、商店等商业通过有顶棚的步行街连接，步行街两侧的建筑（面积一般小于$300m^2$）利用步行街进行消防安全疏散，商铺面向步行街一侧应进行防火分隔。

2. 防火分区背走道疏散（扩大中庭）

当防火分区背走道疏散是指当商业广场中庭部分（一层到顶层的中庭回廊属于同一个防火分区）面积超过规范要求时，中庭部分与周围连通空间采用防火分隔（具体措施详见《建筑设计防火规范》或当地消防要求），两侧商铺和中庭不属于同一个防火分区，商铺通过背面走道疏散到疏散楼梯或室外。此模式只能向后走道疏散，购物者进店与疏散的路径不同，不符合人的常规行为模式。日常检查发现，后场走道易出现堆积商家货物，影响疏散等问题。

3. 中庭防火分区模式（传统模式）

中庭防火分区指在满足防火分区面积不超过《建筑设计防火规范》规定值的前提下，建筑内部由防火墙、楼板及其他防火分隔设施将两侧商铺和中庭走道划分在同一个防火分区内的做法。此模式中庭需做防火卷帘，异形卷帘不能使用的情况下中庭需要增加柱子。

有顶棚步行街模式小店铺可向中庭疏散，可节省部分楼梯；另外，中庭开洞可以灵活多样，但不能向地下一层开洞。后两种模式防火分区内部商铺面积无具体规定，主动线宽度无具体规定。中庭防火分区模式应重点关注大量防火卷帘的有效性，扩大中庭模式重点关注大中庭的安全性与防火分隔。具体采用哪种消防模式主要还是要从运营角度评判，哪种模式有利于将来项目运营及商铺调整，就采用哪种消防模式。

2.4.2 有顶棚步行街模式机电设计注意事项

1. 消防水系统设计

根据《建筑设计防火规范（2018年版）》GB 50016-2014第5.3.6条第8款，步行街两侧建筑的商铺外应每隔30m设置DN65的消火栓。消火栓优先布置在室内街公共区域的疏散走道侧面或楼梯前室内。根据第5.3.6条第4款，面向步行街的商铺，采用耐火性和隔热完整性不低于1.0h的防火玻璃，但此类玻璃因成本、工艺等问题，实际项目很少采用，常规采用耐火完整性不低于1.0h的非隔热性防火玻璃。此时为保证玻璃的隔热性能满足1h，应设置闭式自动灭火系统进行保护。保护玻璃喷头是一种专门用于保护玻璃的特殊闭式喷头，其有效的防护功能在于喷头快速响应的热敏能力和喷头溅水板的特殊设计，火灾时该喷头能形成均匀水膜覆盖被保护的玻璃，以防止玻璃由于温差破裂，从而达到防止火灾蔓延的目的。喷头设计间距应控制在2.2 ~ 2.6m；喷头与防火玻璃的间距控制在100 ~ 400mm。中庭大空间应设置自动扫射射水高空水炮灭火装置，其控制箱的设置位置应便于观察水炮调试和运行状态。

2. 防烟排烟系统设计

《建筑设计防火规范（2018年版）》GB 50016-2014第5.3.6条第2款："步行街两侧建筑相对面的最近距离均不应小于本规范对相应高度建筑的防火间距要求且不应小于9m。步行街的端部在各层均不宜封闭，确需封闭时，应在外墙上设置可开启的门窗，且可开启门窗的面积不应小于该部位外墙面积的一半。步行街的长度不宜大于300m。"第5.3.6条第7款："步行街的顶棚下檐距地面的高度不应小于6.0m，顶棚应设置自然排烟设施并宜采用常开式的排烟口，且自然排烟口的有效面积不应小于步行街地面面积的25%。常闭式自然排烟设施应能在火灾时手动和自动开启。"

为了保证排烟的可靠性，步行街上部各层楼板上的开口率不小于37%，洞口无需设置防火卷帘。商铺设置机械排烟系统，建筑净高小于或等于6m的场所，其排烟量不应低于60m³/（m²·h），且每个防烟分区排烟量不小于15000m³/h。此方式每个商铺均为一个防火单元，故所以风管穿越商铺隔墙时需要设防火阀。步行街顶部采用自然排烟，其有效面积不应小于步行街地面面积的25%。

3. 电气系统设计

室内步行街公共区域和商铺按照供电半径设置强弱电间，所有区域的电气系统（含消防系统）接入就近的竖井系统。同时应采用带电磁门吸的双向弹簧门，平时利用电磁门吸，使之常开，火灾时报警系统切断电源，从而使门自动关闭，关闭后能从两侧手动开启并自动关闭。中庭大空间应安装红外光束感烟探测系统。注意中庭往往有条幅等装饰材料，会影响红外对射，二次机电设计时应规避。另外，探测器与墙壁、梁边及其他遮挡物的距离应大于0.5m；探测器至空调送风口边的水平距离应大于1.5m，并宜接近回风口安装；探测器至多孔送风顶棚孔口的水平距离不应小于0.5m；探测器与嵌入式扬声器的净距应大于0.1m；探测器与自动喷淋头的净距应大于0.3m。

2.4.3 "扩大中庭"模式下机电设计注意事项

1. 消防水系统设计

中庭内的消火栓仅用于保护中庭防火分区；商铺和背走道宜优先在背走道内设置消火栓，若保护距离不满足要求则在商铺内增设消火栓。消火栓不应跨防火分区借用。中庭公共区域的消火栓宜设置在靠近连廊的部位，便于公共区域两侧的消火栓通过连廊借用。窗玻璃自动喷淋保护系统的设计原则同有顶步行街。

2. 防烟排烟系统设计

中庭、周边场所、商铺均需要设置机械排烟系统。同一防火分区内风管穿越商铺隔墙时不需要设防火阀。中庭排烟量的计算参照《建筑防烟排烟系统技术标准》GB 51251–2017第4.6.5条的相关规定。

3. 电气系统设计

由于中庭设置单独的防火分区，中庭需单设强弱电竖井，并负责中庭防火分区的电气系统（含消防系统）。商铺区域根据防火分区的划分相应设置强弱电竖井，并负责各自防火分区的电气系统（含消防系统）。扩大中庭是最大的一个防火分区，柴油发电机容量计算及消防联动逻辑编制时应注意。

2.4.4 中庭防火分区模式机电设计注意事项

1. 消防水系统设计

相邻的2个消火栓直线距离不能超过30m，优先设置在公共区域的疏散走道侧面或商铺内。消火栓的设置位置应避开防火卷帘，不同防火分区的消火栓不能相互借用。室内步行街公共区域的消火栓和立管应靠柱子设置，不应突出商铺的玻璃墙，开门方向朝向步行街内，商铺和中庭属于同一个防火分区的可用于保护商铺内部。商铺和中庭走道划分在同一防火分区，不需设置窗玻璃自动喷淋保护系统。

2. 防烟排烟系统设计

中庭、周边场所、商铺均需要设置机械排烟系统。为保证中庭区域净高，排烟主管道路由前期应及时考虑，建议设置于租户区内。同一防火分区内风管穿越商铺隔墙时不需要设防火阀。如采用电动挡烟垂壁时，应尽量减少不规则形状，保证齐平，需提供挡烟垂壁在墙上的控制盒安装位置给精装设计，并配合完善。

3. 电气系统设计

根据防火分区的划分，每个防火分区单设强弱电竖井，公共区域和商铺的电气系统（含消防系统）接入其所在防火分区的竖井系统。此方式中庭设置了大量的卷帘，管线综合时一定要提早考虑到位，同时也应关注挡烟垂壁的设计。公共区域消防水炮控制箱应安装在通道侧面或转角处等较偏僻的位置，配合内装专业做隐藏处理。

大型商业综合体是当前和未来商业建筑的主要形式，其集购物、餐饮、娱乐、体验等一体，综合性越来越高，消防面临着调整，故应积极应对，寻求匹配的技术措施。

2.5 "融会贯通" 餐饮通风十问

餐饮租户排油烟、补风及事故风机是商业建筑问题较多的系统，本节就设计常见的问题展开详细的讨论

1. 排油烟管道预留量

因招商前期定位设计指标与实际运营指标存在偏差，排油烟管道预留量实际会偏大或偏小。偏大会引起管道风速偏低，造成管道容易积油；偏小会引起管道风速偏高，造成噪声较大和风量泄漏量较大。

解决思路：设计前期应与招商部门沟通，确定餐饮比例及租户落位情况。餐饮比例合理和租户落位准确，则设计管井相对准确，后续改动较少。如果招商部门不确定，应结合项目定位和平面与商管部门协商拟定餐饮比例，提供一定的灵活性预留，避免后续增加管井困难。另一方面，应合理制定餐饮排油烟设计指标，常规设计指标为 $60 \sim 80 \text{m}^3/(\text{m}^2 \cdot \text{h})$（租户面积），具体可以结合店铺面积在此指标范围内浮动。排油烟管井风速前期设计建议控制在 $8 \sim 10 \text{m/s}$ 范围内，如果后续招商有调整，管井受限比较严重，风速可以放宽到 12m/s。其中补风量按照餐饮排油烟风量的90%考虑。

2. 排油烟管道预留过长

因地下室设计餐饮、屋顶设空中花园或塔楼的影响，部分租户排油烟管道预留较长，有的甚至近达100m，特别是部分水平管会达到50m以上，会造成设备风阻大、容易积油、难清洗等问题。

解决思路：租户排油烟管道过长的问题建议设计接力风机总长度不超过60m。水平管道尽量做好找坡，设置排油口。

3. 排油烟风机、补风机设置位置

排油烟风机如放在租户厨房内会存在噪声、影响标高等不利因数，如放在屋顶会影响屋面使用，所以项目前期应综合考虑排油烟、补风机的设计位置。应配合屋面景观优化设计，并相应考虑降噪、隔声、除味、遮挡等措施。排烟风机及补风机设置在屋面，同时要关注配电计量、启动控制按钮及启动线的设置，排油烟、补风如设置在租户内，电源引自租户配电箱；如设置在屋顶，电源集中供电到屋顶，再设置每户独立回路，每个回路设计独立计量。如果排油烟风机设置在租户内，考虑到排油烟机、灶台等后期安装，常规管线综合后，厨房区净高建议控制在3.2m以上。

4. 租户排油烟风机是否可以合用问题

如美食广场等有许多小的档口，此部分的排油烟风机可以多档口合并设置总的排油烟风机，具体设计标准按照如下原则：排油烟量相差不大于50%及风压相差不大于20%的不多于5个面积小于200m²的临近餐饮租户合用排油烟管道。各租户支管接入总管应设置止回阀；如有防火需求，设置防火阀；合用风机应采用变频风机且风量不宜大于50000m³/h。合用风机宜设置于屋面，建议由甲方前期施工到位，并由物业集中管理，同时应设置相应的油烟净化设备，租户内应设置独立的油烟处理装置及租户排油烟风机，此部分由租户自理。合用总排油烟风机变频可以结合餐饮时间段控制。合用排油烟风机须做统一规划布置，预留结构基础，风机电源集中解决，并挂表计量，电费平均分摊。

5. 燃气联动管控

组织建筑设计院和燃气设计院协商沟通，户内燃气探测器分支管线、电磁阀等，由燃气设计院设计，并通过其户内安装的可燃气体报警控制器与建筑设计院设计的户外燃气报警、控制系统对接形成一个完整系统。由于地区行业管理存在差异，建议提前考虑两院对接问题。燃气电气联动设计：建筑设计院预留探测器连锁相应管井的事故排风机、户内事故风机以及燃气管进大厦总阀的控制，并纳入消防报警系统监控；燃气设计院也设计了户内燃气探测器，用以连锁租户内燃气支管电磁阀以及事故风机。

6. 排油烟风机、补风机等设备是否联动

排油烟风机及补风机配电箱建议实现排油烟风机、补风机、油烟净化器连锁控制，同时纳入BA系统，可以实时监测风机状态。特别强调的是，此时只是检测，不控制，后期运营中一定加强落地，如要求租户配电箱预留BA接点，施工时督促弱电施工单位布线调试到位，运营中对租户只开排油烟风机，不开补风机的现象有一定的管理措施。如果排油烟风机打开，补风机不开，特别是北方商业项目厨房区会出现负压，造成中庭区域的热量大量进入到租户内，造成公共区域能耗较高。

某项目调研发现大部分租户已按物业要求安装排、补风联动装置，个别租户尚未安装，但实测补风量均小于排风量的80%，厨房负压严重，部分租户开启后厨门，从后勤走道或公共区域补风。因此，在设计和施工管控阶段应对租户风机选型进行审核和现场施工管控，同时在运营阶段加强管理，防止过多热风从餐饮租区及公共区域被吸入厨房并排出，减缓烟囱效应，降低能耗。如某一店铺测试情况如图2-3所示，测试数据说明如表2-8所示。

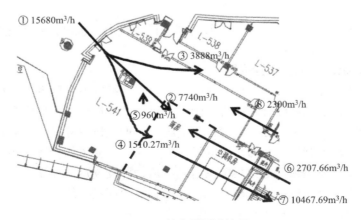

图 2-3　某店铺测试情况

测试数据说明   表 2-8

序号	情况说明
①	租户正门进风量：15680m³/h；租户迎客前门测量进入租户内的总风量
②	厨房门进风量：7740m³/h；从租户厨房正门进入厨房风量
③	侧门漏风量：3888m³/h；为租户常开半扇侧门（2000mm×300mm），穿堂风出租户至后勤通道
④	厨房窗口进风量：1510.27m³/h；为厨房通租户客区小窗（760mm×600mm），从客区进厨房风量
⑤	排烟风口出风量：960m³/h；为租户内排烟风机风口漏风量（1000mm×1000mm）
⑥	租户补风机风量：2707.66m³/h；为租户补风机实测风量
⑦	租户排油烟机排风量：10467.69m³/h；为租户排油烟机排风量
⑧	租户设计供给新风量：2300m³/h；为设计供给新风量，现场吊顶，无法测量

从测试数据看，中庭有15680m³/h的风量进到租户，按照排风温度21℃，室外测试温度4℃，运行6h计算，每日将有143.8元的损失。另外，从测试数据看，厨房补风量明显不足。因此，日常要关注补风量的设计及落地情况。

7. 油烟治理及环评问题

各地根据环评要求对油烟排放的规定有所不同，总体建议对油烟排放进行治理。租户油烟净化装置宜优先设于租户内，且静电油烟净化装置的净化效率应满足当地环保部门的要求，且设备选型断面风速不宜大于3m/s。一次机电设计时应按照上述要求设计并预留安装及检修空间。租户内油烟净化设备及风机由租户自己安装；油烟排放口与塔楼投影、屋顶商业和屋顶花园等经常有人停留区域的最小间距应大于30m，且应设置于主导风向的下风向。如场地等原因无法满足上述条件，宜在静电油烟净化装置后设置UV灯净化除味装置等深度除油除味处理措施，经油烟净化和UV灯净化除味装置处理后的油烟排放口与周边环境敏感目标的距离应大于10m。UV净化除味装置的设置位置应满足处理后油烟在管道中停留不小于2s反应时间的要求。屋顶排油烟风口20m范围内不得设新风口，每台排油烟风机出口、合用进风管道的补风机出口、合用排风管道的平时排风机出口均需设置止回阀。各餐饮租户排油烟罩设置机械式初级油烟过滤器效率按计重法不小于90%，其风阻力按不小于150Pa计算。

8. 事故风机设计问题

预留燃气的厨房及其他有爆炸危险气体的房间，要求餐饮商户自行设置事故通风设备。商铺事故通风排放口排向空调室外机百叶处；当外墙不允许开洞，或无直接通室外路径时，应设置独立事故通风管井，管井内衬镀锌薄钢板，预留支管并做好封堵，由各客户自行接入，立管直通室外商铺屋顶排放；事故通风排风管道应设置于独立的管道内，不与其他类型的管道共用；厨房等使用燃气区域的事故排风措施应完善，换气次数不小于12h⁻¹；事故排风机需采用防爆风机（轴流），设置于商铺内，并与燃气泄漏报警系统联动。事故风机不能兼作排油烟风机。

9. 排风问题

事故风机可以兼作排风，电力厨房排风换气次数按照不小于6h⁻¹。建议大于400m²且有独立卫生间需求的大餐饮考虑平时排风。如烧烤、火锅等店铺可纳入厨房补风一并考虑。

10. 油烟串味问题

某项目前期为了建筑、幕墙、景观等专业的美观要求，油烟排放与消防排烟等合用排放口，导致油烟味顺着排烟管道溢流到步行街或租户，餐饮厨房或用餐区出现正压，导致气味流向了步行街。设计院一次设计时要考虑送排风的平衡问题，餐饮厨房区域要保持微负压，餐饮厨房补风量为排风量的90%。后期租户审图和施工需要设计、项目、物业、营运等部门的合力控制，以保持原设计效果。

2.6 "主次分明"浅谈消防报警系统主控与分控设计

商业综合体项目通常由商业、写字楼、酒店、公寓等多业态组成，因物业权责不同、开发周期不同等诸多因素，往往会根据业态不同分别设置独立的消防控制室，整个项目设一个主消防总控室，负责管理整个项目的消防监控、管理和协调工作。有时因定位的不同，不业态也会存在消防报警系统产品选择的不同。因此，同一建筑项目中会存在两套及以上不同的消防报警系统。遇到此类问题，消防报警系统将如何设置呢？

2.6.1 主消防控制室与分消防控制室的职责

根据《火灾自动报警系统设计规范》GB 50116–2013第3.2.4条规定，控制中心报警系统的设计，应符合下列规定：

（1）有两个及以上消防控制室时，应确定一个主消防控制室。

（2）主消防控制室应能显示所有火灾报警信号和联动控制状态信号，并应能控制重要的消防设备；各分消防控制室内消防设备之间可互相传输、显示状态信息，但不应互相控制。

因此，建筑群有多个消防控制室应确定其中一个为主消防控制室。而主消防控制室具有两大重要功能：

（1）显示信号：显示所有火灾报警信号和联动控制状态信号，当然包括分控制室的上述信号；

（2）控制消防设备：应能控制重要的消防设备，其辖区内的重要消防设备都应能控制。

《民用建筑电气设计标准》GB 51348–2019第13.3.1条第2款规定，民用建筑内由于管理需求，设置多个消防控制室时，宜选择靠近消防水泵房的消防控制室作为主消防控制室，其余为分消防控制室。分消防控制室应负责本区域火灾报警、疏散照明、消防应急广播和声光警报装置、防烟排烟系统、防火卷帘、消火栓泵、喷淋消防泵等联动控制和转输泵的连锁控制。

2.6.2 不同品牌消防报警设备的互联

消防报警设备因生产厂家不同，其火灾报警控制器所采用的内部通信协议也不同，通常各设备生产厂家为了防止其核心专利技术被盗用，其火灾报警控制器内部通信协议不对外开放，即使承诺开放协议，也是转换后的标准通信协议，如 RS 232、RS 485、BACnet 等，针对此协议，另一设备厂家也不可能集成到其自有报警系统中去，这其中不仅有兼容性风险的考虑，也有相关检测认证机构的约束（至少3C证书是无法做到的）。因此，如果要求两家不同生产厂的报警设备采用开放协议方式，联网并相互通信，目前国内外没有任何一家设备厂家能够做到。当然，如果非要将两家设备集成到一个平台管理，只有去找第三方开发一套管理软件，要求两设备厂家提供开放协议，并将两套系统同时接入开发的软件管理平台，此方式软件开发成本较高，管理平台运行稳定性无法保证，也无法提供消防所必需的3C认证和检测报告。另外，即使同一厂家的不同系列产品也存在不能通信和兼容的问题。

2.6.3　商业综合体项目主控与分控设计

商业综合体项目火灾自动报警系统应采用集中或控制中心报警系统，对于多业态的综合体，物业权责不同，为明确权责，建议设主控和分控中心。主消防控制中心应能显示所有火灾报警信号和联动控制信号，并能显示设置在各分消防控制室内消防设备的状态信息，并能控制合用的消防水泵等重要的消防设备。主消防控制室宜靠近消防水泵房。主消防控制室应与分消防控制室联网，各分消防控制室的消防设备之间可互相传输、显示状态信息，但不应互相控制。主消防控制室作为总控中心，具有各消防设备的优先控制权。不同物业管理范围的火灾自动报警系统，报警及联动回路和主机应严格分开设置。若不同物业管理的业态合用消防控制中心，房间布置时应考虑后期物业分开管理及值守的需求，预留物理分隔的条件。主、分控之间的逻辑如图2-4所示。

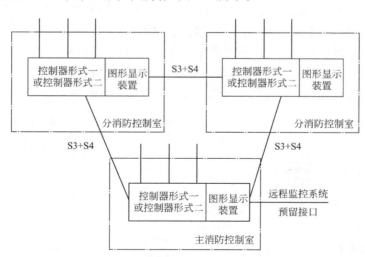

图 2-4　商业综合体项目火灾自动报警系统主、分控逻辑

S3—控制器之间通信线；S4—图形显示装置之间通信线。

注：1. 为了便于消防控制室之间的信息沟通和信息共享，各分控的消防设备之间可以互相传输、状态信息。

2. 为了防止各分控消防设备之间的指令冲突，各分控的消防设备之间不应互相控制。

若项目存在火灾报警监控范围与物业管理范围有交叉区域，如写字楼机电设备房设置在地下车库内，而地下车库为商业物业管理方的情况，该房间的报警联动、房间内与消防相关设备的联动接至何处，须与当地消防部门、审图机构、相关物业部门沟通明确，作为消防设计的依据。当同一台消防风机和消防水泵为两个业态共用时，建议将该消防设备的控制和反馈通过模块接入主消防控制系统，同时将反馈模块也接入分控中心。将该消防设备的总线控制线/直起线功能设置于主消防控制室。

2.6.4　在消防总控中心对所有单体建筑的火灾报警系统的监视和控制

方案一：消防总控中心设置两套图形显示管理装置（CRT），如图2-5所示。

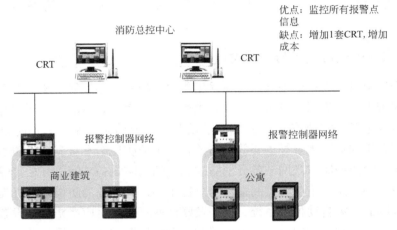

图2-5　消防总控中心设置两套图形显示管理装置（CRT）

说明：因3C对图形显示管理装置（CRT）有要求，只能具有监视权限，不能对报警控制器和现场设备进行控制。因此，如需控制，即总控中心对另一家设备（暂定国产品牌）具有管理和控制功能，就必须在总控中心单独安装一台火灾报警控制器，并与原国产品牌系统控制器主机联网，通过设定权限，实现远程监视和控制功能。

方案二：采用模块上传总火警和总故障方式，如图2-6所示。

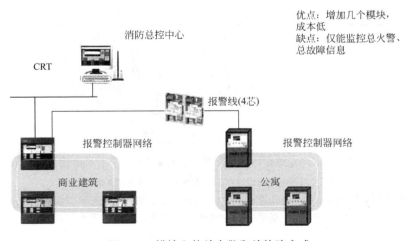

图2-6　模块上传总火警和总故障方式

此方案采用输入输出模块作为两套不同厂家系统的接口，仅具有监视总火警和总故障的功能，不具有管理控制功能。

在实际应用中，还要根据建筑群的规模、物业权责、工期情况、产品情况、服务半径等诸多因素综合考虑。如果同一项目业态虽然较多，但归一家物业管理，可以在满足规范的条件下设置一套消防报警系统，同时要考虑消防控制室服务半径和范围，并与消防水分区相对应，如果控制线路过长，势必会影响到消防联动控制的可靠性。如虽然归多个物业公司管理，但建筑又独立，消防水系统独立，可以设置相对独立的火灾自动报警系统，互不干涉、互不联系。

2.7 "和睦相处"浅谈谐波及其治理

随着变频器、LED灯等电力电子装置的广泛使用，配电系统中的谐波问题日益严重，相应的抗干扰设计技术越来越重要。本节从谐波的特点入手，分析谐波的产生及其危害，并结合具体案例提出抑制谐波的几种常用方法。

2.7.1 谐波基本特点

在供电电网中，电压或电流为正负等值按比例交替的正弦波信号，如图2-7所示。

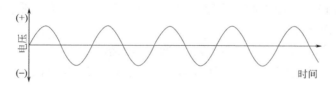

图 2-7 电压或电流正弦波信

实际供电过程中，电网会连接许多非线性负载，造成电流和电压信号的畸变，如图2-8所示。

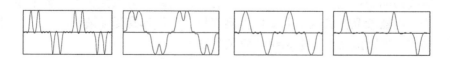

图 2-8 电流和电压信号的畸变

谐波产生的根本原因是由于非线性负载所致，当电流流经负载时，与所加的电压不呈线性关系，就形成非正弦电流，从而产生谐波。如图2-9所示，谐波频率是基波频率的整数倍。而基波是指其频率与工频（50Hz）相同的分量。"谐波"是指一个周期性信号的组成部分，谐波特点如下：

（1）它本身是一个周期性的信号；

（2）它的频率是基波频率的整数倍。

电网中：n 次谐波的频率是：$f_n = n \times$ 基波频率（50Hz/60Hz）

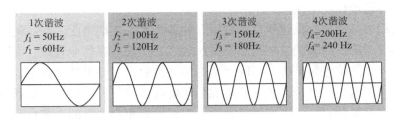

图 2-9　谐波频率

2.7.2　谐波产生的原因及其种类

1. 电力系统中的谐波源

（1）电源自身产生的谐波。因为发电机制造的问题，使得电枢表面的磁感应强度分布偏离正弦波，所产生的电流偏离正弦电流。

（2）非线性负载，如各种变流器、整流设备、PWM变频器、交直流换流设备等电力电子设备。

（3）非线性设备的谐波源，如荧光灯、铁磁谐振设备和变压器等。

2. 商业项目谐波种类

商业项目电力系统中的谐波主要有以下几类：

（1）计算机通信设备、UPS电源、变频器主要产生5次、7次、11次、13次谐波。

（2）各种电气设备，如空调、水泵、电视、厨房设备、冰箱、洗衣机等，主要产生3次、5次、7次、9次谐波。

（3）电抗器和变压器，主要产生3次、5次、7次谐波。

（4）LED大屏、荧光灯、高压气体放电灯，主要产生3次、5次、7次谐波，其量随灯具的容量而幅度增大。

2.7.3　谐波的危害

1. 对供配电线路的危害

（1）影响线路的稳定运行：供配电系统中的电力线路与电力变压器一般采用电磁式继电器、感应式继电器或晶体管继电器予以检测保护，它们容易受谐波影响，产生误动或拒动。这样，谐波将严重威胁供配电系统的稳定与安全运行。

（2）影响电网的质量：电力系统中的谐波能使电网的电压与电流波形发生畸变，从而降低电网电压，浪费电网的容量。

2. 对电力设备的危害

（1）对电力电容器的危害：当电网存在谐波时，投入电容器后其端电压增大，通过电容器的电流增加得更大，使电容器损耗功率增加，电容器异常发热，在电场和温度的作用下绝缘介质会加速老化。在谐波严重的情况下，还会使电容器鼓肚、击穿或爆炸。

（2）对电力变压器的危害：谐波使变压器的铜耗、铁耗增加。由于以上两方面的损耗增加，因此要减少变压器的实际使用容量。除此之外，谐波还导致变压器噪声增大，有时还发出金属声。

（3）对电力电缆的危害：由于谐波次数高频率上升，再加之电缆导体截面积越大趋肤效应越明显，从而导致导体的交流电阻增大，使得电缆的允许通过电流减小。

3. 对用电设备的危害

（1）对电动机的危害：谐波对异步电动机的影响，主要是增加电动机的附加损耗，降低效率，严重时使电动机过热。尤其是负序谐波在电动机中产生负序旋转磁场，形成与电动机旋转方向相反的转矩，起制动作用，从而减少电动机的出力。

（2）对低压开关设备的危害：全电磁型的断路器、热磁型的断路器、电子型的断路器，都可能因谐波产生误动作。

（3）对弱电系统设备的干扰。

4. 谐波对人体有影响

从人体生理学来说，人体细胞在受到刺激时，会在细胞膜静息电位基础上发生快速电波动或可逆翻转，其频率如果与谐波频率相接近，电网谐波的电磁辐射就会直接影响人的脑磁场与心磁场。

5. 影响电力测量的准确性

当谐波较大时，电能表（多采用感应型）将产生计量混乱，测量不准确。

（1）从工作方式和误差特性分析可知，电磁感应式电能表是以基波为参比条件设计制造的，只能在基波情况下准确地记录负载消耗的有功电能；在谐波存在时，由于不能实现将多个不同频率的正弦电压和电流产生的机械转矩相叠加，因此不能准确记录负载消耗的谐波有功能量。

（2）对于全电子式电能表，在数值计算时由于电子电能表的CPU能够将含有多个不同频率、按正弦规律变化的电压和电流的瞬时值分别采样并作运算，因此有效记录了负载的瞬时功率，即记录瞬间消耗的所有有功能量。从原理上证实全电子式电能表实现记录负载消耗基波和谐波总平均功率及电能量是可行的。

（3）当电网存在高次谐波时，对电能计量的准确性有影响，谐波含量越高电能计量误差越大。当谐波含量满足国家标准的规定时，误差影响微小；当谐波含量超过国家标准的规定时，无论是电磁感应式电能表还是全电子式电能表，误差影响均较大。

（4）在电网中，无论谐波流向如何，负载本身不产生电能量。当谐波从负载流向电网时，实际上是负载将电网中的基波经过滤波和整流后形成的谐波电流反送回电网，这是一种电能污染。全电子式电能表将负载（谐波源）消耗的基波有功电能和谐波源（负载）向电网返送的谐波有功电能（被污染的电能）进行了代数相加，使得记录的能量比负载消耗的基波有功电能量还要小，这是全电子式电能表计量原理上的不足之处。

（5）在谐波超过国家标准的规定时，对同一计量点，采用相同准确级别的全电子式电能表和电磁感应式电能表计量电能量是有较大差别的。当谐波源是电网时，前者数值较大；当谐波源是用户时，则情况相反，均属正常现象。

（6）对大功率变流设备、电弧炉，特别是电铁牵引等产生高次谐波的电力负载，为了只记录负荷消耗的基波有功电能，用电磁感应式电能表比用同准确级别的全电子式电能表更合理。

2.7.4 案例分析

某商业项目实测TX-13、TX-14、TX-15、TX-17号变压器下总谐波电流在80～100A。其中4号变压器系统中通过测试数据可以看出系统中存在大量谐波，其中以3次谐波为主，最大接近110A，根据《电能质量　公用电网谐波》GB/T 14549-1993，400V系统中3次谐波的允许值为62A。如表2-9所示。

400V系统谐波电流允许值　　　　　　　　　　　　　　表 2-9

标准电压/kV	基准短路容量/MVA	谐波次数及谐波电流允许值/A																						
		2	3	4	5	6	7	8	9	10	11	12	13	14	15	16	17	18	19	20	21	22	23	24	25
0.38	10	78	62	39	62	26	44	19	21	16	28	13	24	11	12	9.7	18	3.6	16	7.8	8.9	7.1	14	6.5	12

由于3次谐波为零序谐波，会叠加到中性线上，导致中性线的运行电流接近300A。如此大的谐波会导致中性线温度过高、漏电报警等问题。如果该变压器下继续增加变频或LED等非线性设备，可能导致中性线因谐波过大而烧毁，以及进线柜断路器跳闸等问题。

2.7.5 抑制、避免谐波的方法

谐波治理方案要能够保障主要谐波吸收或抵消目的的实现，要保障谐波治理设备投入使用后系统电路内的谐波量对设备影响较小；系统改进方案要保障装置自身的安全性，这个安全性主要是指在系统当前存在的谐波电流、电压的背景下，各有源谐波处理设备的耐压、耐流值满足安全性要求。另外，需要设计方案的性价比，在可能的情况下尽量降低系统造价，提高系统的实用性。具体措施如下：

（1）把产生谐波的负荷供电线路和对谐波敏感的负荷供电线路分开。使非线性负荷产生的畸变电压不会传导到线性负荷上去。

（2）增大三相四线式供电系统中中性线的导线截面积，最低要求是要使用与相线等截面的导线。国际电工委员会（IEC）曾提议中性线导线的截面应为相线导线截面的200%。

（3）采用Dyn接线的变压器，使负荷产生的谐波电流在变压器△形绕组中循环，而不致流入电网。

（4）在重要的配电系统中，把隔离变压器就地装在每一配电盘上，使3N次谐波电流与配电系统相隔离。隔离变压器要适当提高额定值，否则也会产生电压畸变和过热。

（5）安装有源、无源滤波器：

1）如在低压配电并联电容器补偿装置中采用串联电抗器方式，既进行了无功补偿，又避免了谐波电流流入系统，保护了电容器和其他电力设备，提高了供电质量。这是一种行之有效的限制谐波的方法，同时对限制电容器组的合闸涌流也能起到一定的作用。

2）有源滤波器通过CT积极地检测负荷所产生的非线性电流，有源滤波器能够有效地产生一个电流波形，该波形能够有效匹配负荷所产生的电流的非线性部分；若将该电流实时注入配电母线，则有源滤波器能够消除具有危害的负荷所产生的谐波电流。有源滤波器是主动型滤波器，可以主动滤除系统中多个阶次的谐波。具体方法如图2-10所示。

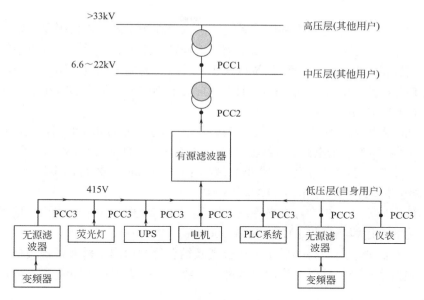

图 2-10 综合治理谐波干扰

目前谐波治理还没有引起足够的重视，特别是现在制冷专业变压器所带冷水泵、冷却水泵、冷塔等均采用变频，实测发现很多项目存在谐波超标的问题，建议还是在前期设计中采取一定的措施，或预留有源滤波柜的位置，后续运行时进行实测后再判断是否安装。

2.8 "念念不忘"桥架被遗忘的设计

商业项目智能化系统较多，日常设计中大家常常关注系统本身而往往忽略桥架的相关设计，造成桥架种类多、规格偏大或偏小、路由不合理等问题，从而引起成本增加和施工难度加大。

2.8.1 桥架种类

根据商业项目的特点，桥架（线槽）可分为如下6大类：

（1）运营商桥架：预留运营商敷设的桥架，以满足运营商及手机信号覆盖等需要。智能化设计常规预留水平、垂直线槽安装位置，具体由当地运营商相关单位设计。常规项目桥架经验规格如下：垂直（主干）桥架：CT300mm×100mm，水平桥架：CT200mm×100mm。室内移动通信覆盖系统在中庭和地下室的区域水平多采用多孔角铁方式敷设。目前常见设计为"三网"租户箱光纤走信息的水平分支桥架及垂直主干桥架；手机信号覆盖的馈线或5G设置多孔角铁，垂直单独设置桥架。

（2）信息设施桥架：包含综合布线系统、信息网络系统、信息发布系统、电子导购及查询系统、客流分析统计系统等利用网络进行信号传输的信息设施系统，常规经验桥架规格：水平CT200mm×100mm（部分末端CT100mm×50mm）；弱电井垂直线槽CT200mm×100mm。

（3）弱电综合桥架：包含视频监控系统、出入口控制系统、入侵报警系统、建筑设备自动控制系统、五方通话线、灯光控制系统、远程抄表系统、能耗能效管理系统等利用网络进行信号传输的信息设备、设施系统以及24V及以下的弱电配电线路。常规经验桥架规格：水平CT200mm×100mm（部分末端CT100mm×100mm，部分CT100mm×50mm）；弱电井垂直线槽CT200mm×100mm。

（4）公共广播桥架：背景音乐及紧急广播系统。考虑背景音乐系统对商场的重要性和抗干扰性，设置单独桥架，弱电井垂直线槽规格：CT200mm×100mm，水平多采用线管方式。

（5）UPS桥架：水平主干汇入层线槽规格：CT100mm×100mm（部分为CT200mm×100mm）；弱电井垂直线槽规格：CT100mm×100mm。

（6）车位引导桥架：包含停车场系统、车位引导与反向寻车系统管线。地下车库设置车位引导系统的专用线槽规格：CT100mm×50mm。

以上是针对商业项目对桥架做了大体分类及结合经验给出了桥架常规规格，设备末端一定要关注规格变径。另外要关注双电源健康系统、漏电火灾报警系统的线路问题。

2.8.2　桥架走向原则

（1）主干桥架贯通尽量设置于主机房层，同时避免穿越有商铺的楼层，如果地下一层有商铺可以考虑在地下二层车库设置主干桥架，便于维护检修。

（2）弱电井位置需提前优化，将井内布局图并考虑好开洞位置提资给建筑专业。

（3）画水平桥架时要画到井内并与井内开洞位置连接上。

2.8.3　桥架容量计算

线缆容量不超桥架界面40%截面积按照直径的平方计算，不建议按照πr^2计算。表2-10是安防系统线缆规格统计。

<table>
<tr><td colspan="11" align="center">安防系统线缆规格统计表</td><td>表 2-10</td></tr>
<tr><td colspan="6" align="center">各线型直径及容积</td><td rowspan="2">计算
总容积</td><td colspan="3">常用桥架容积及敷设线缆占空比</td><td rowspan="3">最优选择</td></tr>
<tr><td>RVVP6
×1.0</td><td>RVV4
×1.0</td><td>RVV2
×1.5</td><td>RVV4
×0.5</td><td>RVV2
×0.5</td><td>100×100
桥架</td><td>200×100
桥架</td><td>300×100
桥架</td></tr>
<tr><td>11</td><td>9.4</td><td>9</td><td>8.5</td><td>7.6</td><td>所有线缆</td><td>总容积：
10000</td><td>总容积：
20000</td><td>总容积：
30000</td></tr>
<tr><td>0</td><td>0</td><td>0</td><td>0</td><td>0</td><td>1197.79</td><td>12%</td><td>6%</td><td>4%</td><td>100×100桥架</td></tr>
<tr><td>242</td><td>176.72</td><td>81</td><td>216.75</td><td>57.76</td><td>2317.8</td><td>23%</td><td>12%</td><td>8%</td><td>100×100桥架</td></tr>
<tr><td>0</td><td>0</td><td>0</td><td>0</td><td>0</td><td>544.45</td><td>5%</td><td>3%</td><td>2%</td><td>100×100桥架</td></tr>
<tr><td>0</td><td>0</td><td>0</td><td>0</td><td>0</td><td>762.23</td><td>8%</td><td>4%</td><td>3%</td><td>100×100桥架</td></tr>
<tr><td>484</td><td>353.44</td><td>162</td><td>289</td><td>57.76</td><td>2582.21</td><td>26%</td><td>13%</td><td>9%</td><td>100×100桥架</td></tr>
<tr><td>0</td><td>0</td><td>0</td><td>0</td><td>0</td><td>1088.9</td><td>11%</td><td>5%</td><td>4%</td><td>100×100桥架</td></tr>
<tr><td>0</td><td>0</td><td>0</td><td>0</td><td>0</td><td>871.12</td><td>9%</td><td>4%</td><td>3%</td><td>100×100桥架</td></tr>
<tr><td>121</td><td>88.36</td><td>0</td><td>144.5</td><td>57.76</td><td>1020.07</td><td>10%</td><td>5%</td><td>3%</td><td>100×100桥架</td></tr>
<tr><td>0</td><td>0</td><td>0</td><td>0</td><td>0</td><td>653.34</td><td>7%</td><td>3%</td><td>2%</td><td>100×100桥架</td></tr>
<tr><td>0</td><td>0</td><td>0</td><td>0</td><td>0</td><td>1306.68</td><td>13%</td><td>7%</td><td>4%</td><td>100×100桥架</td></tr>
<tr><td>0</td><td>0</td><td>0</td><td>0</td><td>0</td><td>326.67</td><td>3%</td><td>2%</td><td>1%</td><td>100×100桥架</td></tr>
</table>

2.8.4 桥架材质及安装要求

（1）材质：钢质（热浸镀锌）。
（2）桥架或线槽水平安装时，支架间距不大于1.5m；垂直安装时，支架间距不大于2.0m。
（3）桥架尺寸要求如表2-11所示。

桥架规格及厚度要求 　　　　　　　　　　　表 2-11

宽度/mm	最小板材厚度/mm	最小高度/mm	支架间距/m
150及以下	1.0	50	不大于1.5
200，300	1.2	100	不大于1.5
400，500	1.5	100	不大于1.5

（4）桥架施工时，注意与其他专业的配合，局部区域在设计人员认可的情况下可根据现场情况适当调整桥架的高度及走向。电缆桥架和金属线槽安装时应按规范与其他管道保持间距：
1）与一般工艺管道平行净距不低于400mm、交叉净距不低于300mm；
2）与有腐蚀性气体管道平行净距不低于500mm、交叉净距不低于500mm：
3）与有保温的热力管道平行净距不低于500mm、交叉净距不低于300mm；
4）与无保温的热力管道平行净距不低于1000mm、交叉净距不低于500mm。

2.8.5 桥架与管线综合BIM

需关注BIM何时开始，把桥架图纸提前提交给BIM，如BIM尚未开始可以关注主干线或空间狭小处与机电其他专业是否打架，并及时调整。提交BIM后桥架的调整须用云线＋尺寸及种类（信息、弱电综合、手机信号覆盖）说明标识清楚，并反馈回智能化专业。

2.8.6 成本基本情况

100mm×100mm规格的桥架单价约40元/m，200mm×100mm规格的桥架单价约在70元/m，20万m²的商业项目桥架成本在260万元左右，约占弱电整体成本的0.8%。
若桥架设计不合理，会造成成本增加。因此日常设计稍加注意，就会收到事半功倍的效果。

2.9 "降本增效" 商业项目弱电智能化成本优化

商业项目弱电智能化系统较常规业态多，如商业特有的POS收银系统、客流统计系统、电子导购系统、车位引导反向寻车系统等。为了保证数据运维的安全性，网络架构也会划分多套网络应用于不同系统或不同业务的数据传输，如商业项目常规设置运营网、办公网、设备网或者顾客无线Wi-Fi网等。

各地产商业设计标准不尽相同，但后期运营的需求大致相同。但是弱电智能化测算超目标成本是大多数商业项目的痛点，出于成本压力又需要把设计图纸的测算控制在目标成本内，如何在满足目标成本的基础上又不缺失功能，优化前要考虑以下几个方面：

（1）"降本"的同时要谨慎评估效果，是否可以满足物业及运营后期的使用需求，不能因前期设计"降本"导致后期运营成本的提升。

（2）要保证客户满意度及体验感，不能优化客户敏感点高的部分，降低设计品质，例如部分推广关注的信息发布、触摸查询的点位等。

下面通用一些设计优化措施或者深化方向来分析弱电系统的优化内容：

（1）推广前期提资，目前往往需要 3×55 寸或 4×55 寸拼接屏，除需实现拼接功能外，还需实现独立显示的功能，导致拼控器及播放器数量很多，造成成本增加。

优化方向：

1）第一种方式：减少屏幕数量，相应播放器、拼控器管线数量减少。

2）第二种方式：屏幕数量保持不变，拼控器数量减少，播放器按照 1：1 配置。

3）第三种方式：直接更换为普通的 LCD 屏，直接减少屏幕硬件成本。

（2）商业项目往往会设置全场顾客 Wi-Fi 系统，包含停车场区域、室内公共区域及租区。考虑到目前顾客手机运营商流量套餐的充足，接入商场免费 Wi-Fi 的需求较小。

优化方向：

1）第一种方式：取消停车场区域无线 Wi-Fi，保留电梯厅、扶梯厅、车场出入口无线 AP 点位，保证地下主要出入口、收费区域 Wi-Fi 覆盖，全场的手机信号强度需运营商设置到位。

2）第二种方式：取消租区的无线 AP 的覆盖，店铺通常会设置自用的无线路由器，其信号往往比商场提供的无线信号强度更优。

（3）为了保证网络传输的安全，往往要求弱电竖井的接入交换机采用双链路传输，但是每套网络设置 2 条独立的光纤会造成成本增加。

优化方向：相同起止点的网络通信主干光纤可采用共缆分芯的方式同槽敷设，宜采用两根光缆，每套网络双链路分别在两根光缆上通信。

（4）为了保证人员安全，商场首层对外的疏散门设置双向读卡门禁设备。消防状态下，提供强切信号对锁电源断电，保证紧急状态下正常疏散。

优化方向：对于员工通道、货物运输通道保留读卡器，其他区域取消读卡器，仅设置电磁锁/电插锁，如有开门需求，由管理中心远程开门，节省读卡器、门禁控制器及管线成本。

（5）商业送、排风机常规要进行 BA 的监测，风机启停控制，风机运行状态反馈，风机手动、自动状态反馈，机组故障报警等。

优化方向：24 小时常开的送、排风机，如卫生间、垃圾房等区域，建议仅监测风机的运行状态或故障反馈，以节省 DDC 模块及管线的设置。

（6）综合布线系统中，为了便于后期运营管理，每套网络设置独立的光纤/数据配线架，数据条线按照配线架端口满配设置。

优化方向：所有网络共用光纤/数据配线架，光纤/数据条线按照实际需求配置（可适当增加 10% 的备品备件）。

（7）常规信息设施类、综合安防类独立设置桥架，商管部门后期根据不同的系统分配不同的班组管理信息、安防类系统，包括管线路由的维护，如图2-11所示。

优化方向：两类桥架可合并，中间加隔板（需满足规范填充率的要求），不影响不同班组的管理要求。

（8）车位引导反向寻车系统，进行蓝牙导航寻车。

图2-11　管线路由布置

优化方向：

1）对于车位数量较少的项目或者车位分布于多楼层的项目，建议直接取消此系统。

2）采用超声波车位引导，每个车位设置超声波探测器，对车位占用情况进行检测，每个车位设置车位灯，显示车位占用情况，配合车位引导屏，便于寻找车位。

（9）各子系统约定的招标品牌档次较高，均为进口或者合资产品。

优化方向：在同等功能的要求下，从产品性能到后期维护保养综合考虑，可选择稳定性较高的国产产品，可适当降低成本。

以上仅为常规商业项目智能化系统在设计层面优化的一些方法，还有一些优化项包括但不限于系统架构优化、点位数量优化、设备配置调整、成本界面划分、清单核查等。但是如果优化的内容突破设计标准，建议多部门（设计、合约、物业、IT、推广等相关部门）沟通确认，以免导致虽然前期开发成本降低了，但是后期运营出现各种功能上的缺失。

2.10 "调理阴阳"多联式空调系统在高层写字楼项目中的设计应用

近年来，多联式空调系统因节能、舒适、智能化管理、占用空间小、设计灵活等优点，备受广大设计人员青睐。多联式空调系统室外机容量需要按照设计工况，对室外机的制冷（热）能力进行温度、冷媒管长和高差、融霜等修正。根据建筑具体情况，应合理选择和布置多联式空调室内外机，以满足建筑空调区域或房间的舒适性要求。基于此，本节以深圳某办公楼为例，对其多联机空调方案进行优化，并对设计过程中需注意的事项进行了详细说明，避免因设计问题影响整个项目的进展。

2.10.1 建筑概况及优化设计背景

深圳某办公楼总建筑面积80000m²，建筑高度149.8m，为超高层建筑，主楼34层，裙房3层。根据甲方要求，一～十九层采用蓄冰空调系统，二十一～三十四层采用多联式空调系统，二十一～三十四层新风负荷由蓄冰空调系统承担。空调室外机集中布置在避难层和屋顶层。

以高区标准层为例，根据甲方提供的空调设计方案，新风冷负荷由蓄冰空调系统承担，空调冷负荷由多联式空调承担，每层两个空调系统。设备选型参考海信多联机空调设备参数，表2-12为初始方案中标准层的空调配置表。

初始方案中标准层的空调配置表 表 2-12

房间编号	房间面积/m²	室内机选型	单台制冷量/kW	台数	总制冷量/kW	系统总容量/kW	室外机选型	室外机制冷量/kW	配比
房间1	326	HVR-56FG	5.6	8	44.8	89.2	HVR-785W	78.5	1.14
房间2	80	HVR-50FG	5.0	2	10.0				
房间3	80	HVR-50FG	5.0	2	10.0				
房间9	80	HVR-50FG	5.0	2	10.0				
房间10	80	HVR-50FG	5.0	2	10.0				
女厕	14.2	HVR-22FG	2.2	1	2.2				
男厕	14.2	HVR-22FG	2.2	1	2.2				
房间6	293	HVR-56FG	5.6	8	44.8	92.8	HVR-785W	78.5	1.18
房间4	80	HVR-50FG	5.0	2	10.0				
房间5	80	HVR-50FG	5.0	2	10.0				
备用房	23	HVR-40FG	4.0	1	4.0				
电梯厅	29	HVR-40FG	4.0	1	4.0				
房间7	80	HVR-50FG	5.0	2	10.0				
房间8	80	HVR-50FG	5.0	2	10.0				

通过对该办公楼多联式空调系统方案进行优化分析，笔者发现该方案存在一定的问题：空调选型负荷偏小，导致所选空调室内外机容量均偏小；按照所选容量预留的室外机机房面积偏小，通风面积不够，配电功率也偏小。若按照该方案进行施工，达不到预期的空调效果。

2.10.2 方案优化

多联式空调系统方案设计步骤包括：负荷计算→室内外机选型→设备管道布置→方案图（施工图设计）。

1. 室内外主要设计参数

深圳市室外气象参数如表2-13所示，该办公楼室内设计计算参数如表2-14所示。

深圳市室外气象参数 表 2-13

季节	参数							
	干球温度/℃		夏季空调室外计算湿球温度/℃	相对湿度/%		室外平均风速/m·s⁻¹	大气压力/hPa	主导风向
	空调	通风		空调	通风			
夏季	33.7	31.2	27.5	—	70	2.2	1003.4	ESE
冬季	6	14.9	—	72	—	2.8	1017.6	ENE

某办公楼室内设计计算参数　　　　　　　　表 2-14

房间功能	参数							
	设计温度 /℃		相对湿度 /%	人员密度 / m²·人⁻¹	新风量 / m²·人⁻¹·h⁻¹	灯光负荷 / W·m⁻²	设备负荷 / W·m⁻²	允许噪声值 / dB（A）
	冬季	夏季						
办公	—	26	60	5	30	11	20	40
高管办公	—	26	55	8	30	18	13	40
高管起居	—	26	55	2	30	15	13	40
商业	—	26	60	4	20	12	13	45
走道	—	26	60	10	10	5	0	45

2. 负荷计算

利用负荷计算软件进行冷、热负荷计算，该过程要注意各项输入参数的准确性。变频多联机空调系统使用灵活，计算负荷时应考虑间歇使用和户间传热的影响。以标准层为例，每个房间冷负荷计算结果如表 2-15 所示。

标准层房间冷负荷计算数据（单位：W）　　　　　　　　表 2-15

时间	房间号													
	房间1	房间2	房间3	房间7	房间8	男厕	女厕	房间4	房间5	房间6	房间9	房间10	设备用房	电梯厅
08：00	29187	6488	6488	7436	7436	1700	1700	6488	6488	42875	7436	7436	3000	3300
09：00	31311	6849	6849	7660	7660	1700	1700	6849	6849	45281	7660	7660	3000	3300
10：00	32947	7115	7115	7890	7890	1700	1700	7115	7115	43615	7890	7890	3000	3300
11：00	34202	7337	7337	8028	8028	1700	1700	7337	7337	39453	8028	8028	3000	3300
12：00	35153	7490	7490	8233	8233	1700	1700	7490	7490	34190	8233	8233	3000	3300
13：00	38908	7569	7569	8375	8375	1700	1700	7569	7569	34411	8375	8375	3000	3300
14：00	44815	7540	7540	8487	8487	1700	1700	7540	7540	34249	8487	8487	3000	3300
15：00	49471	7440	7440	8497	8497	1700	1700	7440	7440	33660	8497	8497	3000	3300
16：00	50282	7199	7199	8505	8505	1700	1700	7199	7199	32391	8505	8505	3000	3300
17：00	47848	6913	6913	8525	8525	1700	1700	6913	6913	30939	8525	8525	3000	3300
18：00	38745	6482	6482	7951	7951	1700	1700	6482	6482	27939	7951	7951	3000	3300
19：00	27238	6152	6152	6770	6770	1700	1700	6152	6152	24636	6770	6770	3000	3300
20：00	25944	6029	6029	6538	6538	1700	1700	6029	6029	23704	6538	6538	3000	3300

3. 室内、外机选型

在室内、外机选型时，其装机容量应适当留有余量，这与室内机工作温度有直接关系。在选择室内、外机容量时，须考虑系统冷媒管长、温度工况、盘管积灰、空调间歇使用等因素的影响。如果冬季供热，还应考虑室外机除霜对选型的影响。下面对选型计算及需要注意的事项进行详细说明。

（1）室内机修正系数的确定

根据厂家提供的参考资料，室内机名义制冷量的计算公式如下：

$$Q_m=\beta Q_j=\beta_1\times\beta_2\times Q_j/n_2$$

式中 Q_m——室内机名义制冷量，kW；

      Q_j——该室内机负担的计算冷负荷，kW；

      β——室内机修正系数；

      β_1——盘管积灰对室内机传热影响的附加率，取1.1；

      β_2——空调间歇使用对室内机传热影响的附加率，取1.18；

      n_2——不同温度工况对系统能力影响的修正系数，参考海信多联机M系列产品进行温度修正，取1。

根据以上附加系数取值，室内机修正系数$\beta=\beta_1\times\beta_2/n_2$=1.1×1.18/1=1.298，取1.3。

（2）室外机修正系数的确定

根据厂家提供的参考资料，室外机名义制冷量的计算公式如下：

$$Q_m=\beta Q_j=\beta_1\times\beta_2\times Q_j/（n_1\times n_2）$$

式中 Q_m——室外机名义制冷量，kW；

      Q_j——由该室外机负担的计算冷负荷，kW；

      β——室外机修正系数；

      β_1——积灰对室内机传热影响的附加率，取1.1；

      β_2——空调间歇使用对室内机传热影响的附加率，取1.18；

      n_1——冷媒系统最不利管长修正系数，按照加大主管管径确定，参考海信多联机M系列产品进行温度修正，取0.87；

      n_2——不同温度工况对系统能力影响的修正系数，取1。

根据以上附加系数取值，室外机选型修正系数$\beta=\beta_1\times\beta_2/（n_1\times n_2）$=1.1×1.18/0.87≈1.492，取1.49。

（3）室内、外机选型计算

室内机选型应按照每个房间计算负荷的瞬时最大值进行修正选型（参考表2-15），室外机选型应根据划分系统内的所有室内机选型容量确定。室内、外机选型计算如表2-16所示。室外机选型需要用系统瞬时最大值进行校核，校核结果如表2-17所示。

室内、外机选型计算表   表2-16

房间编号	房间面积/m²	计算冷负荷指标/W·m⁻²	计算冷负荷/kW	室内机修正系数	修正后冷负荷指标/W·m⁻²	室内机名义制冷量/kW	室内机选型及台数		室内机容量/kW	室外机修正系数	室外机名义制冷量/kW	室外机选型
房间1	326	154	50.3	1.3	200	65.4	HVR-80FG	6	118.5	1.49	127	HVR-1300W
							HVR-71FG	3				
房间2	80	95	7.6	1.3	123	9.9	HVR-50FG	1				
							HVR-50FG	1				
房间3	80	95	7.6	1.3	123	9.9	HVR-50FG	1				
							HVR-50FG	1				
房间9	80	107	8.6	1.3	139	11.2	HVR-56FG	1				
							HVR-56FG	1				

续表

房间编号	房间面积/m²	计算冷负荷指标/W·m⁻²	计算冷负荷/kW	室内机修正系数	修正后冷负荷指标/W·m⁻²	室内机名义制冷量/kW	室内机选型及台数		室内机容量/kW	室外机修正系数	室外机名义制冷量/kW	室外机选型
房间10	80	107	8.6	1.3	139	11.2	HVR–56FG	1	118.5	1.49	127	HVR–1300W
							HVR–56FG	1				
女厕	14.2	120	1.7	1.3	156	2.2	HVR–22FG	1				
男厕	14.2	120	1.7	1.3	156	2.2	HVR–22FG	1				
房间6	293	155	45.3	1.3	201	58.9	HVR–80FG	6	115.2	1.49	125.2	HVR–1235W
							HVR–56FG	3				
房间4	80	95	7.6	1.3	123	9.9	HVR–50FG	1				
							HVR–50FG	1				
房间5	80	95	7.6	1.3	123	9.9	HVR–50FG	1				
							HVR–50FG	1				
设备房	23	130	3.0	1.3	169	3.9	HVR–40FG	1				
电梯厅	29	114	3.3	1.3	148	4.3	HVR–40FG	1				
房间7	80	107	8.6	1.3	139	11.2	HVR–56FG	1				
							HVR–56FG	1				
房间8	80	107	8.6	1.3	139	11.2	HVR–56FG	1				
							HVR–56FG	1				

从表2-16、表2-17可知，室内、外机选型满足系统瞬时最大值使用要求。

2.10.3 方案对比分析

初始方案和优化方案均以标准层为例，从室内外机容量、配电功率方面进行分析。

初始方案：室内机装机总容量182.6 kW，室外机装机总容量157 kW，配电功率50.1 kW。

优化方案：室内机装机总容量232.4 kW，室外机装机总容量248 kW，配电功率87.9 kW。

初始方案室内、外机容量和配电功率均偏小，无法满足正常空调需求，给甲方的工期带来了很大的影响。

2.10.4 多联式空调系统设计要点

除了上述需要注意的事项外，在设计过程中还应考虑室外机的布置及对周边环境的要求、多联式空调系统划分原则、多联式空调系统容量配比系数3个方面。

1. 室外机的布置及对周边环境的要求

室外机的通风是否顺畅对于整个空调系统的运行至关重要，直接影响到室内的空调效果。因此，在建筑设计阶段必须预留室外机的安装位置，且预留的空间大小需要满足安装、检修、通风、噪声的要求。

通风的要求：（1）热风能够直接排到室外（有必要的排风面积）；（2）室外风能够吸进来（有足够的进风面积）；（3）排风不短路（即不回流）。

室外机尽量放在屋顶、地面等通风良好的室外空间，当放置在阳台、设备间、避难

校核后室外机选型（单位：W）

表2-17

系统	房间编号	08：00	09：00	10：00	11：00	12：00	13：00	14：00	15：00	16：00	17：00	18：00	19：00	20：00
系统一	房间1	29187	31311	32947	34202	35153	38908	44815	49471	50282	47848	38745	27238	25944
	房间2	6488	6849	7115	7337	7490	7569	7540	7440	7199	6913	6482	6152	6029
	房间3	6488	6849	7115	7337	7490	7569	7540	7440	7199	6913	6482	6152	6029
	房间7	7436	7660	7890	8028	8233	8375	8487	8497	8505	8525	7951	6770	6538
	房间8	7436	7660	7890	8028	8233	8375	8487	8497	8505	8525	7951	6770	6538
	女卫	1700	1700	1700	1700	1700	1700	1700	1700	1700	1700	1700	1700	1700
	男卫	1700	1700	1700	1700	1700	1700	1700	1700	1700	1700	1700	1700	1700
	总计	60435	63729	66357	68332	69999	74196	80269	84745	85090	82124	71011	56482	54478

本系统统计计算瞬时最大值为85090W，选择室外机时考虑1.49的修正系数，85090×1.49≈126784W，建议室外机选型：HVR-1300W

系统	房间编号	08：00	09：00	10：00	11：00	12：00	13：00	14：00	15：00	16：00	17：00	18：00	19：00	20：00
系统二	房间4	6488	6849	7115	7337	7490	7569	7540	7440	7199	6913	6482	6152	6029
	房间5	6488	6849	7115	7337	7490	7569	7540	7440	7199	6913	6482	6152	6029
	房间6	42875	45281	43615	39453	34190	34411	34249	33660	32391	30939	27939	24636	23704
	房间9	7436	7660	7890	8028	8233	8375	8487	8497	8505	8525	7951	6770	6538
	房间10	7436	7660	7890	8028	8233	8375	8487	8497	8505	8525	7951	6770	6538
	设备间	3000	3000	3000	3000	3000	3000	3000	3000	3000	3000	3000	3000	3000
	电梯厅	3300	3300	3300	3300	3300	3300	3300	3300	3300	3300	3300	3300	3300
	总计	77023	80599	79925	76483	71936	72599	72603	71834	70099	68115	63105	56780	55138

本系统统计计算瞬时最大值为80599W，选择室外机时考虑1.49的修正系数，80599×1.49≈120093W，建议室外机选型：HVR-1235W

层、凹槽、天井内时，一定要精心计算、设计，通风百叶、防水等相关事宜要提前与业主沟通，确保通风顺畅、检修方便。

对于高层建筑，经常遇到的是室外机分层布置时的热压问题。在高层建筑中，由于没有足够的屋顶面积，不同楼层的室外机经常放置在平面的相同位置上。在炎热的夏天，这些设备通常同时运行，由于这些设备释放的热能将使周围环境的空气温度上升，从而引起热空气的自然向上流动，造成上部楼层的外部环境空气温度升高。有的建筑为了进一步提高外立面的美观度，会在空调室外机摆放处采用百叶遮挡，或要求室外机布置于建筑凹槽内，这就导致空调室外机的通风环境进一步恶化。如需要有百叶遮挡时，建议采用图2-12所示的百叶做法。

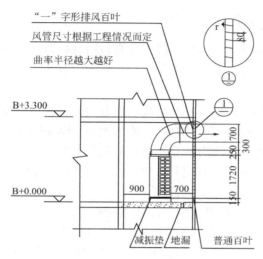

图 2-12 百叶的做法

注：排风百叶为"一"字形，每层连续放置时，水平向下倾角为0°~10°，百叶间距不小于80mm，通透率不小于80%，通风情况越通畅越好，严禁用常规的防雨百叶；排风百叶处的排风速度宜控制在5m/s左右，排风管风速宜为4~5.5m/s；进风百叶处风速宜为1.0~1.5m/s；尽最大可能避免进排风短路，如有条件，进风百叶与排风百叶不在同一个方向更有利于室外机通风；设备间根据要求不同应考虑减振防水和隔声措施。

2. 多联式空调系统划分原则

每一台室外机就是一个空调系统，不同朝向的房间宜划分为一个系统，负荷不是同时达到最大，同样更省电，更经济；使用时间有差异的房间宜划分为一个系统，降低室内机的同时使用率，系统的能效更高，效果更好；使用不频繁的大空间房间宜单独设置系统，如大会议室、多功能厅等。

3. 多联式空调系统容量配比系数

大多数多联式空调系统容量配比系数为50%~130%，即室内机与室外机相连时，室内机总容量可为室外机额定容量的50%~130%。但设计过程中并不是容量配比系数越大越经济合理。空调系统的出力取决于室外机能力和系统内所有室内机能力两项中较小者，配比系数可以达到130%，但并不是说整个系统的出力可以达到130%，系统基本上还是按照100%来出力的。因此，在同时使用率很高的条件下，配比率不宜过大，90%~110%为宜，100%最好。

《全国民用建筑工程设计技术措施·暖通空调·动力2009》中明确提出多联式空调系统配比率需参考同时使用率进行容量配比，具体取值如表2-18所示。

最大容量配比系数具体取值

表 2-18

同时使用率	最大容量配比系数
≤70%	125% ~ 130%
>70%，≤80%	110% ~ 125%
>80%，≤90%	100% ~ 110%
>90%	100%

2.10.5　空调电费分户计量系统的应用

该办公楼运营管理较复杂，部分楼层开发商自用并且各公司独立结算物业管理费、电费等，部分楼层出租给外部企业。基于该办公楼的运营特点，整栋大楼空调系统安装了分户计量系统。

根据厂家提供的资料，多联式空调系统电费分户计量系统由空调管理系统和自动抄表系统组成，以室内机、室外机的运转时间、能力大小、电子膨胀阀开度值等数据为分配依据，分户计量软件把电能表所测得的总耗电量分配到各台室内机上，并最终分配到每个业主。当电脑系统（工控机系统）掉电后，PC 集控管理硬件可继续计费8000多小时，避免因停电后无法正常计费导致的业主纠纷。

接到 1 个网络转换器上的通信线所连接的所有室内机、室外机组成一个通信总线系统，一个通信总线系统中最多可连接 64台室外机、160台室内机（两个条件须同时满足），1个管理控制电脑可接多个网络转换器，最大连接室内机数量为5120台。

分户计量系统的通信方式，首先是通过通信线（屏蔽双绞线）将每个空调系统的室内机连接，再和室外机连接，并将室外机连接成 H-NET Ⅲ系统，通过网络转换器将空调室内、外机与电脑连接起来，通过电脑实现系统自控。同时，每台室外机配备一个电表，电表之间串行连接并安装在空气开关前，通过电表数据采集器（并联）采集电表数据。

结合项目实际采购的空调室内、外机台数，该分户计量系统共分成了4个通信总线，即共采用了4个网络转换器，1台工控机（电脑），1套电表数据采集器，电表数量同空调室外机台数。

2.10.6　结语

变频多联式空调系统技术含量较高，尽管不同厂家产品的技术要求不同，但设计依据和要点差别不大，均需考虑本节所述的注意事项，以给甲方提供合理的空调方案，保证多联式空调系统的运行效果。

第3章 浅谈绿色减碳技术路径

3.1 "洗心革面"大型商业综合体空调系统节能诊断与调试优化

3.1.1 引言

空调系统在营造健康舒适的室内环境的同时，也消耗大量的能源。近年来，随着节能减排工作的推进，人们在关注室内环境营造的同时，也越来越多地关注空调系统运行能耗。2016年《民用建筑能耗标准》GB/T 51161-2016的出台，也对公共建筑的运行能耗提出了限制和指导建议。据统计，空调系统能耗在公共建筑总能耗中占30% ~ 50%。因此，空调系统的节能控制对于公共建筑节能及整个建筑领域的节能工作有着重要意义。

对于空调系统的节能调适，清华大学开展了一系列的研究与实践，提出了基于能耗数据的节能诊断方法，并对空调系统的冷水机组、冷水系统、冷却水系统以及末端风系统开展了现场实测和节能诊断工作。研究结果表明，在开展空调系统的节能诊断时，首先需要对空调系统各关键设备和系统的实际运行性能进行现场测试，结合运行数据，总结系统存在的典型问题，从而有针对性地给出节能优化方案，逐步提升空调系统运行性能。本节以我国北方寒冷地区一座大型商业综合体为例，对其空调系统现场诊断工作进行详细分析和研究，总结空调系统各关键设备和系统存在的典型问题，有针对性地开展现场调适优化工作，并给出节能改造建议。希望可以为大型商业综合体空调系统的节能诊断和调适优化给出参考建议，推进空调系统节能减排工作。

3.1.2 项目概况

该项目为位于我国北方寒冷地区的多层商业综合体，业态为办公楼和购物中心相结合。地上为多层建筑，地下设有商业、设备用房、自行车库及人防用房等。项目总建筑面积为203231m²，其中地下建筑面积73000m²，地上建筑面积130231m²。

该项目冷源采用水冷式冷水机组，空调末端采用全空气系统，对于部分有特殊需求的房间还安装有分体式空调。冷站系统如图3-1所示，共包含3台离心式制冷机，总装机制冷量为7914kW，手动调节，控制出水温度在7 ~ 8℃。冷水侧3台冷水泵并联运行，额定流量为378m³/h，均可变频调节。冷却侧包含3台冷却水泵和3组冷却塔，其中冷却水泵额定流量为534m³/h，仅有1台可变频调节。每组冷却塔包含4个风扇，每个风扇功率为5.5kW，风机均定频运行，其中1组冷却塔集水盘安装电加热器，用于冬季冷却塔供冷阶段防冻。空调系统主要设备参数如表3-1 ~ 表3-3所示。

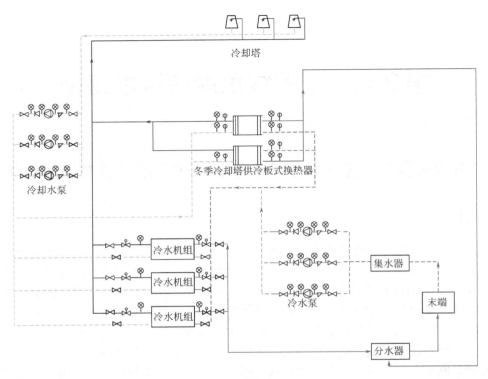

图 3-1 冷站系统图

制冷机额定参数 表 3-1

设备编号	制冷量/kW	冷水温度进水/出水/℃	冷水流量/m³·h⁻¹	冷却水温度进水/出水/℃	冷却水流量/m³·h⁻¹	电功率/kW
CH-B1-01	2638	12.5/6.5	378	37/32	534	479.7
CH-B1-02	2638	12.5/6.5	378	37/32	534	479.7
CH-B1-03	2638	12.5/6.5	378	37/32	534	479.7

水泵额定参数 表 3-2

设备编号	设备	流量/m³·h⁻¹	扬程/m	功率/kW	额定效率
CWP-B1-01 ~ 3	冷水泵	378	41	50	86%
CDWP-01	冷却水泵	534	30		87%

冷却塔额定参数 表 3-3

设备编号	水处理量/m³·h⁻¹	进/出水温度/℃	空气湿球温度/℃	风机功率/kW	集水盘电加热功率/kW
CT-RF-01	534	37/32	28	4×5.5	2×10
CT-RF-02	534	37/32	28	4×5.5	—
CT-RF-03	534	37/32	28	4×5.5	—

笔者于2018年8月供冷高峰期对该项目空调系统进行了现场测试与节能诊断，对系统实际运行性能及末端环境营造效果开展评估，总结出系统存在的典型问题，进而有针对性地提出调适优化建议，在提升末端环境营造效果的同时，降低系统运行能耗，为同类项目空调系统节能诊断与调适优化给出了一定的参考建议。

3.1.3 冷站系统运行性能实测分析

1. 典型工况冷站能耗、能效实测分析

2018年8月4日16：00，笔者对该项目冷站实际运行性能进行了现场测试，测试阶段室外干球温度37℃，相对湿度47%，湿球温度27℃。此时系统开启了1号、2号、3号三台冷水机组，各机组的运行参数如表3-4所示。

典型工况机组运行参数　　　　　　　　　　　　　　　　表3-4

	1号冷水机组	2号冷水机组	3号冷水机组
冷水供水温度/℃	15.3	16.2	15.3
冷水回水温度/℃	19.2	19.3	19.3
冷水流量/m³·h⁻¹	393	350	350
冷却水进水温度/℃	32	32.1	32
冷却水出水温度/℃	35.4	35.1	36
冷却水流量/m³·h⁻¹	545	436	437
蒸发温度/℃	10.1	11.5	10.4
冷凝温度/℃	39.4	37.7	39.2
供冷量/kW	1696	1349	1672
耗电量/kW	368	312	381
COP	4.61	4.32	4.39

通过现场实测得到，测试工况下冷站供冷量为4717kW，冷水机组总耗电量为1060kW，冷水泵耗电量为180kW，冷却水泵耗电量为180kW，冷却塔耗电量为54kW。计算得到冷水机组实际运行COP为4.42，冷水系统的输送系数为26.04，冷却水泵的输送系数为31.93，冷却塔输送系数为106.42，冷站整体能效EER为3.18，通过与美国ASHRAE冷站能效标尺对比（图3-2），可以看到该项目冷站当前运行性能处于亟需改善的水平。

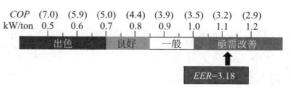

图3-2　冷站能效标尺及典型工况冷站EER

随后笔者对冷站实际运行过程中存在的典型问题进行了归纳分析，以期有针对性地提出优化方案。

2. 冷水机组运行性能偏低

如前所述，3台冷水机组实测COP分别为4.61，4.32，4.39，均低于额定运行性能（5.5），同时，实际运行工况冷水温度均远高于额定工况，对冷水机组运行更加有利，为了排除实际运行水温对冷水机组运行的影响，更加直观地对比冷水机组实际运行性能与额定值的差别，笔者根据测试工况下冷水机组蒸发温度与冷凝温度，将实际运行工况折算到额定工况，得到折算后的冷水机组$COP_{折算}$，具体方法为：

（1）对于额定运行工况，近似以冷水机组冷凝器出口水温加2℃为冷凝温度，以蒸发器出口水温减2℃为蒸发温度，建立一个逆卡诺循环，得到额定工况下的理想制冷性能系数$COP_{th，额定}$，如式（3-1）所示。例如额定工况蒸发侧出口水温为6.5℃，冷凝侧出口水温为37℃，则$COP_{th，额定}$为8.04。类似地，根据冷水机组实测蒸发温度与冷凝温度，得到运行工况下的逆卡诺循环制冷性能系数$COP_{th，运行}$。

（2）再按式（3-2）将实际工况下测试得到的$COP_{运行}$折算得到对应额定工况下性能系数$COP_{折算}$。

$$COP_{th} = \frac{T_e}{T_c - T_e} \tag{3-1}$$

$$COP_{折算} = \frac{COP_{th，额定}}{COP_{th，运行}} \cdot COP_{运行} \tag{3-2}$$

随后将折算到额定工况下的实际运行$COP_{折算}$与额定值进行对比，结果如图3-3所示。

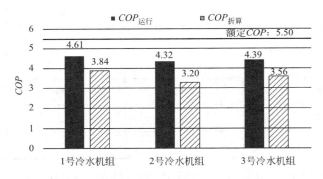

图3-3　冷水机组典型工况COP与额定COP比较

可以看到，三台冷水机组实际运行COP远低于额定值，存在较大提升空间。为了进一步分析冷水机组运行性能影响因素，利用式（3-1），由冷水机组的蒸发、冷凝温度可以计算得到当前工况下理论COP_{th}，随后根据冷水机组实际运行COP与理论COP_{th}的差别（实际/理论）计算得到当前冷水机组的内部效率$DCOP$。由此可见，对于冷水机组的实际运行性能，一方面受运行工况（"两器"水温）影响，随着蒸发温度的升高、冷凝温度的降低，冷水机组逆卡诺循环理论COP增大；另一方面受其自身性能的影响，内部效率越高，机组实际运行性能越高。

结合蒸发、冷凝温度分析发现（表3-5），冷水机组实际运行过程中，蒸发器和冷凝器换热端差较大，趋近温度偏高，进而导致蒸发温度降低、冷凝温度升高，使得冷水机组运行性能降低。这一典型问题说明冷水机组蒸发器和冷凝器可能存在脏堵、结垢，或者制冷剂流量不足等问题，需要及时调试，以提升冷水机组运行性能。

蒸发侧和冷凝侧趋近温度（合理值：1.5K）　　　　　　　　　　表 3-5

冷水机组编号	蒸发侧趋近温度/K	冷凝侧趋近温度/K
1 号	5.2	4.2
2 号	4.8	2.9
3 号	5.0	3.3

而对于冷水机组内部效率，实测结果如表3-6所示，可以看到，三台冷水机组的热力学完善度均低于0.6，表明冷水机组内部效率偏低。

典型工况下机组 DCOP　　　　　　　　　　表 3-6

冷水机组编号	1 号	2 号	3 号
内部效率 DCOP	0.49	0.40	0.45

为了进一步分析冷水机组内部效率偏低的原因，笔者对其运行参数进行了深入分析。由于冷水机组安装后的验收调试处于供冷季末期，实际供冷需求小，负荷较小导致调试时机组负载率低，为了防止机组喘振，厂家将膨胀阀开度调低。但在随后的运行过程中，随着次年供冷季中期负荷增大，冷水机组由于膨胀阀开度较小，导致冷凝器排气压力过大，机组频繁报警。

另外，厂家以控制冷水机组最大负载率的方式来防止冷水机组过电流保护，导致冷水机组出力不足。以1号冷水机组为例，运行过程中冷水机组蒸发温度为10.2℃，蒸发器吸气温度为15.3℃，过热度高达5.1K，进而导致冷水供水温度远高于设定值，冷水机组无法实现供冷效果的同时，运行性能偏低，供冷能耗大。

3. 冷却塔运行效率偏低

如前所述，冷水机组运行性能受"两器"水温影响较大，而冷凝侧水温受冷却塔运行性能影响。如何更加高效地提供更低温冷却水，是冷却塔在实际运行过程中需要关注的重要环节。

笔者同样对该项目冷却塔实际运行性能进行了详细测试，测试阶段室外湿球温度为23.7℃。如图3-4所示，此时3组冷却塔全部开启，冷却水进水温度为34.4℃，出水温度为29.8℃，与室外湿球温度温差达到6.1K，明显偏高。冷却塔整体换热效率仅为45.3%，存在进一步提升的空间。

表3-7显示了3台冷却塔实际运行性能，可以看到，实测阶段3台冷却塔输送系数较高，说明风机运行性能较好。但实际换热效率偏低，仅为40%左右，导致冷却水出水温度远高于室外湿球温度，逼近度均处于6～7K。冷却塔风机电耗虽然偏低，但没有实现应有的冷却效率，在夏季供冷高峰期室外湿球温度较高时，冷却水温进一步升高将导致冷水机组制冷能力和效率的衰减。

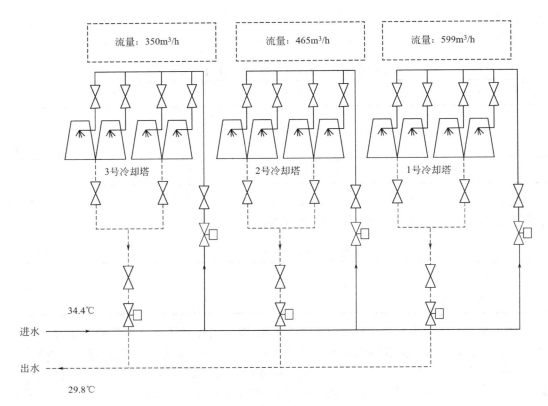

图 3-4　测试工况下冷却塔温度及流量情况

冷却塔编号	1号冷却塔	2号冷却塔	3号冷却塔
测试时间	8月4日下午	9月12日上午	8月4日上午
输配系数	159	183	179
冷却塔效率	35.5%	43.5%	38.7%
风量/m³·h⁻¹	341155	354356	351796
实际水量/m³·h⁻¹	599.0	523.7	528.6
实际功率/kW	16.7	16.7	16.6
风水比	0.68	0.81	0.80
室外湿球温度/℃	23.7	21.7	22.1
冷却水出水温度/℃	30.6	28.2	29.7
冷却水进水温度/℃	34.4	33.2	34.5
逼近温度/K	6.9	6.5	7.6

冷却塔测试结果　　　　　　　　　　　　　　　　　　表 3-7

　　导致冷却塔换热效率偏低的原因之一为风水比较低，实测得到1～3号冷却塔风水比分别为0.68、0.81、0.80，风量偏小导致冷却效果不佳。

　　另外，冷却塔之间存在着冷却水分配不均的现象，自身填料也存在着布水不匀的问题。

可以看到，1号冷却塔部分布水盘因脏堵或流量偏大导致冷却水溢出冷塔，并且冷却水只流经填料两侧，填料中间区域未得到充分利用，冷却塔填料利用率低。以上问题导致冷却水实际出水温度较高，进而影响冷水机组实际运行性能。

随后，笔者对冷却塔周围环境进行现场调研，发现存在气流短路的问题，如图3-5所示。可以看到，冷却塔周围排烟风机和空调室外机较多，排烟风机和空调室外机吹出的热风直接进入冷却塔，存在气流短路、冷却塔进风温度升高的问题。

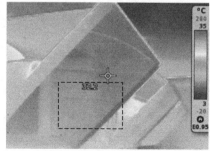 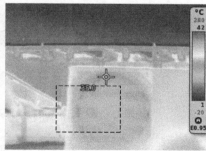

图3-5 冷却塔周围环境

4. 水系统存在不合理阻力，水泵效率偏低

该项目空调系统存在的另一个问题为水系统阻力偏大，水泵效率偏低。

对于冷水侧，其水压图如图3-6所示，从图中可以看出，2号冷水泵入口处过滤器压降达到5.17mH₂O，蒸发器压降达到11mH₂O，压降偏大，存在不合理阻力。

在当前情况下，冷水泵运行性能测试结果如表3-8所示。

冷水泵运行性能测试结果 表3-8

编号	流量/m³·h⁻¹	扬程/m	功率/kW	频率/Hz	效率/%
额定工况	378	41	50	50	86
1号冷却塔	396	34.4	55	50	69
2号冷却塔	355	35.6	54.2	50	65
3号冷却塔	412	33.9	55.3	50	70

可以看到，在当前水系统存在不合理阻力的情况下，冷水泵实际扬程小于额定值，流量大于额定值。说明水泵选型时对系统扬程估计过大，导致水泵实际运行效率偏低，冷水泵整体输配系数仅为26。当排除上述不合理阻力后，系统压降降低，水泵运行效率将进一步降低。

对于冷却侧，其水压图及冷却侧压降分布如图3-7所示，从图中可以看出，2号冷凝器压降高达8.5mH$_2$O，可能存在严重的脏堵问题，降低换热性能。同时，水泵入口处和冷凝器入口处过滤压降也分别达到了3.72mH$_2$O和6.98mH$_2$O，存在不合理阻力。

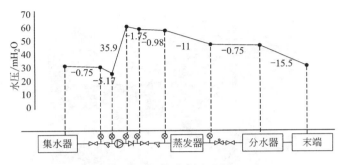

图3-6　冷水侧水压图

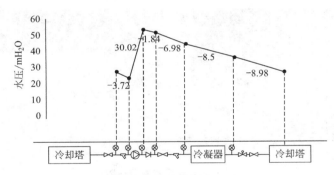

图3-7　冷却水侧水压图

在当前情况下，冷却水泵运行性能测试结果如表3-9所示。可以看到，3台水泵并联运行时，2号冷却水泵由于过滤器阻力偏大，导致水泵实际扬程高于额定值，运行水量偏小。而对于其他两台水泵，实际运行工作点基本与额定值相同。如前所述，冷却水系统特别是冷水机组冷凝侧存在脏堵，实际压降偏大。在排除系统不合理阻力后，1号、3号水泵工作点将右偏，导致效率进一步降低，需要引起注意。

冷却水泵运行性能测试结果　　　　　　　　　　　　　　　　表3-9

编号	流量/m³·h⁻¹	扬程/m	功率/kW	频率/Hz	效率/%
额定工况	534	30	51	50	87
1号冷却塔	567	27	58.5	50	73
2号冷却塔	453	34	58.4	50	73
3号冷却塔	526	29	55.9	50	76

3.1.4 空调系统调适优化与节能分析

1. 冷水机组运行性能调试优化

针对冷水机组出力不足、能效低的问题，项目团队邀请厂家技术人员进行了调试优化，在调试过程中首先要求厂家对膨胀阀开度进行调节，来保证机组不会因膨胀阀开度过小而报警停机，同时使冷水机组电流负载率达到100%。冷水机组调试后额定电流百分比达到101%，冷水出水温度从15.3℃降低至7.5℃，制冷剂吸气过热度从5.1K降低至0.2K，机组出力达到额定值，解决了环境场过热问题，环境场同一区域温度从之前的29.9℃降低至25.9℃，满足环境场舒适度要求，如图3-8所示。

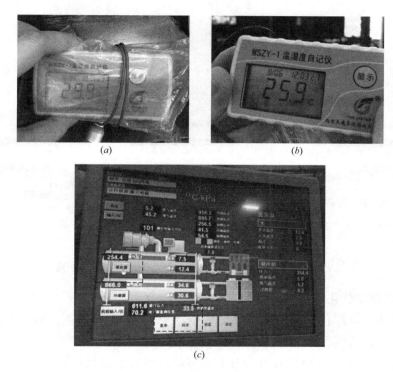

图 3-8　调试前后环境温度及调试后运行参数

（a）调试前环境场温度；（b）调试后环境场温度；（c）调试后机组运行参数

调试后冷水机组虽然达到额定出力，环境场过热问题也得到了解决，但是通过测试发现冷水机组性能并无明显提升，主要原因是由于冷却侧阻力偏大导致冷却水流量不足，进而导致冷凝器换热性能较差，趋近温度高达4.1K。

基于上述分析，项目团队协助厂家对冷水机组冷凝器进行通炮清洗，如图3-9所示，可以看到冷却侧管路脏堵较为严重。

在冷凝器通炮清洗后，冷水机组的性能有所提升，如图3-10所示，冷凝侧和蒸发侧的换热端差均有所降低，尤其是冷凝侧，通过冲洗后换热端差降低到1.5K以下，换热效率明显提升。

从冷水机组调试前后的对比来看，其性能虽然有了一定的提升，但是仍存在优化空间，例如冷水机组蒸发侧换热端差较大，可对蒸发器进行通炮清洗。

(a)　　　　　　　　　　(b)

图 3-9　冷水机组冷却侧冲洗

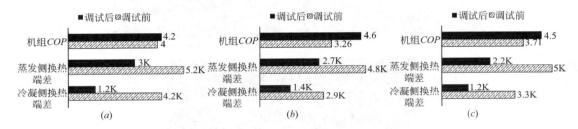

(a)　　　　　　　(b)　　　　　　　(c)

图 3-10　冷机调试前后效果对比

（a）1 号冷水机组；（b）2 号冷水机组；（c）3 号冷水机组

2. 冷却塔调试优化建议

对于冷却塔，在运行过程中存在着布水不匀、气流短路等问题，对于上述典型问题，建议进行下述优化调试工作：

（1）对冷却塔进行塔间和塔内水力平衡调试，可通过监测各冷却塔进水流量的同时调节冷却塔进水阀门和布水阀门来调节各冷却塔进水流量和冷却塔布水流量，使塔间和塔内水力平衡，或者通过增加水力稳压器的方式调节塔间水力平衡。同时，对于冷却塔进行塔内布水不均的问题，可通过加装变流量喷嘴的方式来解决，以使填料被充分利用。

（2）清洗冷却塔填料以及布水盘内的脏堵物，同时对冷却塔回水口处的锅炉网进行清洗。

（3）视现场情况将部分空调室外机移出冷却塔范围，将厨房油烟通过延长风管的方式排至远离冷却塔区域。

3. 输配系统调试优化建议

对于冷水和冷却水输配系统，在运行过程中存在着系统阻力偏大、水泵效率偏低等问题，建议有针对性地开展下述优化工作：

（1）对所有水泵进行优化调试，清洗阀件及过滤器等，减小不合理阻力，降低水泵频率，降低能耗。

（2）若冷水泵实际运行工作点偏离额定工作曲线，建议水泵厂家进行调试，提升运行性能。

（3）若有2台冷却水泵存在流量不足的问题，仅有1台流量满足要求，建议首先对水泵过滤器和冷却水系统管路进行清洗，清洗后进行复测，若水泵实际运行工作点偏离额定工作曲线，则说明水泵自身存在问题，可找水泵厂家进行调试优化。

3.1.5　总结

笔者通过对大型商业综合体空调系统实际运行性能进行现场测试，总结出冷水机组、冷却侧水系统、冷水侧水系统在运行过程中存在的典型问题，并有针对性地开展了冷水机组调试优化工作，同时给出了其他问题的调试优化方法，以提升系统运行性能，在保证末端供冷效果的基础上，实现空调系统的节能降耗。

（1）对于冷水机组，在运行过程中需要关注内部效率及"两器"换热性能，其中内部效率受运行压比以及负荷率影响，同时也受自身参数设定的限制；而对于"两器"换热性能，主要受水侧脏堵情况以及制冷剂流量限制。在运行过程中就需要定期检测分析冷水机组运行情况，在保证制冷效果的同时，提升其能效水平。

（2）对于冷却塔，希望通过尽量少的能耗实现更低的冷却水温，因此需要关注其换热效率与输送系数。其中换热效率受冷却塔风水比的影响，风量不足、水量分配不匀均会导致换热效果不佳，同时还可能存在气流短路的问题，影响进风状态。而对于输送系数，需要在保证换热效果的基础上，尽量降低风机电耗，这一点可以通过在非设计工况充分利用填料换热面积，降低风机运行频率来实现。

（3）对于输配系统，往往存在系统阻力偏大导致水量不足，或者水泵扬程选型偏大导致工作点右偏等问题，使得水泵运行性能不佳。因此在运行过程中，需要对系统各阻力部件定期开展压降测试，对不合理压降部件及时清洗。在减少系统压降的基础上，通过合理的水泵台数与频率的控制，提升输配系统运行性能。

3.2　"精进不休"某商业综合体机电系统能效提升及环境场改善总结

3.2.1　项目概况及成果

1. 项目概况

某商业综合体项目周边聚集众多金融、贸易企业及高档五星酒店，具有成熟的商务、商业环境，如表3-10所示。

2. 冷站系统概况

该项目冷站系统概况及系统图如表3-11、图3-11所示。

某商业综合体项目概况		表 3-10
建筑总面积		52.7 万 m²
购物中心		44.4 万 m²
商业面积		23.7 万 m²
空调面积		17.3 万 m²
购物中心层数		地上 7 层、地下 3 层
空调水系统		异程式四管制
空调风系统	公区	定风量全空气
	小租户	四管制风机盘管 + 新风
	大租户（> 1500m²）	预留水管、新风管接口
	餐饮厨房	独立设置排风管、补风管

冷站系统概况	表 3-11
水系统形式	二次泵系统（一次泵、二次泵全部变频、冷却泵部分变频）
冷水机组	6 台（4 × 1986RT+2 × 500RT）
一次冷水泵	9 台（5 用 1 备 +2 用 1 备）
二次冷水泵	15 台（A 区 1 × 3 台 +B 区 2 × 3 台 +C 区 2 × 3 台）
冷却水泵	9 台（5 用 1 备 +2 用 1 备）
冷却塔	7 组（5 × 3 台 +2 × 1 台）
制冷板式换热器	2 台（3500kW）
供回水温度	冷冻侧 6℃ /12℃，冷却侧 31℃ /36℃

注：1. 预留四期 1 组大冷水机组，冷水泵，冷却水泵、冷塔。
　　2. 大冷水机组属定频运行，小冷水机组属定频运行。
　　3. 冷水机组制冷时，冷却水泵属定频运行。
　　4. 免费供冷时，2 台大冷却水泵属变频运行。

3. 热站系统概况

该项目热站系统概况及系统图如表 3-12，图 3-12 所示。

热站系统概况	表 3-12
水系统形式	一次泵系统（变频）
热源	市政热水管网（110℃ /70℃）
板式换热器	3 组（3 × 3 台二次温度 60℃ /50℃）
水泵	3 组（3 × 3 用 1 备）
冬季花园 + 入口大堂	地板辐射供暖

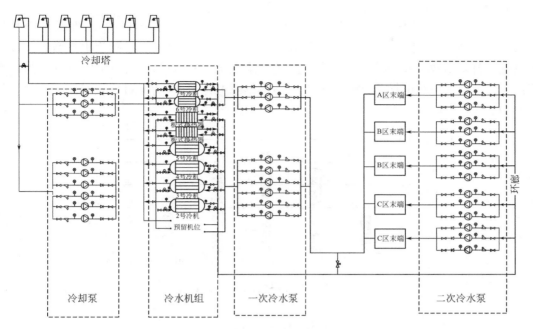

图 3-11 冷站系统图

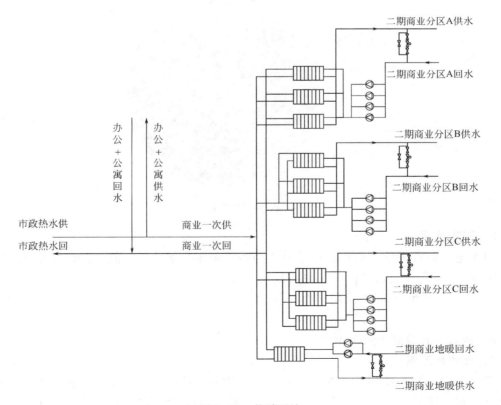

图 3-12 热站系统

4. 能耗基准线

2015—2016供暖季商场总耗热量为81292GJ，按照69.72元/GJ收费，供暖费用共计566.8万元。根据能耗平台提供的商场高压总量、租户及冷热站逐月抄表电耗数据，以及用热逐月计量数据，得到商业综合体全年总电耗为4637万kWh，租户全年总电耗为2587万kWh，公共区域总电耗为2050万kWh，冷热站总电耗为436万kWh，商场逐月供热量如图3-13、图3-14所示。

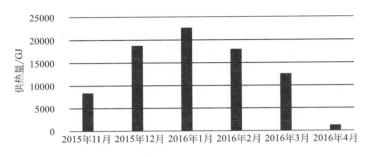

图3-13　某商场逐月供热量

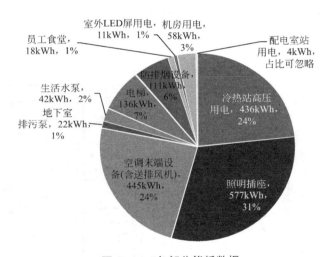

图3-14　各部分能耗数据

5. 节能成果

（1）电：公共区域总电耗，12个月（相当于全年）累积值，截至2018年年底，下降440万kWh，下降幅度21.5%，如图3-17（a）所示；

（2）热：累积供暖季的用热量，下降27260GJ，下降幅度33.5%，如图3-15（b）所示。

6. 能效提升效果（图3-16）

7. 环境场改善

经过2018—2019供暖季的改造，商业综合体冬季环境场温度得到大幅度提升，解决了过冷、过热区域，环境场温度更加平均。3层以下环境场平均温度均达到20℃以上，如图3-17所示。公共区域、租户室内环境效果改善、顾客满意度提升。

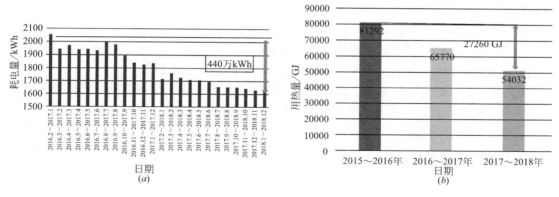

图 3-15　全年热、电消耗量

（a）耗电量；（b）用热量

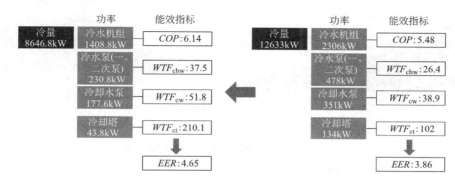

图 3-16　能效提升效果

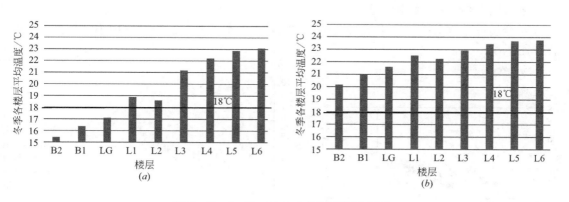

图 3-17　2017—2019 年环境场平均温度

（a）2017—2018 年环境场平均温度；（b）2018—2019 年环境场平均温度

3.2.2　冷站系统优化调试

1. 制冷站

（1）优化方案

1）减少开机小时数：在过渡季节合理采用冷却塔免费制冷，减少冷水机组开启时间，降低能耗。

2）水力平衡调试：采用热力平衡调试，解决末端冷热不均。

3）避免逆向混水：根据水系统现状，即供回水温差较小、系统流量较大，宜控制二次侧供回水温差在3～5℃，同时调节一二次侧流量，避免逆流混水。

4）优化冷水机组群控策略：保证冷水机组均在高负荷率下运行，同时考虑到二次泵系统特点，早上开机时场内蓄热负荷较大，增加开机台数，避免逆流混水。

（2）2017年耗冷量

尖峰负荷15649kW，合4450RT，折合单位面积冷负荷74.28W/m²。全年供冷1642h，总供冷量1019.5万kWh，折合单位面积供冷量48.4kWh/m²，如图3-18所示。

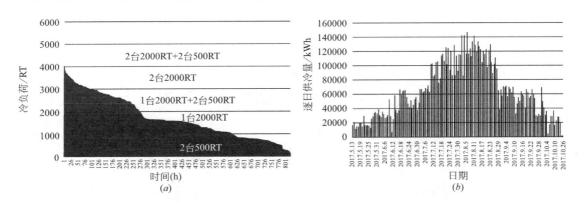

图3-18 2017年逐时负荷及逐时供冷量

（a）2017年逐时负荷延续图；（b）2017年逐时供冷量

注：1RT ≈ 3.517kW。

2. 测试结果——冷水机组

结合历史数据分析，冷水机组大部分时间处于低负荷率下运行，COP不满足要求，如图3-19所示。

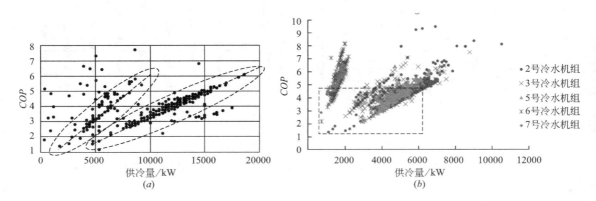

图3-19 冷水机组供冷量–COP图

3. 测试结果典型日

2017年7月20日3号和5号大冷水机组开启，室外温度：30～35℃，相对湿度59%～79%，如图3-20所示。

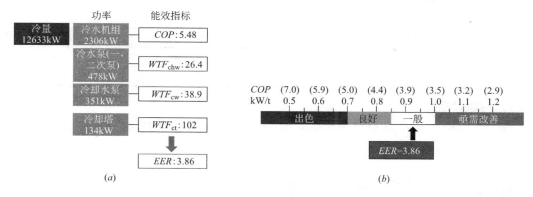

图 3-20　能效指标

4. 主要问题——"两器"换热不佳

典型日 7 月 3 日 2 号、6 号冷水机组"两器"趋近温度均高于合理值，建议定期清洗"两器"，冷凝器目前装有定期清洗装置，但效果较差。对全年蒸发、冷凝趋近温度取平均值，可以发现"两器"趋近温度均高于建议值，如图 3-21 所示。

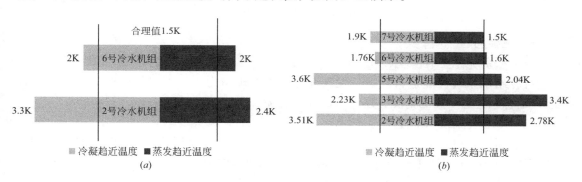

图 3-21　典型日及全年蒸发、冷凝趋近温度平均值

（a）典型日；（b）全年

5. 测试结果——水泵

实测部分水泵效率偏低，亟需进行检查及调试。同时，二次侧混水问题导致一二次水泵无法同步调节，影响水泵效率。

6. 测试结果——冷却塔

1 号、2 号冷却塔风水比偏小，如表 3-13 所示。

冷却塔风水比　　　　　　　　　　　　　　表 3-13

1 号冷却塔		2 号冷却塔	3 号冷却塔
测试时间	7 月 17 日	7 月 17 日上午	7 月 17 日上午
风量/m³·h⁻¹	523358	540530	865056
实际水量/m³·h⁻¹	741	762	851
风水比	0.8	0.8	1.2
室外湿球温度/℃	23.7	25.4	27.3
冷却塔进水温度/℃	33.8	33.3	33.4

	1号冷却塔	2号冷却塔	3号冷却塔
冷却塔出水温度/℃	29.6	30.4	30.4
冷却塔效率/%	40	40	50

7. 问题诊断

各个区支路供回水温差均小于设计值6K，供回水温差较小，流量偏大，如图3-22所示。

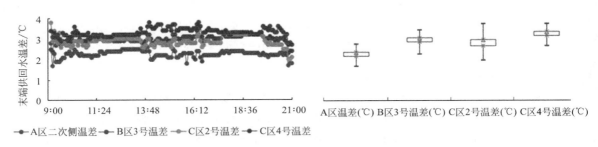

图例：
→ A区二次侧温差 → B区3号温差 → C区2号温差 → C区4号温差

图3-22 末端供回水温差

8. 主要问题

（1）水系统存在不合理阻力

对冷站水系统性能进行测试，发现其存在不合理阻力（特别在部分冷凝器及蒸发器段），结合趋近温度高的情况，建议对其进行清洗。

（2）冷塔气流组织不佳

冷塔周围风口较多，进风温度较高，气流组织不佳。空调室外机安装在冷却塔下方，出风温度为39.2℃，严重影响冷却塔气流组织，如图3-23所示。

9. 问题汇总

（1）冷水机组效率较低，"两器"换热效果不佳：通过对历史数据及典型日测试数据可发现，冷水机组"两器"换热不佳，且$DCOP$较低。

（2）存在逆向旁通混水现象：部分回水未经过冷机直接旁通到供水，导致提高供水温度，降低供冷品质。

（3）水泵运行偏离工作点，效率偏低：通过调节阀门来改变水泵流量，使得水泵工作点左偏，对水泵进行变频控制，同时清理管网不合理阻力。

（4）冷塔风水比不合理，气流组织不佳：优化气流组织，对冷塔周围厨房排油烟风口进行整改，避免热风进入冷却塔，导致冷却塔散热效果差。

（5）水系统存在不合理阻力：对管网水压图进行测试，查找管网不合理阻力，发现部分阀件未打开，或过滤器脏堵。

（6）支路水力不平衡：末端水力不平衡现象严重，需进行水力平衡调试。

（7）冷站逆向旁通混水：逆向混水使得二次侧供水温度升高，末端制冷能力下降，末端水阀全部打开，二次水量需求增加，水泵能耗大幅增加，混水量加大，二次侧供水温度升高。

一次侧总流量为1819m³/h，二次侧总流量为2414m³/h，混水量为594m³/h，占24.6%，

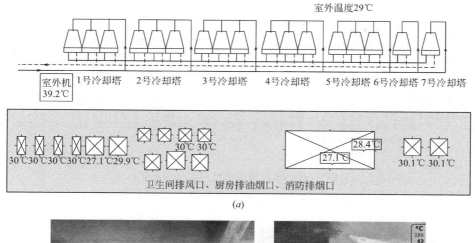

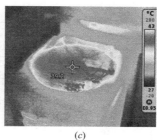

图 3-23　冷却塔气流组织

（a）冷却塔周边风口温度；（b）冷却塔下设置空气源热泵；（c）空气源热泵的热成像图

如图 3-24 所示。

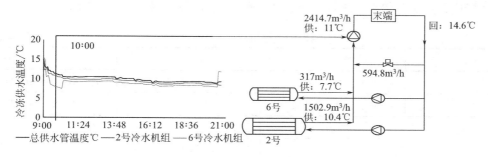

图 3-24　冷水供水温度变化

10. 水力平衡调试

以负荷最大的 3 号二次泵房为例，其负责地下一层、地下二层、地下三层、地下六层管井，水力平衡调试前各管井温差为 3℃，水力平衡调试后各管井温差为 1℃，如图 3-25 所示。

（1）解决措施 1——逆向旁通混水

二次泵出口阀门全部打开，降低二次泵运行频率和循环流量，保证供回水温差不过大，表 3-14 为实际运行时二次泵控制频率。

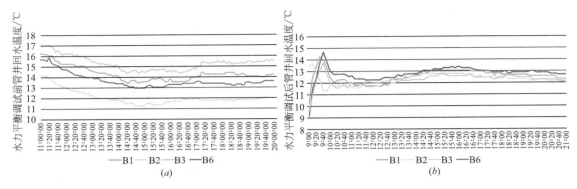

图3-25 水力平衡调试前后回水温度

（a）水力平衡调试前管井回水温度；（b）水力平衡调试后管井回水温度

实际运行时二次泵控制频率 表3-14

日期	1号（Hz）	2号（Hz）	3号（Hz）	4号（Hz）	5号（Hz）
5.15 ~ 5.25	31	31	31	31	31
5.25 ~ 6.15	35	33	35	33	31
6.15 ~ 7.5	35	35	38	35	33
7.5 ~ 7.25	38	38	40	35	35
7.25 ~ 8.15	43	38	2台40	42	40
8.15 ~ 8.30	45	40	2台40	45	43

（2）解决措施2——逆向旁通混水

保证冷水机组均在高负荷率下运行，同时考虑二次泵系统为开机过程中的混水，早上开机时场内蓄热负荷较大，增加开机台数，避免逆流混水，如表3-15所示。

各时间段开机台数 表3-15

日期	9：00 ~ 12：00	12：00 ~ 17：00	17：00 ~ 21：00
5.20 ~ 5.25	一小（10：00开机）	一小	一小（19：00停机）
5.25 ~ 5.31	两小（10：00开机）	一小	一小（20：00停机）
6.1 ~ 6.20	两小	两小	两小
6.21 ~ 6.30	一大	两小	两小
7.1 ~ 7.10	两大	一大	一大
7.10 ~ 7.20	两大	一大	一大+两小
7.21 ~ 7.27	两大	一大	两大
7.28 ~ 8.20	两大	两大	两大
8.21 ~ 9.10	一大+两小	一大+两小	一大+两小

（3）解决逆向旁通混水

开启两台大机组，冷水机组出水温度设定值9℃，一二次测供水温度均为8.9℃，实现零混水。

3.2.3　热站系统优化调试

1. 供热水系统诊断

（1）从热站实测水压图可知，部分阀件或设备在额定流量下压降较大，需拆卸并清洗，如图3-26所示。

图 3-26　热站实测水压图

（2）清洗后，在相近的流量下，各板式换热器压降明显下降，阻力减小，同时板式换热器换热更加均匀，如图3-27所示。

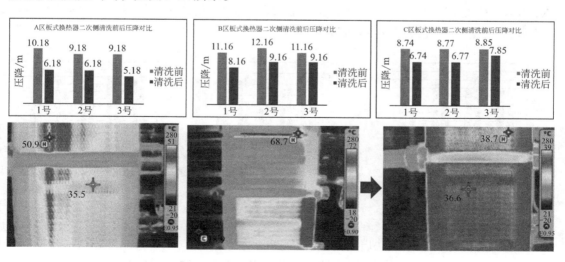

图 3-27　各区板式换热器二次侧清洗前后压降对比

（3）所有板式换热器加装保温，部分管道、阀件加装保温，共计10台板式换热器以及22个漏热阀件或漏热点，如图3-28所示。

图 3-28　板式换热器加装保温示意图

2. 水力平衡诊断

（1）现象：部分公共区域实测环境温度差别较大，部分租户反映较冷，实测各立管供回水温差较小且差别较大，水力不平衡，实测各区温差远小于设计值（10K）。

（2）原因：热水系统水力平衡不佳，不能满足按需供给，区域冷热不均。

3. 水力平衡调试

（1）方法：对热水系统进行水力平衡调试，主要采用热力平衡的方式。

（2）效果：各立管供回水温差与设计偏离对比差距减小，A区实际总供回水温差在5～7K，B区、C区在7～9K，环境场冷热不均的现象得以缓解，租户投诉减少，为水泵调试及系统自动化做准备，如图3-29所示。

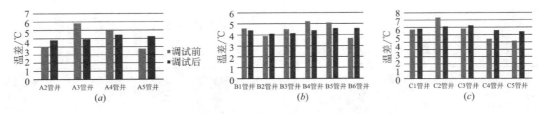

图 3-29　水力平衡调试前后各立管测试结果对比

（a）A区；（b）B区；（b）C区

4. 设备诊断

（1）现象：水泵长期无法启用变频。

（2）原因：部分设备及阀件阻力较大，出口阀门未全部打开，末端水力平衡未经调试，如降低频率，减小流量，则部分租户或公共区域的需求得不到满足，只能手动工频开启。

5. 设备调试

（1）方法：在水系统优化工作完成后，先降低水泵运行频率，并逐渐打开水泵出口处阀门，再根据实测流量以及末端需求再次降低水泵运行频率。

（2）效果：在满足设计流量的前提下，水泵频率大幅下降，功率随之下降，A区水泵频率降至47Hz，B区水泵频率降至45Hz，C区水泵频率降至41Hz，实测流量及功率的变化如图3-30所示。

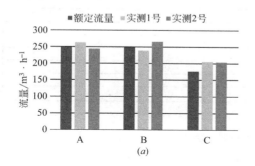
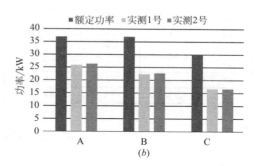

图3-30　实测水泵流量与功率

（a）流量；（b）功率

6. 控制策略诊断

（1）现象：出水设定温度高，典型日在55～60℃，导致能耗损失大，末端过度供热，同时水泵调试后虽可降频，但为保证运行效果，系统仍在手动运行。

（2）原因：多种因素互相影响，为保证末端需求，只能使用手动模式过量供给，如表3-16所示。

原供暖季供水温度设定　　　　　　　　　　　　　　　　　　　表3-16

区域参数	20：00～8：00	8：00～20：00
A、C区二次侧供水温度（℃）	35	55
B区二次侧供水温度（℃）	35	60
区域参数	6：00～22：30	22：30～6：00
地暖二次侧供水温度（℃）	50	40

7. 控制策略优化

方法：通过热水系统优化、水力平衡调试、设备调试后，已具备控制策略自动化条件，先实行自动化控制，再逐渐根据实际测试需求细微调整，最终使热站控制系统自动化运行，且各参数优于手动控制，如图3-31所示。

8. 控制策略优化效果

效果：该项目典型日原供水温度设定为55～60℃，经上述一系列工作后，已根据室外气温，给出供水温度设定值，变化范围在40～50℃，水泵变化范围在38～42Hz，解决了过量供热的问题，供暖用热量下降27260GJ，节省供暖费用221万元，且热水循环泵用电量下降19.26万kWh，下降44%。

3.2.4　末端优化调试

1. 末端和环境优化步骤

5月：机组性能测试；

温度曲线设定			
室外温度/℃		曲线温度/℃	
X1	−6	Y1	58
X2	−4	Y2	56
X3	−2	Y3	54
X4	0	Y4	52
X5	2	Y5	50
X6	4	Y6	48
X7	6	Y7	46
X8	8	Y8	44

(a)

区域	压差设定值	最低频率设定值(Hz)	水泵开启台数
A区	0.8	35	1
B区	0.9	35	2
C区	1.3	35	2

月份	出水温度(℃)	水泵频率(Hz)	水泵开启台数
11	30	35	1
12	30	35	1
1	35	35	1
2	35	35	1
3	30	35	1
4	30	35	1

(b)

图 3-31 系统各参数设定值

(a)根据室外温度变化设定的曲线温度;(b)压差及最低频率设定值

6月:问题解决方案,整改及调试;

11月:冬季控制策略优化;

每月一次:公共区域环境场测试及改善。

2. 空调箱调试

(1)现象

实测发现部分公共区域环境场舒适度不满足要求,垂直、水平方向温差较大,以一层及四层为例,KT-B-LG-3送风量过小,仅为2458m³/h,风量不足,导致左侧区域供冷量不足,温度高于右侧;KT-B-L4-7送风量小,导致该区域供冷量不足,温度高于该层其他区域。

(2)诊断

对公共区域所有具备条件的102台AHU进行检查及调试,以实测风量、全压、效率等指标作为评估性能的指标,其中有40余台不满足要求,如图3-32所示。

(3)测试

空调箱测试如图3-33所示。

3. 空调末端

(1)问题诊断

原因:施工遗留,调试不到位,日常维护待加强,共81台,如图3-34所示。

(2)问题案例(图3-35)

(3)维修措施

1)机组自身问题

①定期对过滤网进行清洗;

②定期对风机进行检查,皮带松动及时更换;

③对照风机样本检查风机铭牌参数。

2)输配系统问题

①对风管漏风处进行修补或封堵;

②对未保温的风管加装保温,对保温脱落处进行修补。

3)阀件检修

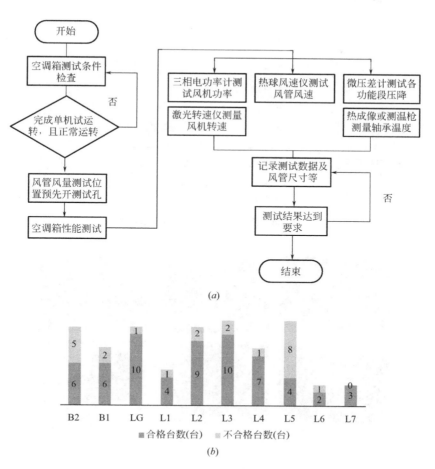

(a)

(b)

图 3-32 机组风量达标情况

（a）测试步骤；（b）测试结果

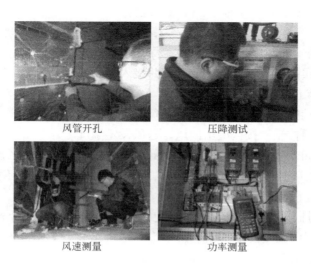

风管开孔　　　　　压降测试

风速测量　　　　　功率测量

图 3-33 空调箱测试

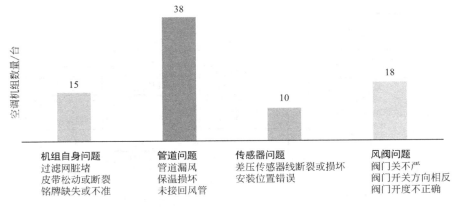

图 3-34 发生各问题的空调机组数量

图 3-35 问题案例

① 对不能关严的阀门进行检修；

② 对装反的阀门进行标记，并手动开关；

③ 风阀开度与 BA 显示不符的，对传感器进行修正。

4）传感器维修

① 对压差传感器进行损坏的进行更换，保证正常使用；

② 安装位置错误的建议重新安装取压口并接入到 BA 中。

（4）控制策略优化

① 关闭新风电动阀或手动阀，减少新风负荷；

② 空调机组分层控制，按楼层给回风、送风设定温度；

③ 减少开机时间，优化原开启策略，高低区空调箱按分层、分区控制；

④ 精细化控制，通过对末端环境场测试，找出过冷过热区域，继而调整负责该区域空调机组，调整温度设置、风机频率等参数。

2018 年 1 ~ 6 月同期对比，空调机组用电量下降 34.25 万 kWh，下降 21.4%。

冬季高区降低回风温度设定，频率在 60% ~ 70% 变化，如图 3-36 所示。

4. 环境场调试优化

公共区域环境场得以改善，以室外温度变化，定期更改控制策略，分层分区控制。冬夏季各楼层平均温度如图3-37所示，公共区域环境舒适度提升，且温度分布更加均匀。

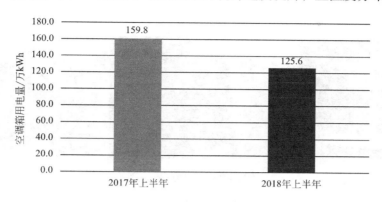

图 3-36　空调箱用电量

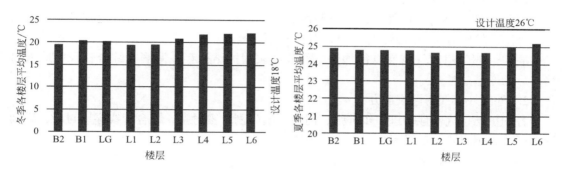

图 3-37　冬、夏季各楼层平均温度

3.2.5　其他系统节能改造

1. 独立供暖系统改造

（1）现象：商场内某手机店空调系统参数无法现场设置，其冬季空调供水温度要求较高（不得低于60℃），导致整个B区系统供水温度设置过高，增加了整体能耗。

（2）改造方法：在地下一层设备机房内为该手机店独立设置供暖系统，包括板式换热器、定压补水装置、软化水装置以及自动系统，通过调节一次侧温度调节阀来控制二次供水温度。

（3）效果：可提供恒温60℃供水，以满足其舒适度要求，同时为B区水力平衡以及降低供水温度打下基础。

2. 减少围护结构冷风侵入

（1）围护结构冷风侵入主要方式（图3-38）

1）围护结构漏洞。项目之前对此问题较为重视，经过物业团队几次修补，围护结构漏洞已较少出现，但部分区域较难封堵，属于遗留问题。

2）综合管线穿墙漏洞。这种现象大量存在，是影响公共区域、租户区环境场主要原因，亦是本阶段工作的重点。

3）外门外窗气密性。需要继续加强优化，重点为加强外门密封以及解决后勤通道门常开的问题。

图 3-38　围护结构问题

（2）外门外窗气密性带来的影响及改造方案

1）外门外窗气密性带来的主要影响

现象：各主要出入口处温度，公共区域部分区域与测试平均值有一定差别（偏冷），在室外温度较低时尤为明显，室内环境品质得不到满足。

原因：部分门窗气密性有待加强，部分区域围护结构存在漏洞，综合管线穿墙未封堵，后勤通道门常开。

2）外门外窗气密性改造方案

各围护结构气密性需进一步补强，门窗更换门刷、密封条，综合管线穿墙封堵，后勤通道门改为感应式，最终减少冬季冷风渗透。

（3）围护结构封堵改造效果（图 3-39、图 3-40）

图 3-39　洞口封堵后的现场照片

图 3-40　围护结构改造后图片

大幅减少了室外冷风渗透，特别是卫生间处避免了风机盘管从新风井（原新风井未封堵）抽取室外冷空气，提升了卫生间区域温度；也大幅缓解了后勤通道为上货运输导致的门常开，冷风渗透进入公共区域的问题。

3. 地铁通道问题

地铁开通后，大量冷风沿地铁通道侵入到商业综合体内，导致地下一层、地下二层环境场温度远低于设计温度，租户投诉较多；地铁通道入口处风速高达11m/s，玻璃门直接被吹开，无阻挡效果。

（1）地铁通道改造方案（图3-41）

1）地铁通道入口增加门帘，大量减少冷风长驱直入；

2）增加双层门；

3）在双层门上加装4台热风幕机；

4）关闭卷帘门；

5）将此区域吊顶，降低高度，打乱气流组织，开启空调加热此区域；

6）侧门常开，加装热风幕。

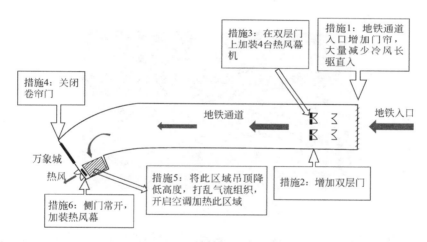

图3-41 地铁通道改造方案

（2）地铁通道改造效果（图3-42）

1）改造后地下二层环境场温度平均上升5.3℃；

2）地铁通道入口处风速由11m/s降低为1m/s，效果非常明显，通道内无吹风感；

3）在地铁通道进入商场的侧门处风速仅为1.3m/s，且为23℃热风。

4. 车场照明

（1）现象：2017年6月，商业综合体停车场采取收费制度，车流量有所减少，对其照明进行测试，结果超过《建筑照明设计标准》GB 50034-2013中的标准值（30lx），照度偏高（图3-43、

图3-42 地铁通道改造效果

图3-44）。

（2）原因：车场照明控制回路较为简单，停业后开启应急照明，白天无法按需控制，不满足节能需求。

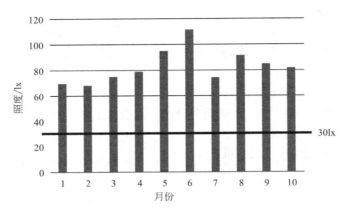

图 3-43　1 ~ 10月车场照明

图 3-44　车场照明现场图

（3）车场照明改造方案（图3-45）：考虑商业综合体的定位，将原车场4800余盏照明由T8LED升级为感应式LED灯，分为两档照度，车道7 ~ 8m感应距离，车位3 ~ 4m感应距离，全亮模式30s延迟时间、17W功率，节能模式常亮2.5W功率，管理仍按原有模式操作即可，无需对其进行修改。

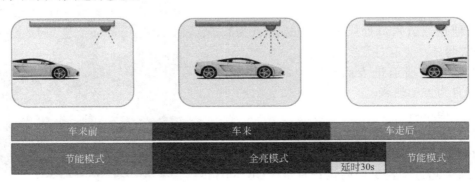

图 3-45　车场照明改造方案

（4）车场照明改造效果：照度由改造前的343lx变为412lx（全亮模式），上升了20%，节能模式照度为77.5lx（功率仅2.5W），于2017年年底完成全部更换（图3-46）。同期对比，1~9月节能量为48万kWh，节能率43%。

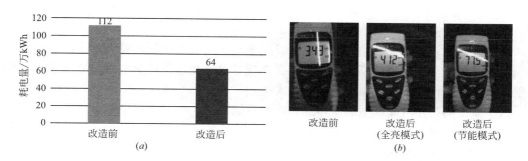

图 3-46　车场照明改造效果

5. 谐波治理

（1）现象：抽测变压器中存在大量三次谐波，最大达85A，中性线的3次谐波为260A，其中冷站水泵配电柜的运行电流为500A，其中电流畸变率超过了35%（190A），设备产生的谐波以5次和7次为主（图3-47）。

（2）原因：系统中存在大量整流设备以及变频设备时，会产生大量谐波电流，其在流经变压器时，由于变压器存在阻抗，所以会产生谐波电压，从而会对系统下的所有用电设备产生影响。

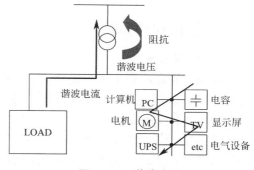

图 3-47　谐波治理

（3）谐波治理改造方案

加装有源谐波过滤装置，通过检测负荷所产生的非线性电流，有源滤波器能够产生一个电流波形，有效匹配负荷所产生的电流的非线性部分；并将该电流实时注入配电母线，可消除具有危害的负荷所产生的谐波电流。

（4）谐波治理效果

开启有源滤波器后，5次谐波由112.7A降到80.7A，三项的电流畸变率分别由49%、52%、47%降到1%、2%、1%（图3-48）。

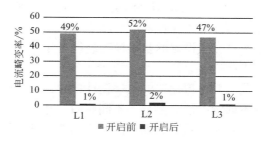

图 3-48　谐波治理效果

3.3 "相仿相效"计算机模拟软件的相关应用

随着建筑设计精细化和精确化的发展，越来越多的建筑项目需要借助计算机模拟技术来满足项目的设计、建造和高效运行需求。在建筑设计和运营的全生命周期过程中主要涉及的计算机建筑模拟应用主要包括以下几大类：

（1）基于典型年气象参数的全年逐时动态模拟；

（2）CFD瞬时模拟；

（3）照明光环境模拟；

（4）电梯运行模拟；

（5）噪声预测软件模拟分析等。

本节结合具体项目对相关模拟软件在具体项目中的应用情况进行分析。

3.3.1 全年逐时模拟

1. 模拟方法

建筑全年逐时模拟多与建筑负荷与能耗分析相关，它提供了一个综合的建筑物理模拟环境，能够模拟典型气象年建筑物不同区域的复杂热流情况以及空调系统的运行状态，预估在某种人员活动作息和空调系统运行作息下建筑物的各种能耗。

更重要的是，全年逐时模拟可以比较不同设计方案的负荷或能耗效果，从而对设计策略进行优化。它广泛应用于建筑方案初期与建筑师配合的被动设计策略优化阶段，以及与机电顾问配合的机电系统方案比选的主动设计优化阶段。

其主要模拟思路和步骤为：

（1）搭建3D模型：根据建筑平面、立面、剖面图纸创建三维计算模型，含建筑平面布局、建筑立面及开窗等。

（2）导入典型年全年逐时气象参数文件。

（3）基准模型建筑参数设置：输入不同功能房间的内得热、人员密度、设备负荷和照明功率密度（含数值和逐时使用率）、设计温湿度和建筑运行时间等。对于新建建筑，可以依据建筑未来用户的使用模式，并和业主沟通以便确定合理假设，包括人员逐时在时率、设备运行时间等；在参数未知的条件下，多将现行的地方、国家或国际建筑节能设计标准作为基准建筑参数设置依据，例如GB 50189，ASHAREA 90.1等。如研究对象为既有建筑，可以根据现场勘探的运行模式及测量数据设置基准建筑设计参数。

（4）基准模型模拟：对已完成设置的基准模型进行全年动态模拟，并将此结果作为基准来评估其合理性和下一步优化潜力。

（5）设计模型策略优化：调整拟比选的单一设计参数，运行设计模型全年逐时动态模拟。例如，被动设计中的不同围护热工参数、不同遮阳尺寸、不同窗墙比、不同建筑朝向等；主动设计中不同的机电系统参数，例如不同照明功率密度、不同送风量、不同送风温度、不同系统方案等。

（6）结果分析：分析基准模型与不同策略下设计模型的建筑室内冷热峰值负荷、全年能耗、室内舒适区占比等，必要时结合简单投资回报期筛选出最优方案。

2. 模拟软件

常用的全年动态模拟软件有EnergyPlus，DeST，eQuest，IES VE，DesignBuilder，Rhino/Grasshopper等。

EnergyPlus是由美国能源部（Department of Energy，DOE）和劳伦斯·伯克利国家实验室（Lawrence Berkeley National Laboratory，LBNL）共同开发的一款建筑能耗模拟引擎，是一款免费软件。

eQuest是一款免费软件，常用于一些国际绿色建筑认证体系评估的能耗模拟，例如美国的LEED和英国的BREEAM。其优点是模拟速度快，适合建筑体量大或重复标准层较多的建筑项目；缺点是几何模型一旦设置完成，很难修改；软件更新速度慢；输出结果多为报告文字，无法以图形方式分析室内热舒适状态。

IES VE的全名为Integrated Environmental Solutions，是由英国公司开发的建筑室内环境动态模拟软件，在国际建筑工程行业中广泛被机电工程师认可。其最大优势在于整合不同的分析模块，如天然采光、日照分析、自然开窗通风等，可用于分析不同被动设计和主动设计策略的能耗。输出结果可视化较好，可以截取全年中不同时段进行模拟，并可将不同策略或不同功能房间的模拟结果整合到一个图表中进行对比分析。其不足是体量大的项目模拟用时较长；对于异型建筑需要进行简化处理；需考虑软件购买成本。

Rhino/Grasshopper的最大优势是可以进行参数化建模，适合复杂的异型建筑。拥有较强的插件系统：Honeybee是基于EnergyPlus的可视化图形界面，用来进行模拟能耗；Ladybug用来分析建筑室外参数，太阳轨迹图和风玫瑰图等；Butterfly用于室外和室内的CFD模拟。

由于目前很多建筑师采用Rhino/Grasshopper进行建模，配合Ladybug、Butterfly和Honeybee等不同插件，可实现一个模型多种用途的模拟分析，较适合设计方案前期的方案优化。

3. 应用案例

某商业综合体商业建筑面积126912m²，空调面积100482m²，业态包括商铺、主力店、儿童游乐、餐饮等，其中餐饮业态占可出租商业面积的33.4%。

该项目采用DeST软件进行负荷模拟分析。通过描述建筑物的热工特性、几何形状、使用功能等，在DeST界面内按照建筑的尺寸和形状输入外墙、内墙，添加门窗，描述出建筑的拓扑结构，进行逐时负荷模拟计算，如图3-49所示。

根据冷负荷全年逐时模拟数据，结合冷水机组的技术特点，对比运行能耗费分析等综合因素进行比选，确定建筑空调冷源选型方案。

3.3.2 CFD模拟

1. 模拟方法

建筑CFD（Computational Fluid Dynamics）是伴随着计算流体力学的发展而逐步流行起来的一种新技术，它通过建立建筑的相关计算模型，给定必要的边界条件，来计算和预测建筑内外的温度场、风速场、空气龄等参数，避免形成涡流或风速过快，利用这些计算结

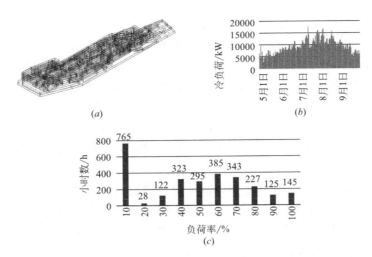

图 3-49 逐时负荷计算模型、模拟计算结果及逐时负荷率分布图
（a）计算模型；（b）空调冷负荷模拟计算结果；（c）逐时冷负荷率分布图

果来判断建筑设计是否合理，能否满足人们的舒适性要求或工艺性要求，从而提高建筑设计的准确性和合理性。

在我国，建筑CFD的发展十分迅速，尤其是近几年，越来越多的项目开始使用CFD来辅助设计，尤其是一些国内外的一些绿色建筑标准，如美国的LEED、英国的BREEAM、我国的绿色建筑三星标准等，都要求使用CFD来验证设计结果，这就为建筑CFD的发展提供了一个良好的契机。

CFD模拟主要步骤为：

（1）利用Rhino搭建几何模型。

（2）生成计算网格：将几何模型导入CFD分析软件，生成有限元计算网格，网格节点即为微分方程求解点，并形成连续流场云图区域上的离散控制点，如温度场和风速场。

（3）确定最不利工况：对于室外模拟，可以由当地的气候参数确定；对室内高大空间模拟，可以通过全年的室内热环境分析，来确认最不利工况。

（4）边界条件设置，含送风量、送风温度、开窗面积和位置等。

（5）基准模拟计算：当叠加计算结果收敛到一定的合理范围内时，可以终止计算。

（6）方案优化：分析基准模拟计算结果，发现优化潜力并实施改进模拟验证，为自然通风策略或空调风口的布置和设置提供建议。

2. 模拟软件

ANSYS拥有被建筑工程业内广泛认可的FLUENT和CFX两个知名有限元工程分析软件。其优点是可接受Rhino模拟导入或在ANSYS平台内建模，生成多种形式的有限元网格，灵活处理异型建筑形体的网格生成；输出结果表达形式丰富，可以同时表达对比不同的界面，便于结果分析。其不足是模拟计算用时长，对计算机的硬件系统配置要求高。STAR CCM+晚于ANSYS，支持多余6边形的网格。

PHEONICS由CHAM公司开发，接受.stl或.3ds格式的模型导入。常见建模软件有：SketchUp，AutoCAD，Rhino，Revit等。其优点是设置较ANSYS简单，较适合气流组织分析；

缺点是网格划分相对简单，较难处理曲面细部弯曲段的网格；输出结果可视化较ANSYS的选择性稍弱。

3. 应用案例

（1）室内气流组织模拟

北京某大型商业建筑采用CFD室内环境模拟，对空调系统的风口位置布置合理性、送风参数设定合理性以及室内气流组织均匀程度进行分析，为后期物业运行维护提供参考，并给出各区域的送风参数推荐值等。

对建筑各部分夏季的室温进行模拟计算，发现较低楼层温度分布正常，较高楼层的部分区域出现温度过高的问题，温度过高区域温度普遍为35～40℃。

对计算结果进行分析，发现若回风口对称设置，易产生送风不均匀、中庭位置过热的现象，因此将回风管位置、风口调整为不对称布置，以到达较好的室内温度效果。在后期施工过程中，在建筑内增加了风口，优化风口设置，使室内环境更好地满足要求。调整前后夏季空调温度分布如图3-50所示。

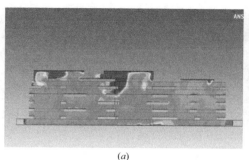 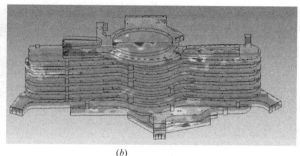

（a） （b）

图3-50 调整前后夏季空调温度分布

（a）调整前夏季空调温度分布图；（b）调整后夏季空调温度分布图

（2）风环境模拟

如果风环境不合理，将会带来再生风和环境二次风环境问题，导致行人行走困难或强风卷刮物体撞碎玻璃等问题。

对于民用建筑，主要研究对象是建筑周边风环境，分析其是否能够满足"建筑物周围人行区风速低于5m/s，不影响室外活动的舒适性和建筑通风"和"建筑总平面设计有利于冬季日照并避开冬季主导风向，夏季则利于自然通风"的要求。

将目标建筑及周边建筑模型导入CFD计算软件PHOENICS进行三维流动数值模拟，从而得到建筑周边的流场和建筑表面的压力分布。物理模型如图3-51所示。

该项目位于北京市区，北京地区冬季主导风向为西北风，平均风速4.3m/s，次主导风向为东北风，平均风速2.3m/s。

来流风因为地面的影响，是按无限大平板的边界层规律分布的，即呈梯度风，其沿高度方向的速度分布满足：

$$\frac{U}{U_g} = \left(\frac{Z}{Z_g}\right)^{0.22}$$

（3-3）

式中 Z_g——典型高度，m；

  U_g——对应的速度，m/s。

梯度风示意图如图3-52所示。

图 3-51 物理模型

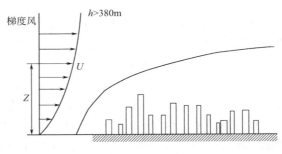

图 3-52 梯度风示意图

从冬季主导风向工况的模拟结果（图3-53、图3-54），可以看出：

（1）由于项目西北侧地块建筑密度较低，很难有效对本地块冬季来流风起到阻挡作用，故该项目受到较严重的西北来流风冲刷作用。在建筑的周边区域出现了约6.5m/s的风速会造成行人不舒适。

（2）项目西南侧及东北侧转角处风速放大系数最大，约为2.3，此处环境较恶劣。

（3）项目西北侧受来流风影响，建筑表面风压较大，最底部达到了10Pa，并随着建筑高度的增加而逐渐增大，对于此侧外门风压大，常规设置外门冬季不能有效阻挡冷风入侵，建议增设门斗措施。

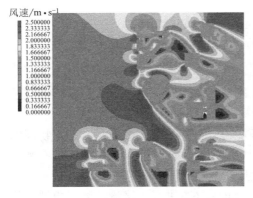

图 3-53 1.5m 高度处冬季主导风向下风速
放大系数分布云图

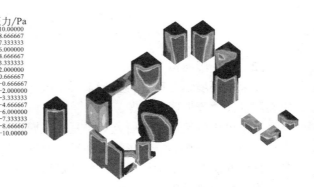

图 3-54 建筑表面风压分布云图（西北向）

3.3.3 照明及光环境模拟

1. 模拟方法

光是建筑环境的重要组成部分，优秀的采光设计可以提高建筑的使用舒适度，减少照明和空调能耗。

对于建筑而言，光照的场景复杂，太阳在天空中的位置随时刻和日期不断变化，大气中的云量也会对建筑光环境造成影响。

利用光环境模拟软件可以针对各种自然采光和人工照明环境做精确地分析和评估，同时给出包括采光系数、照度和亮度在内的一系列标准控制指标参数。

照明及光环境模拟的主要思路和步骤为：

（1）创建实体模型：建立或导入需要分析的系统的几何模型。

（2）定义和应用属性：模型中的材料特征和表面属性，例如反射、折射、吸收和辐射等，可以采用软件内定义好的属性，也可以自定义新的属性，将属性应用到模型内的物件和表面上。

（3）追迹光线：通过实体进行光线追迹，需要先定义光线起始点，有如下几种定义方式：栅格光源、表面光源和导入已有光源。引入光源到模型，并调用追迹参数。

（4）分析：可以分析方位、区域和光线追迹后的光能量分布，可导出辉度图、照度图、坎德拉图和通量图，以及详细的光线历史信息。

2. 模拟软件

DAYSIM是一款经过验证的、基于RADIANCE的采光分析软件，可对建筑物内和周围的日光量进行模拟。

DAYSIM允许用户模拟动态外墙系统，从标准百叶窗到最先进的光重定向元件，以及可切换的玻璃窗及其组合。

用户可以进一步指定复杂的电气照明系统和控制，包括手动灯开关、占用传感器和光电管控制的调光。

模拟输出范围从基于气候的采光指标（如日光自治和有用的日光照度），到年度眩光和电照明能源使用。

AGi32是一款专业的照明设计软件，由美国Lighting analysts公司研发，同时具备照明建模、计算和渲染三大功能，能够计算在任何情况下的照度，帮助用户设计灯具位置，并验证照明标准。该软件拥有两种计算模式：一种是正常直接计算模式，只进行直射光的计算，速度快；另一种完全计算模式采用光能传递技术进行反射光计算，可以非常精确地计算出照度数据并渲染出亮度分布情况。

德国DIAL公司基于多年对照明技术的研究与市场观察，发现世界各国的照明计算软件多局限于单一厂商的运算，而所有的照明设计案却大多为采用多个厂商的照明灯具，并不符合实际的操作需求。

因此，DIAL公司邀集了世界著名厂商如Philips，BEGA，THORN，ERCO，OSRAM，BJB，Meyer，Louis Poulsen等公司，共同投资于具有"统合应用性"的新照明软件的开发，并于1992年成功推出了DIALux照明软件，首次现身于汉诺威展览中，即得到各界的认可，并逐渐成为欧洲照明软件的顶级品牌。

由于DIALux可以统合各种照明灯具，做精准的照明计算，并且具有虚拟实境的功能，让整个空间设计案（室内、室外、建筑、展场），都能以3D立体图的方式在电脑中完美地呈现，而所有的照明数据也都以图表化的方式清楚地列出来，加上操作界面相当简易、人性化，因此一推出便立即在欧洲各国引起热烈的回响，也为业界建立起一个公认的照明"标准"依据。

3. 案例分享

体育场馆照明要保证各类比赛的正常进行，有的还要满足电视转播的需要。

体育场馆的照明设计需要确定以下参数：场馆使用级别、照度水平、灯具配光、眩光控制、照度均匀度、光的方向性、光的利用以及光色、显色性、系统总荷载等。

某篮球馆篮球馆场地长36m、宽20m、高8m；反射系数：顶棚0.7，墙壁0.57，窗户0.2，门0.55，地面0.3；布灯形式：5行9列，共45只，满天星式；特点是照度均匀、眩光小、耗电量少；比赛时全部开启，训练时隔灯开启，共22只。比赛时用电量11.25kW，平均15.6W/m^2，训练时用电量5.5kW，平均7.6W/m^2。

从计算结果来看，平均照度、照度均匀度、眩光指数等各项指标均满足设计要求。

3.3.4 电梯模拟

民用建筑的电梯和自动扶梯装置作为建筑物的垂直交通工具，是面对用户/客户的重要窗口，其品质性能，包括平均候梯时间、运载能力、舒适度、乘梯体验等，是衡量楼宇品质、客户体验的重要因素。

建筑物的电梯配置对建筑方案将产生重大影响，尤其对于高层建筑的核心筒布局、商业建筑平面规划等。此外，作为建筑物内不间断运行的机械装置，其运行能耗亦十分可观，民用建筑的电梯/自动扶梯的能耗是仅次于空调、照明的第三大能耗系统。

1. 软件介绍

Elevate垂直交通分析与模拟软件，由英国Peters Research公司的Richard Peters博士研究开发，是目前全球范围内最权威的建筑设计选择电梯数量、规格、速度的设计软件。Elevate自20世纪90年代面世以来，目前已更新迭代至Elevate 9.0版。

该软件采用Microsoft Visual C++编译，基于Windows平台，可模拟电梯实际运行，分析电梯性能，适用于办公楼、酒店、医院、购物中心、住宅、停车场、机场、学校等公共建筑或多业态综合体建筑。

这套软件可提供界面友好的Windows驱动的多窗口分析和模拟功能，也可以非常简单地直接进行建筑和电梯系统的上行高峰、加强型上行高峰、双向交通分析，还可以对电梯交通分析进行全面模拟，以全方位分析平均间隔时间、平均候梯时间、平均乘梯时间、5min载客率、轿厢载客率等运输能力指标，以及分析各种电梯群控组合的能耗状况。

Elevate 8.0以上版本可分析近年来出现的双轿厢电梯、双子电梯、目的楼层控制系统等。

2. 案例分享

以办公建筑为例，通过从上行高峰全程时间的计算到全动态仿真技术模拟电梯在早高峰时段的运行状况。

（1）结合图像显示的动态仿真（可提供给客户一个有说服力的可视演示）。

（2）方便使用的Windows界面（输入基础信息可迅速分析并得到详细的运行数据）。

（3）动态计算的应用适用于给出准确的电梯速度方案全面的在线技术支持。

（4）利用Elevate Developer界面可以演示所设计的系统。

通过计算电梯运输能力指标，结合建筑方案，进而确定电梯的配置方案，包括电梯数量、载重、梯速、分区设置、转换/穿梭方案、梯控系统方案等。

3.3.5 噪声预测软件模拟分析

1. 软件简介

德国DataKustic公司编制的Cadna/A计算软件，是国际上应用最广泛的环境噪声预测软件之一，其计算精度经德国环保局检测得到认可，在德国环保部门应用得到好评。

Cadna/A软件的计算原理基于国际标准化组织发布的《声学户外声传播的衰减计算方法》ISO9613-2:1996，与我国《声学户外声传播的衰减第2部分：一般计算方法》GB/T 17247.2-1998等效。

2. 主要思路及步骤

（1）建模：建模时输入由总平面图及现场勘察所了解的建筑及场地布局、建筑高度、噪声源位置、周边环境情况等模型数据，进行三维建模。

（2）设置噪声源：以目前获得数据和图纸分布作为建模依据。声源的位置、尺寸均以常规轨道交通声源为准，以反映真实的情况。

（3）进行实际测试噪声，根据实测数据进行调整模型。

3. 案例分享

某项目经模拟计算，居民楼在22.5m高度时噪声值最大，图3-55、图3-56分别为治理前1.5m、22.5m噪声水平分布图。

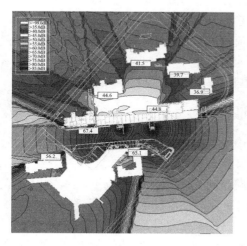

图3-55 治理前1.5m高度夜间声场水平分布图

图3-56 治理前22.5m高度夜间声场水平分布图

通过以上噪声图和预测值分析可知，居民楼预测点噪声值在56.9~67.3dB（A）之间，超标严重（预测分析均未叠加背景噪声）。

由图3-57、图3-58可知，经降噪治理后，居民楼各楼层窗户外1m均低于50dB（A），满足降噪要求。

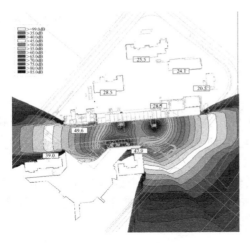

图 3-57　治理后 1.5m 高度夜间声场水平
分布图

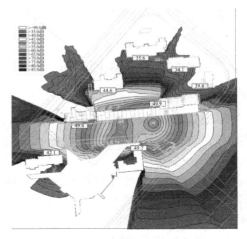

图 3-58　治理后 22.5m 高度夜间声场水平
分布图

3.4　"川流不息"某商业项目二次泵变流量系统节能创新研究及应用

　　传统的一、二次泵水系统是一次泵定转速运行，一次泵回路是定流量，满足冷水机组定流量运行的要求。二次泵是变转速运行，二次泵回路的流量取决于空调末端阻力的变化及二次泵的变转速，故二次泵回路的流量经常变化。

　　要满足一次泵回路定流量、二次泵回路变流量的需求，需在水系统中设计有盈亏管，而且盈亏管也保证了一、二次泵回路的流量互不影响。

　　但也正是这种设计会给水系统运行带来一些问题。

3.4.1　传统一、二次泵水系统运行存在的问题

　　如图 3-59 所示水系统，在下文中把盈亏管中水流方向从右向左的，称为"盈"；反之，称为"亏"。

　　水系统运行如果是"盈"状态（一次泵回路流量≥二次泵回路流量），空调末端的高温回水总能全部流经运行的冷水机组，即末端的负荷总能全部的"反映"至冷水机组，运营人员总能根据 T_a 是否能维持在设定值（如：7℃），来决定是否要增开冷水机组。

　　水系统运行如果是"亏"状态（一次泵回路流量＜二次泵回路流量），空调末端的高温回水部分的流经运行的冷水机组，即末端的负荷只是部分的"反映"至冷水机组。由于 T_c（T_b）没有突变，流经冷水机组的流量也没有变化，故运行的各台冷水机组并不加载，T_d 能维持在设定值，而 T_a 由于混入高温回水 T_b，故 $T_a > T_d$。

　　这就是说供至二次泵（末端）的冷水不能提供满足设计需要的水温（如：7℃），此后 T_a 会越来越高，而运行的冷水机组只能通过回水 T_c（T_b）滞后的升高而滞后加载。

　　至末端的供水温度过高，而运行的冷水机组又不加载，这个问题是传统一、二次泵水

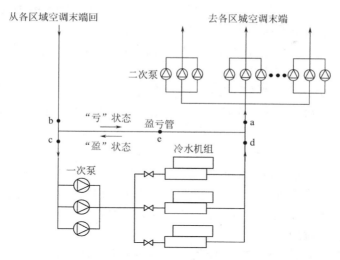

图 3-59　典型的一、二次泵水系统

系统普遍存在的，尤其是在发生以下情况时（下文称为 A 状况）：有 2 台相同制冷量的冷水机组及 2 台一次泵在运行，水系统处于"盈"状态，由于末端负荷的下降，2 台冷水机组的平均负载率已小于 50%，理论上为了避免冷水机组处于低负载运行（COP 低），此时应该可以停运 1 台冷水机组，希望余下运行的那台冷水机组能加载至 100%，就可以提供足够的制冷量了。但当停运 1 台冷水机组及 1 台一次泵后，由于运行的那台冷水机组工况没有任何的改变（回水温度、流量都没有变化），故冷水机组并不加载，而此时由于停运了 1 台一次泵，水系统处于"亏"状态，T_a 将立即上升，满足不了末端空调的需求。

所以当发生这种情况时，目前运营人员采取的措施是再增开 1 台冷水机组及对应的水泵。因为再增开 1 台冷水机组、水泵后，往往一次泵回路的流量≥二次泵回路流量，发生"盈"的状态，末端的高温回水能全部流经运行的冷水机组，不会旁通至供水侧，即末端负荷能全部"反映"至冷水机组。

此时，增开的冷水机组及水泵会使 T_a 迅速下降至 T_d，并维持不变。但 2 台冷水机组的运行又使每台冷水机组都处于低负荷运行。

运营人员采取这样的措施能迅速解决供水 T_a 过高的问题，但为了保持"盈"状态，就很可能造成多台冷水机组被开启，但每台冷水机组的制冷系数都很低，冷水机组效率低下。

这个问题已在上海江湾附近某一办公楼项目中有反映，物业也在寻求解决的措施。

相信这个问题在许多一、二次泵水系统的项目中都有发生，只是由于许多是民用建筑，对供水温度的保证（品质）要求不高，物业对现象的分析不能深入，对高效节能不是很在乎，所以即使存在这个问题，也没有反映至业主、设计方。

3.4.2　问题小结

从以上现象分析得出：

（1）当"亏"状态时，$T_a > T_d$，去往空调末端的冷水温度不满足要求。

（2）当"亏"状态时，随着 T_a 的升高，空调末端的换热除湿能力变差，回水 T_b 会越来越高，运行的冷水机组也加载滞后、缓慢。

（3）为了解决"亏"状态时的问题，不得不增开一次泵及对应的冷水机组，会造成多台冷水机组低负载运行，COP 低。

（4）无论是"亏"还是"盈"状态，盈亏管的作用是保证一次泵回路定流量，所以带来盈亏水量的那部分水泵做功是无直接制冷作用的，是无效功，故水泵输送能耗高。

3.4.3 解决措施

传统一、二次泵水系统设计要求是一次泵回路定流量，这是考虑流经冷水机组的冷水流量不变，避免影响冷水机组运行，但其实大型中央空调机组是允许变流量运行的（至少在近十几年内生产的冷水机组），因为冷水机组本体的加（卸）载也是根据出水或回水温度控制的。但需要注意的是：

（1）流量不能过大于冷水机组额定值，也不能小于允许的最小流量。

（2）流经冷水机组的冷水量不能突变。因为如果冷水机组自身的温度控制加（卸）载跟不上流量的突变，冷水机组会因失控而保护停机。

所以解决上述问题的措施就是一次泵回路也变流量，通过调节一次泵的转速来使一次泵回路流量跟随二次泵回路流量。

如图 3–52 所示水系统，监测 a 点和 c 点流量：当发生"盈"状况时，c 点流量大于 a 点流量，就减少运行的一次泵转速，目标是使 c 点流量减小，接近 a 点流量。这样既仍能保证全部的末端回水流经冷水机组，又能因一次泵降转速而节能。运行的冷水机组不会有任何损害（只要流量不要过小，且流量不要突变）。

当发生"亏"状况时，c 点流量小于 a 点流量，就加大运行的一次泵转速，目标是使 c 点流量增大，接近 a 点流量。这样由于避免了末端回水与冷水机组出水混合后总供水温度（T_a）的升高，且能使全部的回水流经冷水机组，末端的空调负荷能全部的"反映"至冷水机组，冷水机组能迅速加载。

仍以 A 状况为例：这 2 台冷水机组及 2 台一次泵在运行，水系统一旦处于"盈"状态，会减小这 2 台水泵的转速，使 c 点流量趋近 a 点流量。当末端负荷下降后，2 台冷水机组的平均负载率小于 50% 后，停运 1 台冷水机组及 1 台水泵，此时发生"亏"状态，余下的那台水泵就增速，来使 c 点流量增大趋近 a 点流量。

此时由于 c 点流量接近 a 点流量，没有"盈"或"亏"，故 $T_a=T_d$，即总供水温度（T_a）不会突变升高。另外，由于一次泵的增速，使流经运行冷水机组的流量增大，冷水机组为了保持其出水温度不变，会迅速加载。

可以看到，采用一次泵跟随二次泵回路流量运行后，既解决了当"亏"状态时总供水温度的突变，又避免了冷水机组不能迅速加载的问题。而且采用了该措施后，会因盈亏管中流量很小（减小了旁通水量）而节省一次泵能耗。

采用以上解决措施虽然不能完全避免"盈""亏"的状态（考虑到最小流量保护，加减机过程），但能够极大地缩短处于"盈""亏"状态的时间，能够尽量避免二次泵供水温度的突变升高。

3.4.4　工程应用

　　某商业项目是2015年新开业的一座超大型购物商厦，集百货、餐饮、电玩、影院、冰场等于一体的商业综合体，总建筑面积44.8万 m²，设计了5台2000RT离心机组（其中一台供四期使用）和2台500RT离心机组，业主组织顾问、厂家等经近10个月的反复研究，最终确定采用一、二次泵全变频水系统。

　　一次泵系统采用6台变频水泵。因负荷侧系统较大，各分区管路阻力相差较大，二次泵系统采用分布式二次泵系统环状供水，分5个分区，每个分区变频水泵两用一备。工程于2012年10月开工，2015年4月竣工。实现了冷水机组台数控制、一次泵跟随二次泵流量变频运行等功能。

1.　冷水机组群控编程调试

　　冷水机组群控编程调试对于一、二次泵全变频水系统来说非常重要，为保证真正做到"无人值守"的高效机房，编程调试过程需要全面而且细致，要考虑到任何极端情况下可能出现的问题并且在程序中做好预案，同时还要满足物业管理人员的使用习惯。该项目充分考虑了以上需求，在控制逻辑中体现了如下细节：

　　（1）为自动加（减）机条件在主控面板上做出了标识，并为每个标识做了计时显示，物业管理人员可以清楚地看到是否满足加（减）机条件，并且该条件持续了多久，还有多少时间系统会加（减）机，减少了物业管理人员对机房群控系统"黑匣子"的不适应。

　　（2）为保证一、二次泵全变频系统（尤其是一次泵部分）的稳定可靠，一次冷水循环泵变流量的稳定性至关重要。既要满足冷水机组最小流量的需求，还需要保证每台冷水机组流量变化率不能过快。由于传统PID调节的特性导致被控参数通常都是围绕"设定值"波动且波动幅度逐步收敛直到平稳，这种调节方式本身就非常危险。当新增开或减少一台冷水机组时或者二次水流量变化剧烈时，无论如何设置PID的参数，均会由于PID运算的紊乱导致波动增加甚至失控。经过长时间的反复测试各种极端情况，最终通过控制逻辑时间"阶梯式"逐步到达直至稳定的方式，每变化1Hz的频率至少间隔30s以上的时间（在这种变化间隔下无论负荷高或者低，均不会产生冷水机组失控现象，不同的冷水机组需要现场反复测试来找到最小间隔时间）。

　　（3）为满足物业管理人员对节能的需求，经常会根据室外温湿度的变化对冷水出水温度进行重设，同时又要满足自动加（减）机参数的有效性。因此将这两项需求合二为一，用二次冷水总供水温度来对每台冷水机组的冷水出水温度进行重设。物业管理人员只需要将想要送出的冷水温度在总控台面进行设定，这个温度会自动发送给每台冷水机组并且不会影响自动加（减）机条件。卸载冷水机组时或者冷水机组出现故障时，配套水阀和水泵的停运在一、二次泵变流量系统中同样重要。卸载冷水机组时需考虑到停机时冷水机组的负荷等情况来分别确定冷却水、冷水水阀及水泵的关闭时间。

　　（4）当冷水机组出现故障停机时，第一时间启动备用冷水机组的开机流程，同时出现故障的冷水机组配套的水阀及水泵需要继续运行，直到能够保证冷水机组安全后方才延时关闭。

2.　设备安装测试

　　调试过程中发现水温传感器存在一些误差，从制冷机房到各二次泵供水温传感器反馈值相差1.2℃，利用精度0.1℃的玻璃球温度计校核较为重要的15个水温传感器。

在主系统调试中发现在主管上开分支管时，采用顺水三通对于水力平衡会非常有利，容易调节各分支的平衡，而在主管上开直角三通则会对水力平衡造成较大的影响，在当前工况下调平衡后，工况改变后就会打破以前的平衡。采用顺水三通就不会存在这个问题。在施工阶段，尤其是主系统应要求采用顺水三通。

冷水机组运行加载间隔时间应根据当前项目采用的冷水机组的型号确定，原则是前一台冷水机组自动加载到100%并维持一段时间，作为加载下一台冷水机组的参考条件，在调试过程中开始采用不满足供水温度设定值+1℃，且持续20min加载下一台冷水机组，发现2000RT冷水机组20min只能加载到80%～90%，在这个时间就加载显然不合适，所以加载间隔时间要根据冷水机组加载时间而定。现改为至少30min。

3. 自控网络通信的延时对群控的影响

测试过程中发现逻辑动作在通过网络下发后往往有一定的延迟，比如该项目要求的阀门开始关闭30s后（阀门关闭总时长55s）停运相应的水泵，发现网络延迟小时该时间可控。网络延迟严重时，阀门关闭后水泵仍未收到停运命令。所以实施冷水机组群控的自控设备网络通信实时性十分重要。

该空调冷源系统从设计、施工、采购、安装至后期的调试严格把控，经各方努力最终实现了目标值：机房综合用电量从最初未采用冷水机组群控系统的257740kWh（7月用电统计）降低至197180kWh（8月用电统计），节能效果显著。

3.4.5　结语

经过以上分析可知，传统的一、二次泵水系统设计必然会发生空调冷源系统运行时多台冷水机组低负载率运行的情况。要解决这一问题，一次泵回路变流量运行是个较好的解决措施。

暖通空调系统设计单位不仅需要设计能够运行的空调水系统，也要考虑到系统运行的高效，并且结合新产品、新技术特点，不断改进提升设计方案。

自控承包商需要学习、了解空调系统设计意图、制冷工艺，制定正确、简洁可靠、节能的控制逻辑，并方便物业日常运营操作。

3.5 "叠距重规"BIM技术在数字化运维中的应用

3.5.1　BIM与运维

BIM技术是近十几年来在CAD技术基础上发展起来的一种多维模型信息集成技术。它可以作为信息共享源从项目的初期阶段为项目提供全寿命周期的服务，这种信息共享可以为项目决策提供可靠的保证。

简而言之，BIM是一个建筑设施物理与功能特征的数字化表达。

BIM系统有两个重要特点：

第一，BIM是建筑设施三维立体模型。

第二，BIM是建筑设施全面信息的载体。BIM可以把物理设施的各种信息集成在模型要素上，并立体直观地展示出来。

建筑信息模型技术即建筑行业的数字化，实施数字化建筑规划、建设和运营，显著提升建筑业生产率。

BIM在设计、施工阶段的应用已经产生了巨大的经济效益，而在建筑运维与管理方面的应用则处于发展初期。

BIM技术可以集成和兼容计算机化的维护管理系统（CMMS）、电子文档管理系统（EDMS）、能量管理系统（EMS）和建筑自动化系统（BAS）。

虽然这些单独的FM信息系统也可以实施设施管理，但各个系统中的数据是零散的；更糟的是，在这些系统中，数据需要手动输入到建筑物设施管理系统，这是一种费力且低效的过程。

从建筑全生命周期的概念来讲，运维是时间最长，价值最大的阶段，值得我们花心思去好好研究。

3.5.2　BIM技术在运维中的优势

BIM技术的应用不应仅局限于建筑的设计、施工阶段，建筑运维阶段超过40年，BIM应该是建筑信息数据的承载者。

通过BIM技术获取建筑全面信息，建立标准化、数字化运营数据平台，结合建筑运维管理过程中人员的工作内容和标准化流程，基于BIM模型，为建筑运维建立综合管理应用平台，以达成建筑良好运行，实现精细化、高效化、可视化管理。实现管理一致性、降低成本、安全风险，提高服务质量。

设施管理信息量巨大，信息格式多样，而传统的设施管理方法无法处理如此庞大的信息。将BIM运用到设施管理中，构建基于BIM的设施管理框架构件的核心就是实现信息的集成和共享。在设施管理中使用BIM可以有效地集成各类信息，还可以实现设施的三维动态浏览。

BIM技术相较于之前的设施管理技术有以下几点优势：

1. 实现建筑设备信息集成和共享

BIM技术可以整合设计阶段和施工阶段的时间、成本、质量等不同时间段、不同类型的信息，并将设计阶段和施工阶段的信息高效、准确地传递到设施管理中，还能将这些信息与设施管理的相关信息相结合。

BIM模型中包含了海量的数据信息，这些数据信息可以为建筑后期的设备运维管理提供极大的帮助。从前期流转至运维管理阶段所需的BIM模型，包含了建筑设备从规划设计、建造施工到竣工交付阶段的绝大部分数据信息，而这些数据信息相互关联并且能够被及时更新。

包含丰富信息数据的BIM设备模型是实体建筑设备在虚拟环境中的真实呈现，因此BIM不仅仅是建筑信息的载体，其价值进一步体现在信息的调用方面。

2. 实现设施的可视化管理

三维可视化的功能是BIM最重要的特征，将过去的二维图纸以三维模型的形式呈现。可视化的设施信息在建筑设备的运维管理中的作用是非常大，比传统的方式更加形象、直观。

因为 BIM 模型中的每一台设备、每一个构件都是与现实建筑相匹配的，在日常设备维护中省去了由二维图纸等文档资料转换为三维空间设备模型的思维理解过程，在模型中定位的每一个设备都可以在现实建筑中找到，BIM 所具有的三维可视化是一种能够同设备及其构件之间形成互动性和反馈性的可视。

当设备故障时，通过调用可视化 BIM 模型，可以迅速定位和查看设备信息，方便运维人员开展进一步的维修保养工作。配电可视化；能耗计量、统计、分析。

3. 定位建筑构件

设施管理中，在进行预防性维护或是设备发生故障进行维修时，首先需要维修人员找到需要维修的构件的位置以及该构件的相关信息，现在的设备维修人员常常凭借图纸和自己的经验来判断构件的位置，而这些构件往往在墙面或地板后面这些看不到的地方，位置很难确定。准确地定位设备对新员工或紧急情况是非常重要的。

使用BIM技术不仅可以直接定位设备，还可以查询该设备的所有的基本信息及维修历史信息。

维修人员在现场进行维修时，可以通过移动设备快速从后台技术知识数据库中获得所需的各种指导信息，同时也可以将维修结果信息及时反馈到后台中央系统中，对提高工作效率很有帮助。

异常问题可快速发现、立体定位，通过后台技术辅助判断，进行工单派送，实现设备运行维护、控制及反馈闭环。

4. 建筑设备工程量统计

工程量统计是通过 BIM 软件（Revit）明细表功能来实现的，通过创建和编辑明细表，运维人员可以从建筑设备模型中快速获取维修、保养等业务执行所需的各类信息，所有的信息则是应用表格的形式直观地进行表达。

例如统计建筑内所有风管设备的信息，在生成的明细表中，可查看所有风管的几何信息、属性信息等，并可通过编辑明细表的功能来添加设备管理中所需的其他信息。

3.5.3 建筑运维管理信息化平台

随着BIM技术在部分建设项目中的成功应用，通过继承建筑工程阶段形成的BIM竣工模型，为建筑运维管理信息化打造了很好的平台。

BIM模型可以集成建筑生命期内的结构、设施、设备甚至人员等与建筑相关的全部信息，同时在BIM模型上可以附加智能建筑管理、消防、安防、物业管理等功能模块，实现基于BIM的运维管理。

首先，在BIM平台建立后，把模型上的信息点与数据库关联，就可以在其上附加各种软件功能。

其次，BIM运维模型优秀的3D空间展现能力可为建筑和基础设施项目的高层管理者提供空间的直观信息，为建筑空间布局优化调整提供快速决策平台；也可提供设施、设备、管线的三维空间位置，快速定位故障，缩短维修周期。

再者，BIM模型与建筑监控系统（BAS）功能模块相结合，为安防、消防、建筑智能监控提供了全数字化、智能化的建筑设施监管体系。BIM运维系统一般安装在建筑大楼的中央控制室，与安防监控、应急指挥、消防中控和物业呼叫中心等系统集中布设，利用中控室电视墙统一显示和控制。MEP、HVAC、电梯等运动部件可以实时动画展示运行状态，视频监控录像可以点击相应位置实时播放，各种设备的传感器数据或运行状态都可以实时显示在立体模型上。

此外，BIM模型数据库所储存的建筑物信息，不仅包含建筑物的几何信息，还包含大量的建筑物性能信息、设施维修保养信息，各类信息在建筑运营阶段不断地补充、完善和使用，不再表现为零散、割裂和不断毁损的图纸，全面的信息记录用于建筑全过程管理信息化，也为附加分析、统计和数据挖掘等高端管理功能创造了条件。在实施BIM运维系统时，原物业管理系统的数据可以直接导入BIM系统，甚至办公电脑和家具的台账信息都可以交给BIM模型进行可视化管理。

最后，基于BIM运维管理模型，能实现优良的能耗控制、精细的维修保养管理、高效的运维响应，可以使建筑达到更好的社会效益和更低的运营成本。

基于上述分析，利用BIM技术，设施管理者可以更好地进行运维管理，表3-17表示了BIM能为运维提供的价值。

BIM 能为运维提供的价值 表 3-17

功能	内容介绍
BIM模型管理	用于BIM模型导入、BIM模型检查、二维三维转换、BIM模型三维展示、模型编辑和模型查看的管理
空间管理	用于对房间基本信息、空间信息查询、创建分析报表和租赁的管理，空间定位，设备定位
设备/资产管理	用于对资产信息定义、资产查询和展示、资产盘点的管理；机电设备；IT设备管理；资产全周期信息管理；资产空间定位
设备维护管理	用于对设备维护损坏信息设置、设备查询、设备维护和设备维修的管理；用于对构件信息定义、构件查询和维护管理的管理；异常问题快速发现、立体定位、辅助判断、工单闭环；设备运行控制
能耗管理	用于对能耗数据监测、分类分项能耗数据统计、能耗数据实时监测预警和能耗数据综合分析管理；配电可视化；能耗计量、统计、分析；能耗指标管理
安全管理及安全疏散管理	安全报警快速发现、立体定位、辅助判断、工单闭环；用于建筑物人流检测和人流疏散路线模拟的管理
工单管理	维修任务时间、分配作业任务、预留和准备维修材料、分配外表服务商、工单完结确认、工时统计、成本核算、设备维修历史纪录分析；维保、巡检、消防检查等计划工作制定、按时派单、审核，实现闭环管理
预防性维护	创建预防标准与任务、创建周期性工作任务、维修计划编制、作业安排、工单生成、计划变更

3.5.4 BIM在实现运维过程中的主要难点

（1）BIM代表一种新的建筑营造和管理模式，基于BIM的建筑运维鲜有应用，可借鉴的经验不多，需要不断地摸索和总结。

（2）采用BIM技术初始实施费用较高，效益和成本没有经过市场广泛的评估和考验。

（3）BIM运维管理方式是全新的支撑保障技术，认知跨度大，需要有一个较长的适应过程。

（4）实施BIM运维要求建筑的后勤保障部门的组织结构做相应的变革，科室调整涉及事业单位体制，人员信息化技能提高也是一个缓慢的过程。

3.5.5 案例

雄安市民服务中心项目应用BIM达到以下目标：

（1）通过建立全生命期基于 BIM 的数字模型，为雄安新区提供基础数据，依托雄安云，建设首个打破数字壁垒的块数据平台，通过万物互联，打造交互映射，融合共生的数字孪生园区。

（2）以 BIM 及智慧建造应用打造绿色生态宜居新城区、创新驱动发展引领区、协调发展示范区、开放发展先行区、创新发展示范区。

（3）项目设计阶段，集成进度、成本、资源等信息，实现多维虚拟施工与优化，提升设计可行性。

（4）深化设计阶段，集成单专业深化设计与多专业设计协调，减少设计变更与返工，实现资源节约。

（5）施工管理阶段，应用模型信息集成应用平台，支撑项目总承包管理，实现多专业、多参与方的协同工作，发挥BIM在项目建造中的巨大优势。

（6）运营维护阶段，集成 BIM 与物业运维管理系统，实现数字园区集成交付。

3.6 "别出机杼"浅析磁悬浮机组特点及项目应用

随着科学技术的发展，传统空调设备性能得到了极大提升，也融入了很多新技术和新方法。磁悬浮机组具有高效、可靠、可持续、无油设计，维保费用低、简单灵活设计、多机头，集成冗余、占地面积小等特点逐步被市场所青睐。

在"碳中和""碳达峰"目标下，对于建筑高效节能的要求，放大了磁悬浮离心机组产品的节能优势，也在一定程度上提升了水冷螺杆式机组的变频率。在产品技术上，"节能"成为冷水机组产品发展面临的首要命题。本节主要介绍磁悬浮机组的技术特点，同时分享成功案例，以促进这些技术的普及和推广应用。

3.6.1 磁悬浮机组的技术特点

磁悬浮机组由于其高效节能的 *IPLV*、绿色环保的冷媒、安静舒适低噪声、运行过程稳定可靠等优点，而受用户青睐。磁悬浮机组的全名为"采用磁力悬浮轴承的变频离心式压缩机的冷水机组"。

磁悬浮机组的换热效率比传统离心机高，主要是由于传统压缩机机械轴承系统需要润滑油，润滑油会随制冷剂循环进入到换热器中，形成的油膜增大了换热热阻。

研究表明，对于新的满液式冷水机组，润滑油会带来3.2%的能效降低；冷水机组运行5年性能衰退超过10%，运行10年性能衰退超过20%，其中油污导致的性能衰退占全部影响因素的30%。无油的磁悬浮机组没有润滑油渗透进制冷剂中，从而提高了换热器的换热效率，消除了润滑油带来的机组性能衰退。

　　磁悬浮机组与传统离心机相比具有更大的调节范围，主要是由于无需考虑润滑油回油的压差问题，变频调节的磁悬浮机组可以实现冷水高温出水和冷却水低温出水的小压缩比工况，能够实现10%负荷工况到满负荷工况的无级调节，并且在部分负荷下具有更高的效率，如图3-60所示。

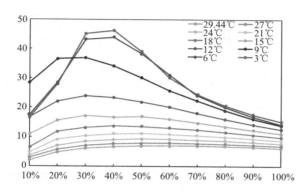

图3-60　某磁悬浮机组在各个状态下的效率值

　　由于运行时不会产生摩擦，磁悬浮压缩机转速显著提高，实际产品中，压缩机转速达到每分钟15000 ～ 38000转。转速的提高减小了压缩机叶轮的尺寸，压缩机的体积和重量显著下降。

　　此外，磁悬浮机组的振动小、噪声低，满载噪声为60 ～ 70dB。无油系统免去了该部分的定期维护保养与故障检修工作，提高了系统的可靠性和设备使用寿命，比传统机械轴承更加持久耐用，理论平均寿命在25年以上。

3.6.2　磁悬浮机组实际应用案例

　　案例一：对某机场的暖通系统进行节能改造，其原有冷源基本信息如表3-18所示。

冷源基本信息　　　　　　　　　　　　　　　　　　　表3-18

区域	类别	数量/台	制冷量/kW	功率/kW	COP
T1航站楼	离心式冷水机组	4	1760	389	4.5
T2航站楼	离心式冷水机组	4	2109.6	365.4	5.9

　　T1航站楼、T2航站楼冷站的能效偏低，且T2航站楼冷水机组出力不足，针对存在的问题，在T2航站楼冷站内加装2台150RT的模块化磁悬浮机组替代1台原有冷水机组。

　　所有机组均实现自控，现场采集上传机组及水泵等设备用电量、电磁阀开关状态、冷水/冷却水供回水温度、流量、机组运行状态、室外气象参数等数据，自动调节磁悬浮机组的负荷率，使得原有冷水机组的负荷率保持在70% ～ 80%高效运行，充分利用磁悬浮机组低负荷率、高能效的特点，增加冷水机组调节的连续性和灵活性。

　　经改造，在比2016年冷水机组运行时间增加170h的基础上，仍实现T2航站楼冷水机组能耗从138万kWh下降至134万kWh，节能量4万kWh，冷水机组COP从4.99提升至5.6。

在同一制冷季对各项目进行建筑能耗实时监测，修正数据到同一工况下，综合客观地对比不同类型冷水机组能效水平，实测公共建筑项目的基本信息如表3-19所示。

实测项目基本信息　　　　　　　　　　　　表3-19

	项目A	项目B	项目C	项目D	项目E
建筑类型	酒店	商场	办公楼	办公楼	办公楼
空调面积/m²	9000	8000	45000	40000	25000
机组类型	磁悬浮机组	磁悬浮机组	变频离心机	高效螺杆机	高效螺杆机
冷水机组台数	1	2	2	2	2
单机额定制冷量/RT	150	150	500	340	260
名义工况COP	5.25	5.93	5.38	5.95	5.77
IPLV	8.38	10.89	9.7	7.7	7.4
冷水泵台数	1	3	3	2	2
冷水泵流量/m³·h⁻¹	100	96	300	210	160
冷水泵扬程/m	27.4	23	32	32	28
冷水泵功率/kW	11	11	45	30	22
冷却水泵台数	1	3	3	2	2
冷却水泵流量/m³·h⁻¹	135	113	350	32	200
冷却水泵扬程/m	20	20	32	26	28
冷却水泵功率/kW	11	11	45	30	30
冷却塔台数	1	3	2	2	2
冷却塔流量/m³·h⁻¹	348	113	400	350	300
冷却塔功率/kW	11	9	11	15	11

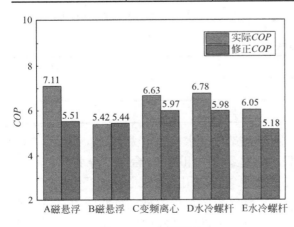

图3-61　实测情况

实测5个公共建筑项目同一制冷季的机组能效，计算平均值得到实际COP，根据冷水机组样本将实际运行效率修正到同一冷水供水温度和冷却水回水温度工况下，得到机组修正COP。

对比同一制冷季机组的实际COP和修正COP，如图3-61所示，均能达到较高效的运行效果。

案例二：某全地下商业项目，地下3层，建筑面积为3.15万m²，冷负荷2578kW，可供选择的常规配置方案有250RT×3，300RT×3和400RT×2三种，对

这三种方案进行经济性分析：

（1）冷机性能系数。以250RT磁悬浮机组不同负荷比例的能效系数为例，如表3-20所示。

250RT 磁悬浮离心机组不同负荷比例的能效系数举例　　　　表 3-20

单台数量/RT	冷水供/回水温度/℃	250RT磁悬浮离心机组不同负荷比例的 *NPLV*																	
		100%	95%	90%	85%	80%	75%	70%	65%	60%	55%	50%	45%	40%	35%	30%	25%	20%	18%
250	7/12	5.4	5.642	5.883	6.064	6.244	6.366	6.488	6.557	6.625	6.447	6.269	6.692	7.114	7.250	7.385	7.163	6.94	6.753

　　注：1. 以某厂家提供了 100%、90%、80%、70%、60%、50%、40%、30%、20% 负荷的能效系数为例。

　　　　2. 对于厂家未提供的 *NPLV* 值，采用线性插值法计算。

　　　　3. 此能效系数是基于固定冷凝器进水温度在 32℃，冷却水侧定流量的工况得出。

　　　　4. 250RT 磁悬浮离心机组最低负荷率为 18%。

（2）典型计算日逐时冷负荷及冷机运行策略。典型计算日即总冷负荷（含新风）出现最大值的时刻对应的日期。该项目逐时冷负荷计算的典型计算日为 8 月 2 日，其逐时冷负荷计算结果以 250RT 为例的冷水机组运行策略，如表 3-21 所示。

典型计算日运营时间内逐时冷负荷及 250RT 冷水机组运行策略　　　　表 3-21

日期	时刻	冷负荷/kW	冷负荷/RT	制冷机运行台数/台	制冷机负载/%
8月2日	9：00	929.30	264.31	2	53
8月2日	10：00	1713.31	487.29	2	97
8月2日	11：00	2018.84	574.19	3	77
8月2日	12：00	2276.89	647.58	3	86
8月2日	13：00	2183.07	620.90	3	83
8月2日	14：00	2248.130	639.40	3	85
8月2日	15：00	2338.93	665.23	3	89
8月2日	16：00	2578.62	733.40	3	98
8月2日	17：00	2527.92	718.97	3	96
8月2日	18：00	2524.87	718.11	3	96
8月2日	19：00	2456.65	698.71	3	93
8月2日	20：00	2229.94	634.23	3	85
8月2日	21：00	1846.86	525.27	3	70

（3）供冷第一天逐时冷负荷及冷机运行策略。以 250RT 冷水机组为例，如表 3-22 所示。

5 月 1 日逐时冷负荷及 250RT 冷水机组运行策略　　　　表 3-22

日期	时刻	逐时冷负荷计算值（含新风）/kW	逐时冷负荷计算值（含新风）/RT	制冷机运行台数/台	制冷机负载/%
5月1日	9：00	137.953	39.24	不开	15.69
5月1日	10：00	530.126	150.78	1	60.31
5月1日	11：00	623.074	177.21	1	70.88
5月1日	12：00	740.309	210.55	1	84.22

续表

日期	时刻	逐时冷负荷计算值（含新风）/kW	逐时冷负荷计算值（含新风）/RT	制冷机运行台数/台	制冷机负载/%
5月1日	13：00	789.802	224.63	1	89.85
5月1日	14：00	809.974	230.37	1	92.15
5月1日	15：00	822.619	233.96	1	93.59
5月1日	16：00	821.183	233.56	1	93.42
5月1日	17：00	802.176	228.15	1	91.26
5月1日	18：00	822.260	233.86	1	93.54
5月1日	19：00	819.158	232.98	1	93.19
5月1日	20：00	831.688	236.54	1	94.62
5月1日	21：00	834.243	237.27	1	94.91

5月1日9：00，计算负荷为单台250RT冷水机组供冷量的15.69%，稍低于冷水机组最低供冷能力（18%），理论上冷水机组不能开启。解决建议：

1）夜间停止营业后室内会有一定的蓄热，早上冷水机组开机时室内实际负荷会高于计算负荷。15.69%和18%很接近，预计实际运行时不会出现冷水机组不能启动的情况。

2）5月1日9：00室外温度为11.6℃，物业可以通过调节新风来供冷。该项目设计新风量约为80000m³/h（此数据为全年动态负荷计算时参照建筑图纸计算得出，此数据会随图纸的变化而有调整），室内温度为25℃，新风可实现的冷量至少为361kW。另外，该项目机电设计考虑了AHU、PAU加大新风的条件，可大幅提高新风供冷量。

（4）方案汇总。经过以上分析，对三种冷水机组选型方案的初投资及运行费用汇总，如表3-23所示。

三种冷机选型方案的初投资及运行费用汇总　　　　　表3-23

项目	方案一	方案二	方案三
	3×250RT	3×300RT	2×400RT
初投资/万元	272.09	298.44	290.49
运行费/万元·年⁻¹	73.3361	70.0289	73.2266
投资回收期/年	—	7.97	168

从表3-24可以看出，方案一的初投资最低，运行费用较高，经济性较好。方案二的初投资最高，运行费用最低，相对于方案一的投资回收期约为8年。方案三的初投资较高，运行费用较低，相对于方案一的投资回收期约为168年。

（5）安全性。负荷计算中新风考虑同时使用系数，餐饮面积约1545m²，约占可出租店铺面积的30%（餐饮面积中厨房占餐饮面积的33%）。

方案一中当一台冷水机组出现故障时，剩余冷水机组可负担总冷负荷的68%，可以满足的供冷小时数为1596h，占整个供冷季运营时间的80%；

方案二中当一台冷水机组出现故障时，剩余冷水机组可负担总冷负荷的82%，可以满足的供冷小时数为1903h，占整个供冷季运营时间的96%；

方案三中当一台冷水机组出现故障时，剩余冷水机组可负担总冷负荷的55%，可以满足的供冷小时数为1092h，占整个供冷季运营时间的55%。

从以上分析可以看出，方案二的安全性最高，方案一次之，方案三最差。

（6）灵活性。250RT冷水机组的最小供冷量约为45RT，300RT冷水机组的最小供冷量约为51RT，400RT冷水机组的最小供冷量约为80RT。在应对小负荷时，方案一的灵活性最优，方案二次之，方案三最差。

从以上分析可以看出，方案一的经济性最好，安全性较高，灵活性最优。在后期招商过程中餐饮面积不超过以上计算面积，同时不存在增加其他负荷的条件下，建议使用方案一。

方案二的经济性一般，安全性最高，灵活性较优。若后期增加餐饮面积或增加其他功能的负荷时，可以使用方案二。

方案三的经济性最差，安全性最低，灵活性最差，不建议使用。

3.7 "步调一致"商业综合体空调系统电动调节阀选型方法

3.7.1 引言

早期暖通空调工程中常见的水力系统以定流量系统为主，只存在静态水力失调，而随着人们对空气品质要求、节能意识的不断提高以及空调系统的大型化，变流量水力系统在暖通空调工程中占据越来越重要的位置，这种系统不仅存在静态水力失调，也存在动态水力失调。在这种系统中，电动调节阀通常被用来调节目标区域的温度。

而如何选用适合的电动调节阀，是空调机组自动控制系统设计过程中面临的一个主要问题，如选择不当，会有以下影响：

（1）系统运行过程中，末端设备流量无法达到设计流量，无法满足室内舒适度要求。

（2）系统压力产生干扰后，即使能够调节流量消除干扰，但是调节时间过长，无法保证室温平稳。

（3）过多地增加空调水系统的阻力，导致水泵扬程增大，增加系统运行能耗。

但是在实际工程中，尤其是很多大型商业综合体，设计院并没有对电动调节阀进行详细的选型计算，均是直接套用接管管径。甲方对电动调节阀选型的重要性也没有足够的认识，给后期的调试和运营带来极大的困扰。既不节能，舒适性又较差。

因此本节以兼顾系统对平衡和调节性能的要求，以节约能耗为准则，首先介绍了电动调节阀的主要性能指标，然后结合工程实例，提供其选型指导。

3.7.2 选型步骤

1. 空调机组或新风机组选型确认

电动调节阀通常设在空调箱或新风机组箱回水管上，通过调节水流量来改变空调箱的输出负荷，以适应房间的实际负荷变化，保持空调房间温度恒定。系统示意图如图3-62所示。

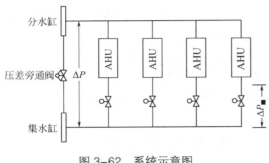

图 3-62　系统示意图

由上图可知，在空调水系统中，电动调节阀中体积流量，也就是流通能力，需要满足阀门所控设备的设计流量要求。设计流量由空调机组选型决定。

因此首先需要暖通工程师根据施工图设备表，提供送风量、新风量、空调机组回风参数、盘管出风参数、供回水温度等参数给空调厂家。

注意提供的参数不要互相不对应，常见的问题有：

（1）盘管进风参数与新回风比不对应，混合点参数没有根据新回风比详细计算；

（2）制冷量与送风量和盘管进出口焓差的乘积不对应；

（3）提供的水量与制冷/热量和供回水温差不一致。

要求厂家根据提供的参数对空调机组进行具体选型，选型经暖通工程师确认无误后，由暖通工程师根据空调机组实际选型的冷盘管、热盘管重要参数（如流量、水阻）计算阀门的流通能力。

2. 电动调节阀流通能力计算

流量系数K_v是用来描述电动调节阀流通能力的基本参数，指当介质为水、调节阀全开并且调节阀两端的压差为1Bar时单位时间内通过调节阀的流量。

可见，根据调节阀的最大流量系数K_v以及调节阀两端的压差值ΔP_v，就能准确地计算出调节阀在全开时的流量，从而准确地判断所选调节阀是否满足被调设备的设计流量要求。

实际上在调节阀选型时，是根据被调设备设计流量值和调节阀两端压差，反算出所需调节阀的流量系数，然后根据流量系数选择相应口径的电动调节阀。

空调水系统属于非阻塞流，K_v值计算公式：

$$K_v = 10Q_1\sqrt{\frac{\rho}{\Delta P}}$$ （3-4）

式中　K_v——流通能力，m^3/h；

　　　Q_1——液体流量，m^3/h；

　　　ρ——液体密度，g/cm^3；

　　　ΔP——阀前阀后压力差，kPa。

根据K_v计算值进行阀门口径选型，所选阀门的K_v值应其稍大于且接近于计算值。

调节阀的实际工作流量特性可以用阀权度S来反映。阀权度S为调节阀全开时，阀上的压差ΔP_v与阀所在串联支路压差ΔP的比值。

根据流通能力计算公式，计算设计流量下阀门的阻力。

阀权度计算公式

$$S = \frac{\Delta P_v}{\Delta P}$$ （3-5）

式中　S——阀权度；

ΔP_v——调节阀的设计压差，即阀门全开时的压力损失，kPa；

ΔP——调节阀所在串联支路的设计总压力损失 kPa。

3. 电动调节阀选型实例

已知：空调箱夏季设计水流量为5.91L/s，水阻力为43kPa，冬季设计水流量为1.21L/s，水阻力为9kPa，试选择电动调节阀。

（1）计算电动调节阀流通能力 K_{vs}：

夏季：

$$K_{vs} = 10Q\sqrt{\frac{\rho}{\Delta P}} == 10 \times 5.91 \times 3.6 \times \sqrt{\frac{1}{43}} = 32.9$$

冬季：

$$K_{vs} = 10Q\sqrt{\frac{\rho}{\Delta P}} == 10 \times 1.21 \times 3.6 \times \sqrt{\frac{1}{9}} = 14.4$$

（2）选择调节阀口径：电动调节阀样本选型表如表3-24所示。

电动调节阀样本选型表 表 3-24

连接方式	螺纹连接 PN25						
K_{vs}/m³·h⁻¹	1.9	4.4	8	10	20	32	
行程/mm	10	10	15	20	20	20	
DN/mm	15	20	25	32	40	50	
两通阀	H2015X–S	H2020X–S	H2025X–S	H2032X–S	H2040X–S	H2050X–S	
三通阀	H3015X–S	H3020X–S	H3025X–S	H3032X–S	H3040X–S	H3050X–S	
连接方式	螺纹连接 PN16						
K_{vs}/m³·h⁻¹	50	80	125	200	300	520	750
行程/mm	20	20	40	40	40	40	40
DN/mm	65	80	100	125	150	200	250
两通阀	H6065W–SP	H6080W–SP	H6100W–SP	H6125W–SP	H6150W–SP	H6200W–SP	H6250W–SP
三通阀	H7065W–S	H7080W–S	H7100W–S	H7125W–S	H7150W–S	H7200W–S	H7250W–S

根据 K_{vs} 值进行阀门口径选择，选择夏季阀门的 K_{vs} 值为50，冬季为20。满足夏季和冬季流通能力的阀分别为：冷水管H6065W–SP、热水管H2040X–S，管径分别为 DN65 和 DN40。

（3）阀权度校核：

夏季：

$$\Delta P = \rho \left(\frac{10Q_1}{K_{vs}} \right)^2 = \left(10 \times 5.91 \times \frac{3.6}{50} \right)^2 = 18.10 (\text{kPa})$$

$$S = \frac{\Delta P_v}{\Delta P} = \frac{18.1}{18.1 + 43} = 0.296$$

冬季：

$$\Delta P = \rho\left(\frac{10Q_1}{K_{vs}}\right)^2 = \left(10 \times 1.21 \times \frac{3.6}{20}\right)^2 = 4.74\,(kPa)$$

$$S = \frac{\Delta P_v}{\Delta P} = \frac{4.74}{4.74 + 9} = 0.345$$

由于夏季盘管的电动阀阀权度低于0.3，因此需要重新选型。

查取电动阀样本，得知冷水值为32的阀门也接近于计算值，相对应的阀门型号为H2050X–S，管径$DN50$。

重新校核：

夏季：

$$\Delta P = \rho\left(\frac{10Q_1}{K_{vs}}\right)^2 = \left(10 \times 5.91 \times \frac{3.6}{32}\right)^2 = 44.20\,(kPa)$$

$$S = \frac{\Delta P_v}{\Delta P} = \frac{44.2}{44.2 + 43} = 0.5$$

符合标准。

最终选择型号为H2050X–S、管径为$DN50$的冷盘管阀门与型号为H2040X–S、管径为$DN40$的热盘管阀门。

3.7.3 结论

变流量水系统的全面平衡保障了暖通空调系统运行中的平稳性、可调性和节能性。而电动调节阀作为系统中不起眼的一环，其对维护系统动态平衡的重要性经常被忽视。

实际工程中，需要结合与电动调节阀串联的末端设备的性质，选型并校核调节阀的工作特性，保证项目的空调效果。

3.8 "对症下药"既有商业建筑冷源系统节能诊断及优化

3.8.1 引言

既有商业建筑暖通空调系统普遍存在运行工况偏离设计工况的问题。在设计阶段，由于建筑围护结构数据不详尽、业态不确定、室外参数选择不合理等原因，导致空调负荷计算不准确；在设计负荷确定后，冷源配置与水系统设计不合理也会造成运行能耗偏大；建筑运营过程中，由于业态变更或功能变化导致空调负荷变化等。此外，既有建筑暖通空调系统经长时间使用后设备存在一定程度的损耗，且由于维护不足等原因造成设备运行效率逐年下降，从而造成建筑空调系统能耗增加。基于以上原因，既有建筑空调系统存在很大的系统调适和节能改造需求。

空调系统调适与改造主要包括降低需求侧负荷和提升供给侧能效两方面。对于需求侧，可通过提升围护结构保温、密闭和透光特性以及规范人行为等手段降低冷负荷；对于供给侧，主要调适和改造对象包括冷水机组、冷水泵、冷却水泵、管路、冷却塔及末端空调系统等。在这些方面已有大量成功改造案例。某办公楼采用空气源热泵替换已超出使用年限的空气源冷水机组与锅炉，节能改造后空调系统年均运行费用降低38.2%。天津某商业楼更换空调系统，在3个方案中选择了运行费用最低、使用年限最长、运行简单稳定的方案，水系统采用一次泵变流量，改造后节能率达到30%以上。上海市某高级酒店采用磁悬浮机组代替原有螺杆式机组，增加冷热源智能控制系统，并改造输配系统与冷却塔，单位建筑面积能耗下降22.1%。福州某百货商场在空调系统中增加1台与原冷水机组相同容量的磁悬浮机组，与原有2台主机并联，通过阀门切换实现2用1备运行，改造项目中磁悬浮机组的单项节能率大于35%。某商场空调系统冷水机组大部分时间低负荷运行，冷水大流量小温差，室内盘管送风温差小；改造后对水泵和室内风机进行变频控制，可减少冷水输送量和送风量，空调单项节能率为46%。上海某高层酒店用高效的螺杆式机组替换原有冷水机组，使得冷水机组 COP 由4.9提高到7.3，将原二次泵系统改为一次泵变流量系统，并采用智能高效自适应系统，冷站综合效率由3.38提升到4.87。

在此基础上，提高系统智能化水平，如对已有建筑进行智能化管理，对空调系统各设备的实时运行情况进行监控，可有效提高能源利用效率。广州市某酒店由原先的工作人员手动控制机房设备启停，改为利用自控系统控制，尽可能使设备运行在最佳工况，智能改造后节能率达14%。陕西某商场空调系统进行智能化改造，增加智能控制箱、增设温度传感器，并控制系统各阀门开度、设备启停等，减少了人为控制的误差，实现空调系统高效运行。宁波市某办公楼空调系统的冷水机组凭人工经验进行台数控制，冷水泵变频器未使用，实际定流量运行，冷却塔定频运行，改造后冷水为二次泵变频运行，冷却塔根据水温与室外温度自动调节，冷水机组采用自动控制，节能效果显著。也有一些学者将机器学习的方法应用于空调系统智能控制，以此降低空调系统能耗并提高室内舒适度。

本节针对我国北方寒冷地区某既有商业办公综合体存在的中央空调系统装机容量过大、水系统设计不合理等问题，对其节能诊断和系统调适。该建筑东区空调系统大多数运行时间仅开启1台冷水机组，负载率为70%～80%，负荷高峰时开启2台冷水机组，第二台机组负载率约为70%，造成2台冷水机组闲置、冷水机组运行负载率低的问题，冷水机组综合 COP 为4.8～6.2。该空调系统水系统的冷却水输配系数平均值为23.1，冷水输配系数平均值为13.8，远低于空调系统节能运行标准要求的40，且水泵约31.9％的扬程消耗在了不合理的阻力部件上，导致水系统效率较低。空调系统的冷站综合效率为2.6～3.2，亟需进行节能改造。同时，西区冷站及超市冷站也存在冷水机组负载率低、效率低等问题。本节介绍的调适及改造方案可为相似公共建筑中央空调系统优化和改造提供参考。

3.8.2　被改造项目空调系统现状

1. 建筑信息及原有空调系统形式

被改造项目位于我国北方寒冷地区，为商场写字楼综合体，分为东、西两地块。东区总建筑面积约13.39万 m^2，主营业态包括商业、影院和办公；西区总建筑面积约6.45万 m^2，主营业态包括商业和超市。项目原有空调系统针对5个业态分别设置独立冷热源系统，其中东区商业、影院、办公分设了制冷机房，影院及办公不在本次改造范围内。西区商业及超市冷站独立设置，各区业态、机房及机房内主要设备信息如图3-89所示，其中东区商业的4台冷水机组均为变频离心式冷水机组。

目前东区商业、西区商业、西区超市的冷水系统相互独立，均采用二次泵变流量分区两管制系统，系统示意图如图3-63、图3-64所示。

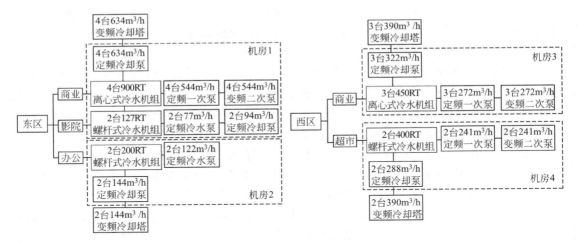

图 3-63　空调系统分区及相应设备信息

注：1RT ≈ 3.517kW。

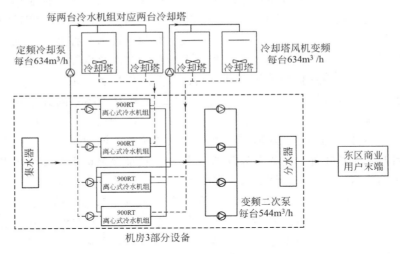

图 3-64　东区商业水系统图

注：1RT ≈ 3.517kW。

空调冷水设计供/回水温度为7℃/12℃，并分别设置了分水器和集水器为各自区域服务，冷却水系统设计供/回水温度为32℃/37℃。除东区商业未设置备用冷水泵和冷却水泵外，其他空调系统均分别设置一台备用冷水泵和冷却水泵。

2. 原空调系统存在的问题

通过项目实际耗冷量和水系统测试，发现原空调系统设计及运行不合理，存在空调系统划分繁杂、冷水机组装机容量过大、机组利用率偏低、机组运行效率低、水泵输配系数低、运营人工费及维保费高等问题。

（1）冷水机组装机容量过大

经2017年8～10月、2018年4～6月的实际运行结果显示，实际需求制冷量和单位面积冷负荷指标均低于冷水机组装机容量。5个空调系统的冷水机组额定制冷量和实际需求冷量对比如图3-65所示，可见实际冷量需求仅为冷水机组额定制冷量的40% ～ 60%。

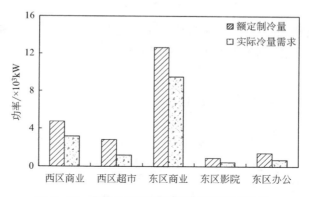

图3-65　各业态额定制冷量与实际需求冷量

图3-66所示为基于设计值、运行值和装机值的单位空调面积冷负荷指标。可以看出，装机指标、运行指标以及计算指标三种不同维度中，装机指标最大，计算指标居中，运行指标最小（除东、西区商业冷负荷指标）。由于设计中采用最不利工况，人员密度及新风量不同于实际运行策略，使得设计冷负荷大于实际运行值，而装机容量考虑了较大的备用率，使得实际运行中制冷设备负载率偏低，影响系统运行效率。而西区商业区域计算冷负荷指标小于实际运行指标，主要原因是实际运行中在夏季对厨房补风进行冷却，消耗较多冷量。

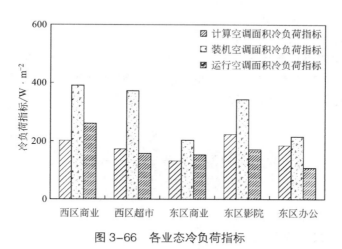

图3-66　各业态冷负荷指标

冷水机组装机容量过大会降低冷水机组运行期间的负载率。对于一台冷水机组，其负载率为实际制冷量与额定制冷量之比，如式（3-6）所示：

$$\varepsilon = \frac{Q_{sj}}{Q_{ed}} \qquad (3-6)$$

式中　ε——负载率；

　　　Q_{sj}——实际制冷量；

Q_{ed}——额定制冷量。

冷机 COP 与负荷率之间满足式（3-7）：

$$COP=f(\varepsilon) \qquad (3-7)$$

对于离心式冷水机组，当冷却水温度一定时，其 COP-ε 关系如图3-67所示，可见存在一个较优的负载率范围，使得每台冷水机组的 COP 较高。

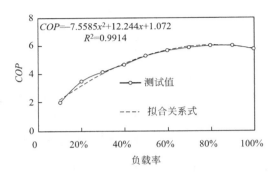

图 3-67　冷水机组 COP-ε 关系图

注：图 3-67 为某 1000RT 变频离心式冷水机组在冷却水温度为 32℃ 时 COP 与负载率关系式。

由此可计算出运行中的每台冷水机组耗电量，如式（3-8）所示：

$$N_{c,i}=\frac{Q_{sj,i}}{COP_i} \qquad (3-8)$$

式中　$N_{c,i}$——冷水机组耗电量；

　　　$Q_{sj,i}$——实际制冷量；

　　　COP_i——冷水机组性能系数。

冷站综合性能系数需考虑所有冷水机组电耗及输配系统电耗，包括冷水泵、冷却水泵及冷却塔电耗，可由式（3-9）计算：

$$COP_{zh}=\frac{\sum\limits_{i=1}^{N}Q_{sj,i}}{N_t+\sum\limits_{i=1}^{N}N_{c,i}} \qquad (3-9)$$

式中　COP_{zh}——冷站综合性能系数；

　　　N_t——输配系统电耗。

因此，冷水机组负载率过低及输配系统效率低会降低 COP_{zh}。改造前冷水机组 COP 及冷站综合性能系数如图3-68所示，冷水机组 COP 为 4.8 ～ 6.2，COP_{zh} 为 2.6 ～ 3.2。较热、较湿月（如7、8月）的冷水机组负荷率较高，此时冷水机组 COP 较高。

冷水机组装机容量过大会降低机组运行期间负载率。整个供冷季的测试结果显示，大多数运行时间仅开启1台冷水机组，负载率为70% ～ 80%，高峰时开启2台冷水机组，第二台负载率为70%左右。西区商业的3台冷水机组，大多数运行时间仅开启1台冷水机组，负载率约为70%，高峰时开启2台冷水机组，第二台冷水机组负载为50%左右。图3-69所示为节能改造前测得的8月15日各时刻供冷量。东区商业共4台冷水机组，每台冷水机组的额定制冷量为3168kWh，8：00及20：00仅开启1台冷水机组，其余10h开启2台冷水机组；西区共3台冷水机组，每台冷水机组的额定制冷量为1582kWh，12h均开启1台冷水机组。由实测供冷量可得，西区冷水机组负载率均低于70％，东区冷水机组负载率大部分时间低于70％。8月15日为供冷季中冷负荷较大日，供冷季初期及供冷季末期的冷水机组负载率较8月15日更低。

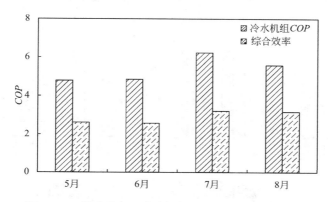

图3-68　供冷季各月冷水机组COP及冷站综合效率

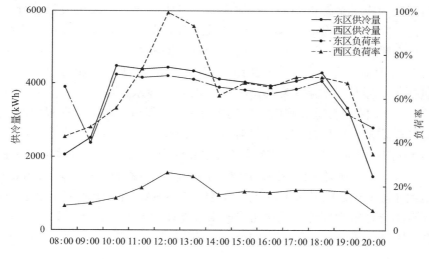

图3-69　典型日（8月15日）各时刻冷水机组供冷量及负载

（2）水系统效率低

输配系数（Water Transport Factor，WTF）为水输送冷（热）量与水泵电耗之比，可用于评价水泵能效，其计算式如式（3-10）所示：

$$WTF = \frac{Q}{N_P} \tag{3-10}$$

式中　Q——水输送冷（热）量；

　　　N_P——水泵电耗。

根据国家标准《空气调节系统经济运行》GB/T 17981–2007中有关空调水系统输配系数的规定：冷水或冷却水系统的输配系数低于30时，该水系统亟需改善。经测试，该项目东区和西区的冷水泵和冷却水泵输配系数如图3–70所示，其中东区冷水输配系数为8 ~ 16，冷却水输配系数为15 ~ 25，西区冷水输配系数为6 ~ 16，冷却水输配系数为13 ~ 26之间，所有结果均低于30，属于亟需改善的状态。

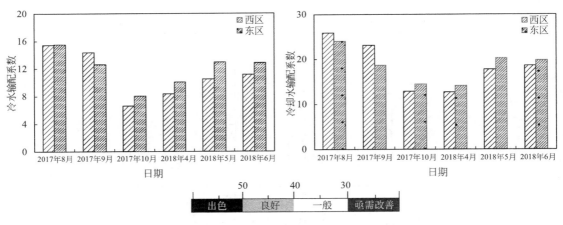

图3–70　水系统输配系数

东区和西区的冷水系统均采用二级泵系统，其中一次冷水泵定流量运行，二次冷水泵变流量运行。冷水循环管路的压降测试如图3–71和图3–72所示，东区冷水机组压降和末端压降（分水器和集水器间压差）分别为10.6mH$_2$O和13.9mH$_2$O，而一次泵和二次泵扬程之和约为35.3mH$_2$O，远远大于冷水机组和末端的需求，大部分压力损失来自冷站内冷水管路，包括集水器与一次泵（3.5mH$_2$O）、一次泵与冷水机组（3.8mH$_2$O）、冷水机组与二次泵（2.7mH$_2$O）间的管道和阀门，即约28.3%的扬程消耗在不合理阻力部件上，从而造成水泵能耗的增加。西区冷水机组压降和末端压降（分水器和集水器间压差）分别为11mH$_2$O和10.1mH$_2$O，而一次泵和二次泵扬程之和约为36.1mH$_2$O，远远大于冷水机组和末端的需求，大部分压力损失来自冷站内冷水管路，包括集水器与一次泵（1.3mH$_2$O）、一次泵与冷水机组（8.1mH$_2$O）、冷水机组与二次泵（3.4mH$_2$O）间的管道和阀门，即约35.5%的扬程消耗在不合理阻力部件上，从而造成水泵能耗的增加。如果拆除不合理压降部件，则会降低系统压降，采用一次泵系统可以满足扬程需求。

3.8.3　空调系统改造

基于上述问题，对原有空调系统中的西区商业、西区超市及东区商业制冷机房进行改造，主要包括制冷系统和冷水/冷却水系统两方面。通过全年负荷计算及能耗模拟分析，在制冷季不保证50h的情况下，鸿业模拟软件空调负荷为11923kW，逐时负荷计算结果为12677kW，负荷率主要集中在30% ~ 80%之间，过低和过高负荷持续时间均不高。从中可以看出，东区冷站现装机容量（4×900RT）完全可以满足东、西区及超市的需求，本次改造东区影院和东区办公维持原空调系统不变。原东区冷站群控系统基本瘫痪，本次改造同时梳理了控制策略，并对群控系统进行了升级改造。

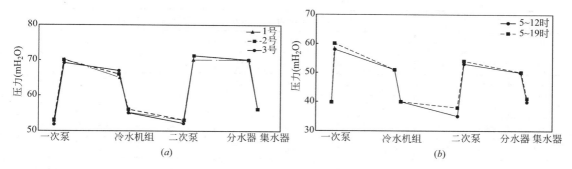

图3-71　东、西区冷水系统压力分布图

（a）东区冷站改造前；（b）西区冷站改造前

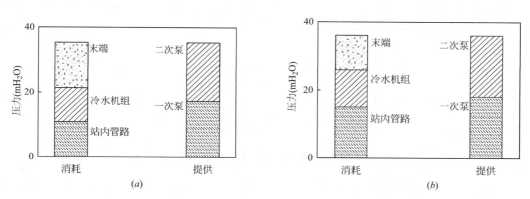

图3-72　东、西区冷水系统压降分布

（a）东区冷站压力分配；（b）西区冷站压力分配

1. 制冷系统合并

经评估，原有东区冷站供应东区商业的4台900RT冷水机组，可以满足东、西区商业及西区超市的供冷需求，故需要通过连通管道连接原西区机房，同时考虑到机组运行年限较长，机组效率降低，后续可能出现故障等因素。原西区机房3中供应西区商业的1台450RT冷水机组作为备用冷源。运行过程中，以东区机房1中4台900RT的冷水机组为主冷源，西区机房1台450 RT主机移到东区冷站，共同为东、西区商业以及西区超市供冷。西区冷站主机、水泵等拆除，只保留分集水器，冷站功能作为仓储使用。

需要说明的是，原西区机房3的商业制冷系统采用3台450 RT离心式冷水机组，仅需要使用其中1台作为备用冷源，其东区冷却塔不再进行改造。2台主机可进行资产变卖。对制冷机房进行改造，作仓储使用，可增加后续经济收益。原西区用于超市制冷机房，其位于屋顶的冷却塔供西区冰场制冰系统用，东区影院及东区办公空调系统不改变，改造后的系统图如图3-73所示。

改造部分的冷负荷为4394RT，装机容量为4500RT。在不同负荷率下，通过调整开启的冷水机组类型和数量，使得冷水机组COP较高。在合并后的空调冷源基础上，为实现较高的COP_{zh}，制冷设备运行策略如表3-25所示。

冷水机组控制策略　　　　　　　　　　　　　表 3-25

负荷率	900RT	900RT	900RT	900RT	450RT	450RT	冷水机组COP	COP_{zh}	小时占比
100%	98%	98%	98%	98%	98%	98%	5.67	3.92	2%
90%	88%	88%	88%	88%	88%	88%	6.21	4.02	
80%	98%	98%	98%	98%	off	off	5.90	4.03	9.0%
70%	85%	85%	85%	85%	off	off	6.88	4.25	9.9%
60%	98%	98%	98%	off	off	off	5.90	3.95	13.1%
50%	81%	81%	81%	off	off	off	6.88	4.07	15.5%
40%	98%	98%	off	off	off	off	5.90	3.91	19.6%
30%	73%	73%	off	off	off	off	7.14	4.14	21.5%
20%	98%	off	off	off	off	off	5.90	3.69	6.5%
10%	49%	off	off	off	off	off	5.50	3.24	2.8%

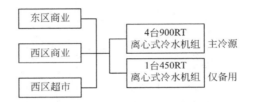

图 3-73　东西区商业及西区超市冷源合并改造方案

不同负荷率下的小时占比及其对应的冷水机组COP和冷站综合性能系数COP_{zh}如图3-74所示。与图3-68相比，改造前冷水机组COP为4.8 ~ 6.2，改造后冷水机组COP可提高15.5 %；改造前冷站综合效率为2.6 ~ 3.2，改造后冷站综合效率可提高35.5 %。

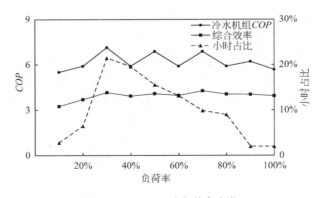

图 3-74　COP随负荷率变化

2. 水系统改造

对于原有冷水系统，东区一次泵额定扬程18mH$_2$O，实际运行中，扬程为10 ~ 13mH$_2$O，水泵效率约55%；二次泵额定扬程33mH$_2$O，实际运行中，扬程为10 ~ 16mH$_2$O，水泵效率约40%。西区一次泵额定扬程为18mH$_2$O，实际运行中，扬程为14 ~ 20mH$_2$O，二次泵额定扬程为30mH$_2$O，实际运行中，扬程为16 ~ 20mH$_2$O。因此，原有冷水泵额定扬程远大于实际压降，水泵效率低。

改造后的冷水系统如图3-75所示，东区末端压差和西区末端压差基本一致，约为10mH₂O。在保证东区冷站至西区冷站管路走向合理的情况下，可将水系统改为一次泵冷水系统。经计算，水系统总阻力东区为47.7mH₂O，西区为43.9mH₂O，考虑安全余量，则按照东、西区水系统总阻力分别为52.47mH₂O与48.29mH₂O选择水泵。最终选定额定扬程为51mH₂O，流量为544m³/h的四台变频水泵并联运行，额定工况下水泵效率达82.5%。

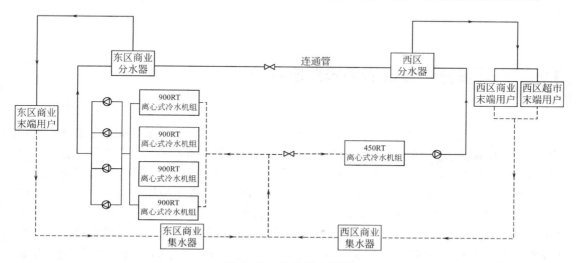

图3-75 改造后水系统

3. 节能效果分析

制冷系统改造前，冷站整体能效约为3.1，供冷季冷站耗电量约为251.59万kWh；改造后，冷站整体能效可提高至4.0，供冷季冷站耗电量约为201.27万kWh。单个供冷季的节能量约为50.32万kWh，按照平均电价1.1元/kWh计算，可节约运行费用55.35万元。若综合考虑节省的人工、场地、设备维护及闲置设备变卖等因素，可带来更高的经济效益。

改造后的冷水系统4台冷水泵功率为110kW，与东区原一次泵和二次泵功率之和（112kW）相当，故认为冷站合并后的冷水泵耗电与现有东区冷站冷水泵耗电相差不大。东西区冷站合并后，使用一次泵系统，西区作为备用冷源，故节约了西区冷站冷水泵耗电量。

综上所述，单个供冷季共节约冷水机组运行费用55.35万元。改造投入约200万元，静态回收期约为3.6年。

3.8.4 结语

对某大型商业建筑空调系统的实际运行性能进行测试，发现其存在冷水机组容量过大、水系统设计不合理等问题，导致该空调系统综合效率低、水系统输配系数低。针对以上问题对该建筑东、西区商业及西区超市空调系统进行优化改造。主要结论如下：

（1）原空调系统冷水机组额定制冷量远大于实际冷负荷需求，导致冷水机组负荷率较低，大部分时间负荷率低于70%。通过合并制冷系统，可实现冷水机组数量的减少和负载率的提升。改造后，该商业建筑制冷系统的冷水机组COP可提高15.5%，冷站综合效率可提高35.5%。

（2）原空调系统水系统采用二级泵系统，水泵额定扬程远大于实际扬程需求，导致水泵输配系数低。通过将原有二级泵系统改为一级泵系统并选择变频水泵，实现水泵运行效率和冷水系统输配系数的提高。

（3）单个供冷季，冷水机组节约能量约为34.4万kWh，按照平均电价1.1元/kWh计算，单个供冷季共节约运行费用55.35万元。改造投入约200万元，静态回收期约为3.6年。

3.9 "广开贤路"浅谈绿色减碳技术路径

2020年9月22日，国家主席习近平在第七十五届联合国大会一般性辩论上发表重要讲话，提出中国将提高国家自主贡献力度，采取更加有力的政策和措施，二氧化碳排放力争于2030年前达到峰值，努力争取2060年前实现碳中和。2020年12月12日，国家主席习近平在气候雄心峰会上通过视频发表重要讲话，进一步提出，到2030年，中国单位国内生产总值二氧化碳排放将比2005年下降65%以上，非化石能源占一次能源消费比重将达到25%左右，森林蓄积量将比2005年增加60亿m^3，风电、太阳能发电总装机容量将达到12亿kW以上。2021年10月，国务院印发《2030年前碳达峰行动方案》，提出加快提升建筑能效水平，加快更新建筑节能、市政基础设置等标准，提高节能降碳要求。加强适用于不同气候区、不同建筑类型的节能低碳技术研发和推广，推动超低能耗建筑、低碳建筑规模化发展。

目前我国城乡约有600亿m^2各种类型建筑，根据《中国建筑节能年度发展研究报告2021》中的模型计算，我国建筑运行过程能源消耗导致的二氧化碳排放量约为22亿t，其中直接碳排放约占29%，电力相关间接碳排放约占50%，热力相关间接碳排放约占21%。其中，我国建筑中空调系统运行能耗导致的二氧化碳排放量约为9.9亿t。此外，空调系统中所采用的氢氟烃、氢氟氯烃类制冷工质也属于《京都议定书》中规定的温室气体。我国家用空调和商用空调所使用的HFCs温室气体排放量为1.0亿~1.5亿t二氧化碳当量。综上两部分，我国建筑中空调系统运行导致的温室气体排放量为11.0亿~11.5亿tCO_2，占建筑运行能源消耗导致的二氧化碳排放的52.2%。

从减少建筑运行碳排放的角度出发，机电系统应该采取更加低碳高效的技术手段。

3.9.1 暖通空调专业减碳技术路径

1. 建筑空调冷热源及末端方案的选择

建筑冷热源系统可采用方案较多，需要结合项目所在地的能源条件，因地制宜选择冷热源方案。

（1）冷源

常用的冷源有：电制冷机组、空气源热泵机组、地源热泵机组、水源热泵机组、污水源热泵机组等。

各类制冷系统在7℃/12℃制冷工况碳排放强度如表3-26所示。

各类制冷系统在 7℃/12℃制冷工况的碳排放强度　　　　表 3-26

类型	电制冷螺杆机组	磁悬浮电制冷	风冷涡旋空气源热泵	地源热泵	污水源热泵
主机能效 （COP）	5.78	6.40	3.34	7.90	6.50
碳排放强度/ kgCO₂·kWh⁻¹	0.14	0.12	0.23	0.10	0.12
优点	造价低，能效适中	能效高	搭配灵活，可制冷制热	能效高、可制冷制热	能效高、可制冷制热
缺点	部分负荷效率低	造价偏高	设备效率偏低	造价高	需要水源条件

注：1. 螺杆机组和磁悬浮电制冷性能系数参考厂家选取常规数值。
　　2. 电网平均碳排放因子按照华北区域电网0.7825kg/kWh计算，引自衣健光《碳约束下空调冷热源系统选择
　　　 思路与探讨》。
　　3. 地源污水源热泵等机组性能参数选用磁悬浮热泵机组。

通过以上对比分析可见：1）民用建筑常用的冷源侧，地源热泵系统在同等设备条件下，系统效率最高，碳排放强度最低，应优先选择。2）污水源热泵系统效率较高，受水源水温影响较大，存在不确定因素，在好的水源条件下，可优先选用。3）常规水冷制冷机组情况下，磁悬浮电制冷机组综合效率大于其他制冷设备，应优先选用。4）风冷空气源热泵机组，相对效率较低，但系统灵活，可制冷制热，在小规模项目，并且冷热源均需考虑的情况下，可适当采用。

如继续提高制冷系统的能效，可以选择采用改善末端形式，比如采用高温冷水末端，主要形式有辐射供冷供热、冷梁、干式风机盘管等，此时冷水水温可提高到16℃，可极大地提高制冷机组的效率。

各类制冷系统在供水温度为16℃条件下的碳排放强度如表3-27所示。

各类制冷系统在供水温度为 16℃条件下的碳排放强度　　　　表 3-27

类型	电制冷螺杆机组	磁悬浮电制冷	风冷涡旋空气源热泵	地源热泵	污水源热泵
主机能效（COP）	7.70	8.66	4.00	11.00	9.10
碳排放强度/ kgCO₂·kWh⁻¹	0.10	0.09	0.20	0.07	0.09
效率提高	33.22%	35.31%	19.76%	39.24%	40.00%
碳排放强度降低	24.94%	26.10%	16.50%	28.18%	28.57%

注：条件同表3-26。

对比可见，各系统效率都有显著提高，碳排放有不同程度的降低。对于低碳空调系统，应尽可能提高系统运行冷水温度，每提高1℃，效率提高3%～5%。因提高冷水水温而降低的除湿能力，需要另设除湿系统，这里不多阐述。

（2）热源

常用的热源有：燃气锅炉、空气源热泵、地源热泵机组、水源热泵机组、污水源热泵机组、电锅炉蓄热，中深层供热等。

各类制热系统在45℃/40℃制热工况碳排放强度如表3-28所示。

各类制热系统在 45℃/40℃制热工况碳排放强度 表 3-28

类型	燃气锅炉	中深层供热	风冷涡旋空气源热泵	地源热泵	污水源热泵	电锅炉蓄热
主机能效（COP）	—	6.90	2.85	5.10	5.10	0.95
碳排放强度/$kgCO_2 \cdot kWh^{-1}$	0.20	0.11	0.27	0.15	0.15	0.82
优点	造价低，使用方便	效率高	搭配灵活，可制冷制热	能效高、可制冷制热	能效高、可制冷制热	可实现冷热双蓄，更节省费用，利用谷电蓄热，有利调节电网负荷
缺点	运行费用高	初投资高	设备效率偏低	造价高	需要水源条件	运行管理较复杂

注：1. 螺杆机组和磁悬浮机组性能系数参考厂家选取常规数值。
2. 电网平均碳排放因子按照华北区域电网0.7825kg/kWh计算，引自衣健光《碳约束下空调冷热源系统选择思路与探讨》。
3. 地源污水源热泵等机组性能参数选用磁悬浮热泵机组。

对比可见，市政热源基本以燃煤为主，其碳排放强度过高，政府层面可进行市政热源的改造。因各地区政策不同，地区差异较大，经济较发达地区，市政供热已经不允许作为公共建筑热源，市政供热主要作为居民供热，以保障民生为主。对于常规民用建筑在无市政热源的情况下，应该优先选择低碳的热源条件：

1）对于燃气热源系统，从碳排放的角度考虑，对比部分清洁能源，依然存在一定的优势，只是燃气能源价格受外部因素影响较大，并且大部分地区燃气能源价格较高，因此对于缺气少气地区并不把燃气热源作为首选热源使用。

2）中深层供热系统能效最高，碳排放强度最低，是理想的供热方案。但目前的技术条件下，打井成本较高，在经济条件允许的情况下，可以作为首选。

3）地源热泵和污水源热泵同样具有较高的效率和较低的碳排放强度，在场地允许的情况下，优先选择。

4）空气源热泵因布置灵活，可制冷制热，受到大部分项目的欢迎，但其碳排放强度相对较高，应尽量选择高效的空气源热泵。

5）电锅炉蓄热方案，因采用谷电蓄热，夏季也可以蓄冷，有一定的经济性，从煤电碳排放的角度看，并不是一种低碳能源方案，但电力的使用符合国家的大政方针，随着我国核电、风电、光电、水电等绿色电力的增多，末端电锅炉蓄热方案可以完全采用绿色电力。要实现完的绿色电力周期较长，因此电锅炉蓄热方案从降低碳排量的角度出发，优先采用热泵蓄热方案+电锅炉蓄热作为补充，减少全部用电供热的比例，更符合绿色低碳的发展。

综上，对于不同的冷热源系统，效率各不相同，各类方案各有优缺点，在系统选择上并不是最高效的系统就适合所有项目，需要根据项目的实际情况，结合当地的能源特点，在外部条件允许的情况下，优先选择低碳高效的冷热源方案。

2. 冷凝热回收机组的选用

空调制冷设备在运行过程中的冷凝热往往都被直接排放掉了,应根据实际项目特点,挖掘夏季用热工况,比如生活热水补水预热、空调系统再热、过渡季节内外区供冷供热,都可以将冷凝热使用起来,有效提高空调系统的运行效率。

热回收电制冷螺杆机组,在同时供冷供热工况下,机组效率可达到9.19,相对机组在单制冷工况下的机组效率(5.17),提高约77.8%,碳排放强度降低43.8%。

全热回收空气源热泵机组,在同时供冷供热工况下,机组效率可达到7.87,相对机组在单制冷工况下的机组效率(3.34),提高约135.6%,碳排放强度降低57.6%。表3-29为热回收机组碳排放强度。

热回收机组碳排放强度 表3-29

类型	电制冷螺杆机组	热回收螺杆机	能效提升/碳强度降低	风冷涡旋空气源热泵	全热回收风冷涡旋空气源热泵	能效提升/碳强度降低
主机能效(COP)	5.17	9.19	77.8%	3.34	7.87	135.6%
碳排放强度/$kgCO_2 \cdot kWh^{-1}$	0.15	0.09	43.8%	0.23	0.10	57.6%

注:1. 螺杆机组和空气源热泵参考某厂家选型。

2. 电网平均碳排放因子按照0.7825kg/kWh计算,引自衣健光《碳约束下空调冷热源系统选择思路与探讨》。

3. 新风热回收技术

在末端,风系统热回收系统种类较多,按照《公共建筑节能设计标准》GB 50189-2015的要求,宜设置热回收装置,设置相关热回收装置,可有效降低新风系统负荷,降低末端碳排放强度。以下对常用的热回收技术做简要介绍。

(1)板翅式热回收

板翅式热回收与板式热回收不同,是全热回收装置,通常采用经特殊加工的纸或膜,热回收效率可在50%～70%,常用于小风量机组。

(2)转轮热回收

采用经过特殊加工的纸、喷涂氯化锂的金属或非金属膜等加工成蜂窝状转轮,通过传动装置使转轮不停地低速旋转,并让进、排风分别流过转轮的上、下半部,进行全热交换。转轮热回收效率可在50%～85%,常用于大风量机组。

(3)液体循环式热回收

对于医疗、工业等污物排风的热回收常采用液体循环式,在排风和新风机组内设置换热盘管,通过管道将两组换热器相连,管路中设置水泵,管内注满乙二醇溶液,通过水泵使溶液循环,回收排风热量。该系统回收效率较低,常规在55%～65%之间。其优点是完全隔绝排风中的污染物,避免交叉感染。

3.9.2 电气专业减碳技术路径

(1)光储直柔:万物皆用电,电力是动力是源泉,自然也是碳排放的大户,如何将建筑配电系统零碳化,清华大学江亿院士给出了最好的答案:光储直柔(图3-76)。

"光"指的是建筑屋顶光伏发电,通过直流到直流的变流器接入375V直流母线。

"储"是指由直流母线通过DC/DC连接、布置于一处或多处的蓄电池组，进行充放电。

"直"是指直流供电，包括动力和充电设备的直流供电。

"柔"是指对电网来说，从电网的取电量可以根据电网的供需关系在较大范围内调节，用电系统成为电网的柔性负载。

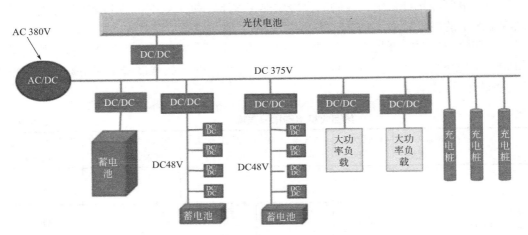

图3-76 建筑"光储直柔"配电系统图

"光储直柔"系统能够有效解决光伏发电与末端用电及电网负荷三者匹配的关系，通过"光储直柔"将光电真正高效利用起来，减少"弃光"现象，是解决建筑用电低碳化的有效手段。

（2）采用高效高标准照明光源，注意生理照明需求。

（3）采用节能电梯、自动扶梯，满足绿色建筑要求。

（4）设置能耗监测管理和智慧楼宇控制系统。

（5）打造建筑智慧运维系统，实现环境、能耗、人员等相关联，通过海量数据挖掘，结合BIM、移动端等具提升运维水平。

（6）打造新型结构与环境控制系统一体化，实现低碳、健康的室内环境，实现空间可变、环境可调，以及通风系统和建筑的最大关联和全面改革。

3.9.3 给水排水专业减碳技术路径

给水排水相对用能较少，主要是水源输送用能和生活热水用能，其中生活热水用能的主要体现在源侧。给水排水专业主要降碳措施如下：

（1）充分利用市政水压，减少二次提升的范围，可有效降低输送能耗。

（2）使用变频循环水泵，根据需求提供相应的供水量，降低电耗。

（3）生活热水的主要能耗在于热源，热源的选择是能耗的关键。生活热水的热源主要是燃气锅炉和空气源热泵，其效率及碳排放量已经在暖通空调专业中有对比，这里不再赘述。生活热水目前高效低碳低的选择方式是采用太阳能+空气源热泵组合方式。

（4）全部采用2级节水器具，室外节水灌溉。

（5）优先利用非传统水源，雨水回收再生利用，用于室外道路及汽车清洗、景观用水及冷却塔补水。

（6）设置用水计量系统。

以上主要是从能源效率及碳排放的角度，分析建筑机电专业的减碳路径，能源方案不存在"一招鲜吃遍天"的情况，每一种方案都有其存在的必要性。因此，需要根据项目本身的特点"因地制宜"，再结合绿色低碳、经济合理、适用宜用的原则选择能源方案。

3.10　"卓有成效"项目案例——地铁制冷高效机房系统优化

3.10.1　引言

随着城市轨道交通的迅速发展，据数据统计，地铁运营支出中约25%为电费支出，其中电费支出中约35%为轨道交通车站通风空调系统能耗费用支出，而制冷机房能耗占整个车站通风空调系统的60%～80%。目前我国在常规智能控制系统水平下运行的轨道交通通风空调制冷机房全年综合能效水平普遍在2.5～3.5之间。国际认可的制冷机房全年运行能效高于5.0属于"卓越"水平，广东省于2017年发布了《集中空调制冷机房系统能效监测及评价标准》，要求"一级"水平的制冷机房，全年平均运行能效应高于5.0。因此，降低系统总能耗是对地铁运行提出的新要求。

要提高空调系统综合能效，首先在设备选型上，通过多方面比较，选择效率最优的组合，并建立节能控制系统结构模型，分析该模型的主要功能及控制策略。为此，研究和设计科学合理的高效机房设备控制策略，是确保水系统设备安全协同运行的关键，是实现中央空调系统发挥最优制冷效果的基础。

3.10.2　项目概况

本节结合深圳地铁14号线某车站空调系统高效制冷机房的建造实例，详细阐述了如何利用工具实现制冷机房的装配式施工，以保证制冷系统高效节能运行。该站为地下2层结构，空调面积约6000m²，制冷机房设置在站厅层A端，输配管网采用异程式系统，设计负荷1550kW，共设置2台制冷量为809kW/台的冷水机组，2台冷水泵，2台冷却水泵。

3.10.3　制冷空调系统设备优化

1. 主机优化选型

原设计主机选用水冷螺杆式冷水机组，制冷量为776kW，制冷功率为134kW，主机占地面积为9.31m²，负载量调节范围为25%～100%，主机采用单台压缩机，噪声为85dB，需要定期更换润滑油，相对维护时间周期长。

与原设计常规机型相比，磁悬浮机组具有明显的优势：首先在同等制冷量下，磁悬浮机组具有更高的制冷能效。设备占地面积小，土建建设成本低。其次，磁悬浮机组在特定工况2%负荷下仍可运行，在常规工况下可实现10%～100%范围内负荷调节，可以满足深圳地区冬天或过渡季节使用主机制冷。此外，磁悬浮机组采用双压缩机设置，且冷媒系统为独立系统。磁悬浮机组振动比较小，噪声小；采用无油技术，在日常维护保养时，不需要更换油泵、油滤芯、润滑油；大大缩短维护使用的时间，提升维护效率，降低维护材料成本与维护人员成本。具体如表3-30及图3-77所示。

冷水机组原设计与深化设计对照表

表3-30

项目	原设计	深化设计
设备类型	水冷螺杆式冷水机组	水冷磁悬浮机组
制冷量/kW	776	809
制冷功率/kW	134	134.5
COP	5.79（设计工况下）	6.01（设计工况下）
设备外形尺寸/mm	5200 × 1790 × 2280	4385 × 1370 × 2450
占地面积/m²	9.31	6
拔管空间/mm	4800	2200
调节范围	25% ~ 100%	2% ~ 100%
设备备用情况	采用单台压缩机，只能与设备之间备用	采用两台压缩机，两台压缩机为独立冷媒系统，可实现压缩机互为备用和设备维护备用
噪声/dB（A）	85	76
维保	需要定期更换润滑油，维护保养使用时间长	无需更换润滑油，维护保养使用时间少

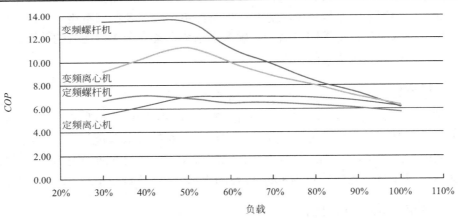

图3-77 磁悬浮与常规冷水机组 COP 对比

2. 水泵优化选型

通过系统设计优化，原设计冷水泵扬程为30mH₂O，深化设计后，扬程为23.9mH₂O，冷却水泵的扬程从30mH₂O减为了28.8mH₂O。表3-31为冷水泵和冷却水泵原设计与深化设计对照表。

冷水泵和冷却水泵原设计与深化设计对照表

表3-31

设备名称	项目	原设计	深化设计
冷水泵	流量/m³·h⁻¹	105.26	109.34
	扬程/m	30	23.9

续表

设备名称	项目	原设计	深化设计
冷水泵	功率/kW	15	15
冷却水泵	流量/$m^3 \cdot h^{-1}$	171.47	178.42
	扬程/m	30	28.8
	功率/kW	22	22

注：扬程的降低主要通过采取低水阻磁悬浮机组（$5mH_2O$以下）、优化系统管路和阀门的措施实现。

3. 冷却塔优化选型

为提高风机的效率，保证其在低频率、低转速变频运行时仍然达到所需风量，风机由普通6叶片高效型风机升级为8叶片低速防失压防回流高静压超低噪声风机，普通6叶片和8叶片冷却塔风机实物如图3-78所示。

图3-78 普通6叶片和8叶片冷却塔风机实物图

由传统的电机+皮带减速机平稳低噪声的传动方式升级为有低能耗高转换效率直联动力系统技术的高效永磁同步变频电机直联驱动系统；使系统效率提高10%～15%，增加系统运行安全性和可靠性，同时省去皮带更换和减速机维护，大大降低售后维护成本。

由简单的变流量喷头布水系统升级为有基于分区随流量变化自动增加喷头的高效布水技术的20%～120%无级变流量布水系统。如图3-79及表3-32所示。

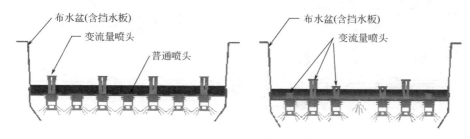

图3-79 布水系统优化升级

冷却塔原设计与深化设计对照表 表3-32

项目	原设计	深化设计
冷却水量/$m^3 \cdot h^{-1}$	280	280

续表

项目	原设计	深化设计
设备高度/m	4.4	4.4
外形尺寸/mm	3220×4665×4400	2880×4665×4400
设备体积/m³	66.09	59.11
风机驱动形式	皮带连接	永磁同步高扭矩直驱电机
电机形式	变频电机	永磁同步电机
风机	普通6叶片	8叶片低速防失压防回流高静压超低噪声风机
布水系统喷头	普通变流量喷头	20%～120%无级变流量喷头
进水管路	外设管道顶部进水（施工单位负责）	PVC内部管路防虹吸水力平衡内进水

4. 制冷空调系统管路、阀门优化

通过优化机房设备布置、管线排布，实现提升机房整体能效、减少机房建筑面积、降低初投资成本。

（1）设备布置优化：利用1～2个斜管弯头，将所有的设备按系统、类型分类，保证水系统在同一垂直立面上，考虑设备运维、人员设备搬运通道，图3-80～图3-82分别为优化前后机房平面布置、优化前后BIM机房平面布置及优化前后流量计布置。

（2）管路系统优化：以冷水主管位置定分、集水器位置，减少分、集水与主管之间的短管与弯头设计；利用捕球器90°接管方式，可减少冷却水90°弯头；利用设备接口在同一垂直里面上，减少弯管与短管的数量；利用管路合理走位，避免管路上下左右交叉导致管路上下左右翻避免增加短管、弯头。调整辅助管路（旁通管、清洗管），保证系统除了必需的三通外，不再增加其他弯头和管路。优化后三通、弯头可分别减少66%和50%的阻力损失。

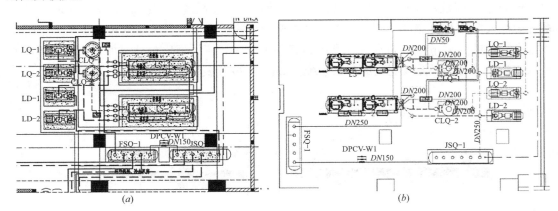

图3-80 优化前后机房平面布置

（a）优化前；（b）优化后

（3）流量计位置优化：因设备布置，导致直管段距离比较短，满足不了流量计安装位置要求，易造成水流量不稳定，易受干扰，加量容易出现误差，长时间积累容易导致计量与实际偏差巨大。调整设备位置，增加直管段的长度，满足流量计安装技术要求，使计量

更精准。

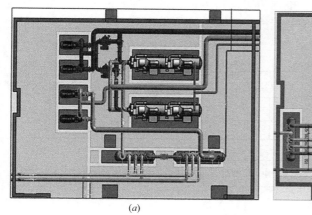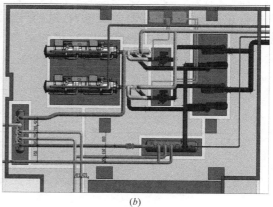

图 3-81 优化前后 BIM 机房平面布置

（a）优化前；（b）优化后

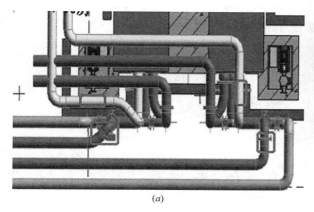

图 3-82 优化前后流量计布置

（a）优化前；（b）优化后

5. 制冷空调系统智能环控技术应用

（1）智能环控系统控制范围

智能环控控制系统（Intelligent Environmental Control System，IECS）包含空调水系统、空调大系统、空调小系统的配电及智能监控，主要包括集中控制柜、节能控制柜（含水系统节能控制柜、大系统节能控制柜、小系统节能控制柜）、数据采集柜、智能手操箱、各类传感器（风系统温湿度传感器、风系统风量传感器、CO_2 浓度传感器、$PM_{2.5}$ 检测仪、室外气象监测站、水系统温度传感器、电磁流量传感器、水系统压力传感器等）、集中显示屏及配套电脑；动态平衡电动调节阀、压差旁通装置、温度巡检仪、云盒子等设备。系统网络结构示意图如图 3-83 所示。

（2）智能环控系统控制策略

1）负荷预测控制策略

中央空调水系统存在惯性大、滞后的特点，采用负荷预测技术，提前补偿冷量，在提高舒适性的同时，进一步降低能源消耗。根据历史运行数据，采用神经网络自学习算法建立负荷预测模型或采用服务质量表，超前补偿或调整室内环境设定值，对系统进行超前控制。负荷预测控制基本思路如图3-84所示。

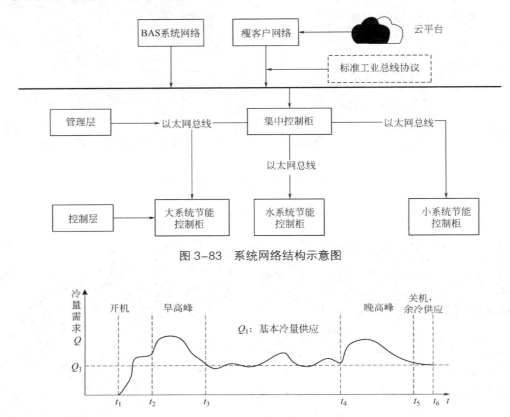

图 3-83　系统网络结构示意图

图 3-84　负荷预测基本思路

综合负荷影响因素包括：室内人员负荷、室外干球温度、室外相对湿度、焓值、t时刻冷负荷，并结合冷量需求，采用三层BP神经网络来解决中央空调系统这一非线性、大滞后的网络结构。

根据实际BP网络的特性及输入层参数的不确定性，为避免权值与阀值的较大误差，采用贝叶斯正则优化算法改进BP神经网络，改进后增加了网络的泛化能力。同时，为保证每次的预测精度，采用GA遗传算法寻找最优解，保证预测精度。基于GA-BP神经算法的负荷预测模型，在经过遗传算法的迭代后，能得到最优解，主动寻求当前及下一时刻系统的最优温差，以实现中央空调系统的节能运行。但随着设备运行年限的增加，设备效率会有所降低，以及或是出现极端天气，如夏季高温期较往年同期温度增加等一系列影响，负荷预测模型便受到了外界干扰。为解决负荷预测模型的扰动问题，遗传算法的AI自学习显得尤为重要。

遗传算法的AI自学习是将现系统运行数据增加到种群中。今天的运行数据是明天遗传算法种群迭代的因子；今年的数据是明年同期遗传算法种群的迭代因子。AI自学习对于历史数据进行大数据分析，剔除不合理因素，然后将历史数据作为新的种群因子，开始进行遗传算法迭代。迭代的数值持续与已有历史数据比较，再进入迭代，进行循环；同时，保有种群中遗传变异的数值，经过判定筛选出有效的变异，最终求得最优解。AI自学习GA遗传算法如图3-85所示。

2）主机控制策略

对空调主机的节能控制，根据空调负荷的变化，选择最佳机组组合投运，确保主机在较高的效率区持续运行。

节能系统可以根据末端当前所需的总负荷，参照制冷主机的历史效率，选择最佳的制冷机组组合投运，确保运行主机群在较高的效率区间持续运行。作为中央空调系统控制中最复杂的控制内容之一，机组群控涉及系统的加载和减载机制、设备故障检测和恢复机制及设备的连锁和轮询机制等内容。

三维曲面图通过耦合计算，可计算出在某一工况下是优先进行冷水变流量控制有助于提高COP，还是优先进行冷却水变流量控制有助于提高COP。

三维曲面是冷水工况、冷却水工况与主机COP的耦合，同时受工程所在地气象条件的影响，三维曲面是动态变化的，COP三维曲面如图3-86所示。

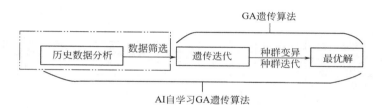

图3-85 AI自学习GA遗传算法

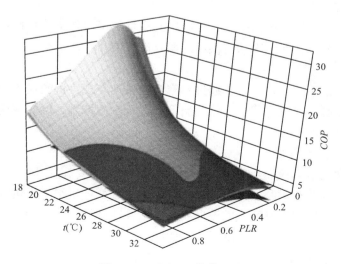

图3-86 COP三维曲面图

3）冷水泵控制策略

冷水侧的控制目标是在满足末端保持舒适性要求的冷负荷需求的情况下，最大限度地提高冷水机组运行效率和降低水泵运行电耗，从而达到最大的节能效果。因此，冷水泵输送的冷负荷要与末端负荷需求相适应，同时通过调整冷水机组设定温度及加（减）机（群控）实现机组能效最优。冷水侧系统专家控制策略基本思路图3-87所示。

图 3-87 冷水侧系统专家控制策略基本思路

4）冷却水泵控制策略

冷却水侧的控制目标是在既定的外界环境和冷负荷需求条件下，使得冷却水侧系统运行达到最佳的匹配，综合运行能效最高，而运行能耗最低。根据历史运行数据，采用神经网络自学习算法建立冷却水侧系统优化模型，计算并推理冷却水最佳供水温度，并控制冷却水流量和冷却塔风量，使系统能效比最佳。冷却水系统节能控制基本思路如图3-88所示。

图 3-88 冷却水系统节能控制基本思路

5）冷却塔控制策略

节能系统可以根据室外湿球温度，参照制冷主机的历史效率，选择最佳的制冷机组组合投运，在部分负荷下，调节冷却塔供回水温差设定值，确保运行主机群在较高的效率区间持续运行。

由控制程序采集系统运行参数，通过专家算法自动实现主机的加（减）机优选控制和相应阀门的开关控制，以及冷却塔的轮序启停和运行频率控制，以实现机房无人值守，并使整个系统高效运行。

6）风-水联调控制策略

系统根据车站两端回风温度、回风相对湿度、CO_2浓度、送风风量、送风温度、送风相对湿度、室外温度及相对湿度等参数，调节两端空气处理机组送风机的运行频率，以调节其送风量，使车站两端空调区域的温度及热舒适性达到均衡。而回、排风机则跟随送风机频率运行，使车站内保持必要的微正压。如图3-89所示。

7）风-水联动控制策略

风-水联动控制的总体架构采用"全局控制"+"局部控制"的设计思路，在确保子系统正常运作及节能控制闭环控制可靠稳定的前提下，在风-水联动中涉及各主要能耗设备及系统的能耗全局层面，依靠积累的越来越多的"历史数据"及"实时数据"进行模型训练，自学习及相关模糊控制参数权重迭代和调整。如图 3-90 所示，在全局控制层面，不仅负责空调水系统和大系统的各类传感器数据采集、各项关键二次变量的计算，还负责对空调水系统和风系统模糊控制输出及节能效果评估分析，以及风 – 水联动模糊控制关键因素的迭代、优化、控制，并基于历史数据和控制效果进行自学习和模糊控制的规则库及各子系统的输入参数的量化权重进行迭代更新，从而提高中央空调系统水系统和风系统整体能效水平。如图 3-90 所示，风 – 水联动控制的目标函数即为使得全年整体空调能耗趋近最小值（即近优）。

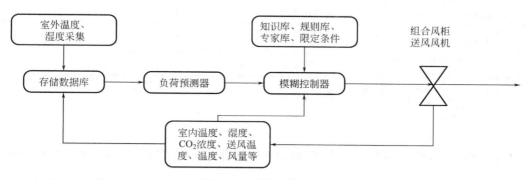

图 3-89　风系统模糊控制原理图

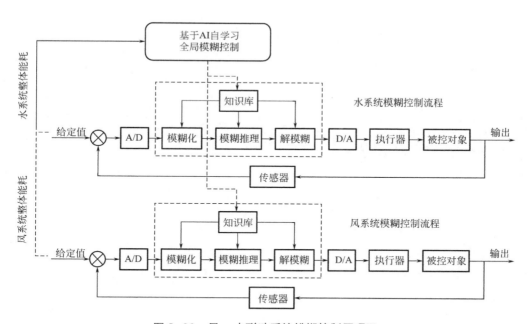

图 3-90　风 – 水联动系统模糊控制原理图

3.10.4　机房效率成果

超高效示范站的机房瞬时 COP 可达 7.3，预计全年机房 COP 将达到 6.3 以上；高效制冷机房瞬时 COP 可达 6.8，预计全年机房 COP 将达到 5.4 以上。

3.10.5　采用高效机房前后经济性对比

表3-33为制冷空调系统优化前后经济性对比表。

制冷空调系统优化前后经济性对比表

表 3-33

序号	项目内容	费用情况	经济成本 / 万元	备注
1	高效机房建设成本增加，主要采用高能效设备、机房BIM深化和装配式机房	高效设备增加20万元、BIM及装配式机房增加5万元、高效群控系统10万元	35	
2	系统维护成本，采用无油技术，制冷系统维护成本降低	通过减少油路系统的维护保养，一台设备预计可节省0.8万元，一个标准站两台设备	-1.6	
3	采用高效机房系统，通过高效群控系统，保障系统处于高效运行，满足全年制冷COP在5.4以上，在实测阶段COP可达6.8	全年制冷运行预计节能率在30%以上，全年节省用电约50万kWh，预计节省30万元运行费用	-30	
4	回收期，通过增加投入的成本与节省的运行成本对比，预计1.1年即可回收投资成本，每年可节省31.6万元运行费用			

第4章 浅谈能源管控

4.1 "克勤克俭"浅谈商业能源管控

4.1.1 为什么机电管控应全过程管理

（1）绿色、低碳为当今社会普遍关心的问题，持续、健康发展已成为大家的共识。

商业建筑作为服务水平高、用能设备众多的公共建筑，其单位面积能耗强度多在每年 $100 \sim 200 \mathrm{kWh/m^2}$ 之间，为住宅能耗的 $10 \sim 20$ 倍。研究表明，一方面，我国公共建筑的能耗水平近年来呈现增长趋势，和发达国家同类建筑的能耗水平的差距在不断缩小；另一方面，我国的商业地产处于快速发展阶段，建筑规模仍在迅速增长。近年来，绿色建筑和低碳的概念在商业地产中逐渐发展，建筑能源管理系统作为建筑绿色、低碳运行管理的重要工具，得到了广泛应用。开展节能减排工作，不仅能够降低能耗费用开支、提升服务品质，还有助于提升品牌形象、管理水平和综合竞争能力。作为商业建筑的建设者，应贯彻落实国家各类政策，考虑节约资源、保护环境，同时又要为社会提供一个休闲、舒适、安全的购物、办公、居住环境。

商业建筑业态多样、功能复杂、人员密集，是民用建筑的用能、耗能大户，而其机电系统复杂、多变，初投资成本高，建设者在建设功能方面既要满足安全、舒适的要求，又要控制后期设备运营、维护成本。因此，设计、施工阶段应合理选择能源系统，避免无效投资，保证系统正常运行，后续又能满足持续经营需求，满足物业节能便利的运维要求。所以需要加强其全过程的管控。

（2）能源管控是一项跨部门、跨专业，全方位、全过程持续管理的工作。

能源管控专业性强、周期长、工作繁杂又艰巨；既需满足安全、功能要求，又需充分考虑运营及成本因素。它环环相扣，如果某个环节管控不当，整个系统便易出问题。因此，需加强能源的全过程管控，其中可开发效益极高。

国内项目建设部门分工明确，保证了项目快速高效的开发，但机电系统是系统工程，涉及多专业、多部门，沟通不畅或者落地执行出现偏差，就会让系统出现问题。

调查发现商业项目中很多系统带病工作，或者处于瘫痪状态，能源管控更是无从谈起，或者通过简单断电等粗暴方式管理，或者被动式处理问题。

因此，笔者倡导机电管控应全过程管理，从建筑的生命周期看待问题，保证系统和能源建设合理。

随着人们环境保护意识的增强，以及能源问题的凸显，商业项目的竞争也越更加激烈，建设者开始意识到能源管控的重要性。而纵观国内还未有一家此方面的系统专业咨询单位，设计顾问或设计单位往往只停留在满足节能等相关法规要求，未能提供系统的能源方案及节能措施，施工调试不到位，运营管理人员认知偏弱，不了解系统，造成了很多无效的投资和能源的浪费。

因此，本节从建筑全生命周期看待能源管理，从全过程管理角度看待能源管控及智慧化管理。

4.1.2　设计阶段

设计阶段商业项目往往只考虑系统本身，能源方面设计往往被忽略，无人牵头统筹，造成了系统不合理或浪费。

设计前期应进行能源规划和市政调研，选择项目最好的能源方式。市政调研应充分了解当地绿色建筑方面的相关政策，清楚当地的电力、热力、自来水、燃气等能源方面的收费政策及要求。

项目系统设计中，需要对能源进行对比：是采用市政热源还是自建锅炉，是选择传统冷水机组还是选择磁悬浮机组。等，这些方面需要做充分的经济技术分析。

设计过程中还需研究幕墙、遮阳等围护结构维护方面的内容，采用先进的计算软件做好建筑的全年及逐日逐时能耗分析，做好CFD模拟计算，指导设计人员确定系统方案及设备选择。

设计过程中同时应关注节能措施及技术的运用，考虑数据的收集及应用，采用智慧平台实现物业运维和管理。

另外，设备计算和选择应考虑效率，应提出系统的管理策略及运用策略。

设计人员往往关注设计内容方面偏多，而忽略了机电系统在生命周期内系统要求，如主机群控系统、楼控系统、智能照明系统等，这些系统需要结合项目给出正确的设计参数、选型及运营要求，需要结合项目给出合理的界面，不能沿用固定的格式或界面。

例如，一个控制点位设置合理、控制及管理功能完备、交互界面清晰明确的制冷群控系统，将是商业项目节能高效运行的有效工具与技术保证。然而很多项目前期冷站群控系统完成情况并不理想，存在群控系统设计内容错漏多、系统设计要求不明、技术要求不清晰、系统验收缺标准等问题，势必造成系统不能有效帮助物业进行节能管理。

4.1.3　施工运营阶段

施工运营反馈和发现的问题，设计人员应及时总结，寻找原因，是否存在一定的不足或错误，如人员密度等参数的取值，应结合经验合理取值，否则会造成系统过大或者过小。

1.　施工调试阶段

目前，对机电工程定义和评价的角度在不断变化，其中，注重物业使用维护的需求以及注重机电系统实际运行效率和运营成本控制，将成为考量商业项目机电系统成功与否的重要标准。

前期项目的系统调试，还只停留在使系统基本运转起来，满足基本功能要求的阶段；

距离系统很好地适应不同工况的使用要求及充分匹配满足运营管理需要还有较大差距。

由于受到设计缺陷、工期、环境、施工质量、施工单位调试能力、物业公司衔接能力等内、外部因素的影响，目前商业项目机电综合调试工作仍或多或少存在问题，一定程度影响了项目的初期开业运营，更重要的是影响了系统设计工况的效果及长期能耗的控制。

希望从专业技术和管理角度不断完善，确定机电系统调试阶段工作的流程、逻辑顺序、组织能力和评价标准，进而提升商业项目的实现能力和竞争力。

2. 物业运营维护阶段

一方面因项目开业仓促，很多时候系统并没能很好地调试到位就投入了运营，无疑对运营带了很大困难；另一方面运营人员对系统缺乏必要的认识，不能全面了解机电系统，认知存在偏差，造成运营管理不科学。

购物中心的运营成本基本占整体运营成本的1/3，而管理的粗放势必造成能耗的浪费。通过调研发现，加强管理和采取一定的管控措施，能耗可降低10%左右。

3. 运维平台

当今是大数据时代，弱电智能化产品迭代迅速，技术更新日新月异，物联网、智慧设备已开始运用到项目管理中，平台的建设和应用也是百花齐放。

而在实践应用中也出现了各式各样的问题，一方面底层设计、施工不到位，造成系统架构复杂，数据收集困难，无法监控管理；另一方面平台设计、应用不够人性化，脱离物业运营实景应用，造成管理平台应用不能落地，数据无人分析和应用。

需要采用新的技术和管理方法保证能耗的建设及其智慧化管理，避免无效的投资，保证设计合理、调试到位及科学运行管理。

4.1.4　小结

通过调研发现，部分商业项目节能运行管理较为粗放，缺少必要的管理工具与手段。很多项目缺乏必要的数据采集或系统未能应用。这些问题导致现有系统无法满足能耗、能效管理的工作需求，更无法满足精细化运营管理的需求。

设计师及甲方专业人员前期要做好能源规划，中期应关注设计及施工落地，后期加强运营管理。通过全方位管理才能最终实现能源的管理，达到设计目标，在低碳道路上迈出踏踏实实的每一步。

4.2　"调研献策"浅谈市政能源调研

能源规划的合理性与否离不开市政调研的准确性和深度。市政能源调研主要包括供电、燃气和集中供热/供冷系统的技术要求，电力、燃气等配套收费标准及单价收费情况，是否有区域供冷或供热等。此外还需进行当地节能政策调研，包括对太阳能发电、地源热泵等节能项目的要求及节能补贴政策。在全面调研和评估的基础上，充分考虑能源可靠性、便捷性和经济性等因素，从而指导能源形式选择、能源计量系统、前期配套设施和锅炉房设计等，为机电系统的选择和设计提供基础数据和参考。

4.2.1　市政能源系统调研主要内容

市政能源系统调研一方面了解项目周边市政条件及当地政策情况；另一方面通过市政分析选择合理的能源形式。如对于集中供热系统，热源来源包括自建锅炉房（燃油或燃气）、市政热力和直燃机。其中，市政热力属于市政能源调研部分，需调研的内容包括：

（1）城市热网信息：1）管网的供热媒质种类是水还是蒸汽（蒸汽的压力以及冷凝水是否回收）；2）管网的一次侧供/回水（汽）温度；3）管网的一次侧供水压力，许用压差和管网一次侧许用流量；4）管网的热力引入点位置，接入点的标高以及管网的热力引入管管径；5）热力配套费和燃气配套费等。

（2）热费信息。热力收费一般有三种方式，即按面积收费、按热量收费、通断收费。相比按面积收费，后两种方式更有利于促进使用者行为节能。不同地区集中供热热费标准也不相同。

在市政条件调研的基础上进一步分析自建锅炉、市政热源、地源热泵等经济技术方案，最终决策市政热源的形式。

对于采用区域供冷的项目，需要对供冷站的供水温度、供冷时间、供冷价格等进行调研。现有计费方式主要有面积计费法、流量计费法、用电量计费法、能量型计费法等。根据热力学能量公式通过流量计和温度传感器对空调系统冷水的流量和供回水温度进行测量，从而确定用户实际用冷量。这种计费方法理论性最强，计量精度高，但计量设备投资高，对空调系统水质要求高、维护费用高，需对空调系统进行整体设计。

由于区域供冷系统存在输配能耗高、输送过程冷损失大、冷站效率低等问题，项目单位面积供冷费用比独立供冷高。但是可以减少冷水机组和冷却塔部分的初投资，且设备运行维护费低。若当地政策未要求必须使用区域供冷，需与独立供冷方案进行比较，选择更经济的供冷方式。

冰蓄冷系统的可行性需基于电力费用调研，如表4-1所示。若项目所在地存在峰谷电费，且峰值电费为谷值电费的2.5倍以上，可考虑冰蓄冷。

某地一般工商业用电峰谷电价　　　　　　　　　　　　　　　　　　表4-1

电压等级	电度电价/元·kWh^{-1}			
	尖峰	高峰	平段	低谷
≤1kV	1.5295	1.4002	0.8745	0.3748
1~10kV	1.5065	1.3782	0.8595	0.3658
20kV	1.4995	1.3712	0.8525	0.3588
35kV	1.4915	1.3632	0.8445	0.3508
110kV	1.4765	1.3482	0.8295	0.3358
220kV 及以上	1.4615	1.3332	0.8145	0.3208

4.2.2　政策调研主要内容

政策调研主要包括节能、节水和环评等几个方面。为鼓励企业在生产中推进节能减排工作，国家出台支持节能减排的一系列税收优惠政策，各地也有相关政策。

在绿色建筑设计评价标识方面，为保证建筑达到相应等级，需在设计阶段即关注《绿色建筑评价标准》相关条款和指标推荐值，主要涉及节地与室外环境、节能与能源利用、节水与水资源利用、节材与材料资源利用、室内环境质量等方面，每一方面均包括控制项和评分项。在节能与能源利用方面，控制项特别说明了建筑设计应符合国家现行有关建筑节能设计标准、不应采用电直接加热设备作为供暖空调系统的供暖热源和空气加湿热源，输配系统和照明等各部分能耗应进行独立分项计量、各房间或场所的照明功率密度值不得高于现行国家标准《建筑照明设计标准》GB 50034中的现行值规定。评分项主要对建筑围护结构、暖通空调系统、照明电气、能量综合利用等方面进行了详细说明。因此，对建筑外观设计、暖通空调系统设计选型以及能源规划方面有极强的借鉴意义。

在项目设计或改造之初，需调查当地节能减排补贴政策，考虑太阳能、风能、地源/水源热泵、余热回收、通风热回收等可再生能源和低温废热的利用，考虑中水和雨水利用、节水器具及其他非常规水资源的开发，并申请建筑节能减排专项资金，使得机电系统经济运行并满足当地绿色发展的要求。

4.3 "开源节流"浅谈给水排水节能措施

建筑给水排水节能措施主要包括给水排水设施的节能运行和可再生资源的利用两个方面。

建筑给水排水设备主要指的供水设备，可再生资源则包括太阳能热水、热泵热水、雨水收集回用、中水回用等措施。

根据商业建筑的特点，通过规定合理用水指标、合理选择给水系统形式、水泵运行方式，以及设置雨水回用系统，以实现节能减排的目标。

本节主要分享给水系统相关节能措施。

4.3.1　给水系统的合理性选择

商业建筑的给水系统供水方式主要有以下三种：高位水箱重力供水、水箱+变频泵供水、叠压供水方式。

高位水箱重力供水由于水泵一直在高效区运行，总体运行费用较低，相对于水泵的变频运行还会有较好的节能效果。但对于商业建筑，如采用高位水箱供水，需在屋顶设置大型高位水箱。由于商业建筑的高度大多不高，楼层数不多，以一栋6层、建筑高度约35m的商业建筑为例，如设置高位水箱，其中一层及以下可由市政直接供水，五~六层仍需由高位水箱间内增压变频泵加压供水，仅二~四层勉强可由高位水箱供水，其供水区域十分有限。因此，商业建筑采用高位水箱供水方式，不但增加项目的初投资，而且重力供水范围有限，故节能效果较差。

叠压供水方式（无负压供水）即水泵直接从市政管网吸水，可充分利用市政供水压力，与水箱+变频泵组供水方式相比，水泵的扬程可大幅度降低（水箱方式水泵扬程一般为 $60 \sim 70mH_2O$，叠压供水水泵由于可以充分利用0.2MPa的市政供水压力，水泵扬程可减少约1/3），节能效果显著。

商业建筑设置了较多的餐饮商铺，对供水的安全性要求相对较高，如采用叠压供水，一旦市政给水检修，则商业餐饮店铺无法正常营业，影响较大。故商业建筑大多采用高位水箱+变频泵的供水方式。

水箱+变频泵供水系统既可以储存一定的水量（一般为最高日用水量的20%～25%，相当于平均日3～4h的用水量），可满足市政检修的停水时间内自身的供水需求。因此，商业建筑采用水箱+变频供水的方式，十分普遍。

三种供水方式特点对比如表4-2所示。

三种供水方式特点对比 　　　　表4-2

供水方式	泵组扬程H	流量Q_n	水泵运行工况	能耗	供水安全性	消除二次污染	投资	运行费用
高位水箱供水	H_1	$Q_1=Q_h$	均在高效段运行	1	最好	差	1	1
变频供水	$H_2 \approx H_1$	$Q_2=q_s$	有部分时间低效运行	>1	比1差	较差	<1	>1
无负压供水	$H_3 < H_2$	$Q_3=Q_h$	稍优于2	≈1	最差	好	<1	<1

注：1. Q_h为最大时流量，q_s为设计秒流量；投资包括供水设备、水箱及设备用房等，运行费用为电费；无负压供水的能耗受变频调速泵组的配置与水泵扬程影响，取决于可利用市政供水压力的大小及其余系统所需供水压力之比。
　　2. 表中"1"代表基本值。

随着变频泵供水技术的逐渐成熟，变频供水系统在实际工程中的运用也较为普遍。当建筑高度较高时，采用变频供水系统一泵到顶对高区的供水管道、阀门附件的承压要求提高，造价也随之增加。因此，建筑高度大于等于100m时，采用供水稳定性更高的高位水箱+工频泵的供水方式，压力不足的楼层采用水箱+变频泵供水。当建筑高度小于100m时，采用低位水箱+变频泵供水。当地自来水公司允许时，可考虑无负压供水方式。

4.3.2 变频泵组的选择

给水供水方式确定后，如何实现后期的节能运行，变频泵组的选择则至关重要。

变频调速供水系统主要包括以下两种方式：变频恒压变流量供水和变频变压变流量供水。供水方式的能耗对比如图4-1所示。

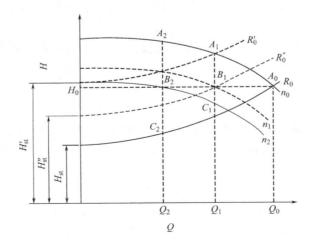

图4-1 供水方式能耗对比

对于定频水泵，工况点只能在对应 $n=n_0$ 的一条曲线上移动，所以当流量 Q 分别为 Q_0、Q_1、Q_2 时，工况点分别为 A_0、A_1、A_2，显然，随着流量减小，水压必然升高，如在 A_1 点工作时，管网特性曲线变为 R'_0，用户压力升高为 H'_{st}。而实际管网这时只需要 C_1 点工作，因此，有 A_1C_1 段扬程的浪费，流量越小扬程浪费越大。

对于恒压变频供水，工况点只能在恒压线上移动，例如当流量 Q 分别为 Q_0、Q_1、Q_2 时，水泵转速分别被调在 n_1、n_2，工况点分别为 B_1、B_2，如在 B_1 点工作时，管网特性曲线变为 R'_0，用户压力升高为 H''_{st}。同样，实际管网这时还是只需要在 C_1 点工作，因而有 B_1C_1 段扬程的浪费，但比调速的情况减少了 A_1B_1 段扬程的浪费。

对于变压供水，在已知管网特性的情况下，通过自动调节水泵转速，使工况点按管网特性曲线移动，即当流量 Q 分别为 Q_0、Q_1、Q_2 时，根据管网特性所对应的扬程来调节转速分别为 n_1、n_2，工况点分别为 C_1、C_2，这时将没有扬程浪费，比恒压变频供水模式减少了 B_1C_1 段扬程的浪费。

可以看出，变压变流量变频比恒压变流量变频具有更好的节能效果。尽管如此，在近年来的商业建筑中，由于变压变流量变频相关产品的成熟度不高，目前给水变频泵站的主流仍是恒压变流量系统，但变压变流量将是未来的发展方向。

4.3.3 冷却塔补水系统分析

建筑空调系统运营过程中不仅需要电力、燃气，也需要水资源，包括冷塔补水、冷站补水和锅炉补水等。

冷却塔补水存储方式可分为独立设置、与消防水池合设、与生活水池合设三种。

冷却塔补水系统优先采用低位水箱+工频泵+高位水箱的供水方式，低位水箱优先与消防水池合用，一方面可减少机房面积，降低投资成本；同时对消防水池水质有利（冷却塔补水泵工作时会将对整个消防水池储水做循环），但应考虑采取消防用水不被动用的措施。如果当地消防用水计价与其他水价不同，冷却塔补水量存储于生活水箱或独立水箱。

空调冷却塔补水系统采用高位水箱供水的方式补水效果更为稳定，高位水箱的最低液位与冷却塔集水盘最高液位之间的高差需通过计算确定，以满足出水水量及水压要求。冷却塔的储水量建议按照2h的空调高峰负荷预留，高位水箱容量不小于最大时用水量的50%。当项目不适合设置高位水箱时，可采用变频泵供水方式。

关于供水指标和供水量的计算本节就不一一赘述了。

4.4 "口口相传"浅谈BA接口相关要求

4.4.1 楼宇自控系统接口总体要求

设备常规检测应包含开关状态、故障信号、启停信号、手/自动状态等，楼宇自控系统监测的这些状态、信号取自哪里？

（1）设备的运行(开关)状态信号从配电箱接触器的常开点引出，提供给BA无源干接点信号。信号闭合时设备运行状态为"运行"，断开时设备运行状态为"停止"。建议有关设备的运行(开/关)状态信号由接触器的无源辅助触点引出，如果没有辅助触点，可在接触器的下口与零线之间增加一个继电器，将其无源常开点作为该设备提供给楼宇自控系统的运行状态监测点。

（2）设备的故障报警信号从配电箱热继电器常开点引出，提供给BA无源干接点信号。信号闭合时为故障报警信号，断开时无故障信号。如果没有辅助触点，可在该继电器的常开点与电源线之间增加一个继电器，将新增继电器的无源常开点作为该设备提供给楼宇自控系统的故障报警监测点，但其前提是热保护继电器的动点(刀)使得在设备发生故障时热保护继电器既能切断设备的供电回路，又能同时将新增继电器的供电回路接通，从而实现报警功能。

（3）设备启/停(开/关)的信号均为AC 24V信号，配电箱需配置AC 24V继电器，触点容量为5A。

（4）与楼宇自控系统相关的设备的配电箱（柜）应增设手/自动转换开关，其自动状态信号应自无源触点引出，要求从配电箱手/自动按钮引出干接点信号，当手/自动按钮为自动状态下时信号为常闭信号，断开时为手动信号；当选择到自动位置，设备受楼宇自控系统远程控制，同时手动控制按钮不起作用；当选择到手动位置，设备受本地启停按钮控制，远程控制不起作用。

（5）被控设备配电箱（柜）应为楼宇自控系统提供AC 220V、300W电源，并单用一个3A自动开关控制，其火线应引自该配电箱（柜）总电源开关的上口，或由UPS集中供电。

（6）空调（新风）机组风机、送风机、排风机、排风兼排烟风机、送风兼补风机、诱导风配电箱具体情况如下：

1）由手/自动转换开关的自动位置引一对无源干接点至外引端子，反映风机（风扇）的手/自动状态；

2）由主接触器引一对无源干接点至外引端子，反映风机（风扇）的运行状态；

3）由热继电器引一对无源干接点至外引端子，反映风机（风扇）的故障状态；

4）楼宇自控系统为每台风机（风扇）提供一个触点控制（AC 24V）信号，作为楼控系统对风机（风扇）的启/停点，当风机（水泵、风扇）处于自动状态时，可以通过此点启停风机（风扇）；风机（风扇）应提供相应接口，至外引端子。以新风机组为例，其接口种类及要求如表4-3所示。

新风机组接口种类及要求   表 4-3

系统名称	强电箱提供	接口种类	接口要求
新风机组－变频	配电箱厂家提供	运行状态、手/自动状态、故障报警、启停控制；变频器频率调节、变频器频率反馈、变频器故障报警	运行状态（接触器信号）、故障（热保信号）、手/自动状态要求是干接点信号，启停控制要求是24V交流继电器在控制箱内，楼控厂家提供AC 24V电源进行控制；变频器故障要求是干接点信号，变频器调节与反馈信号要求有0～10V或4～20mA控制与反馈信号接点。每个强电箱应为楼宇自控系统留出楼宇自控系统所需电源（AC 220V、300W）的接线端子，并单用一个3A自动开关控制，其火线应引自该配电箱（柜）总电源开关的上口

续表

系统名称	强电箱提供	接口种类	接口要求
新风机组-工频	配电箱厂家提供	运行状态、故障报警、手/自动状态、启停控制	运行状态（接触器信号）、故障（热保信号）、手/自动状态要求是干接点信号。启停控制要求是24V交流继电器在控制箱内，楼宇厂家提供AC 24V电源进行控制；每个强电箱应为楼宇自控系统留出楼宇自控系统所需电源（AC 220V、300W）接线端子，并单用一个3A自动开关控制，其火线应引自该配电箱（柜）总电源开关的上口

（7）水泵类设备：（污水泵、隔油池、生活水泵）配电箱具体情况如下：

1）由主接触器引一对无源干接点至外引端子，反映水泵的运行状态；

2）由热继电器引一对无源干接点至外引端子，反映水泵的故障状态；

3）水坑液位（低/高/超高液位）信号从强电箱提取，要求设备厂家提供无源干接点信号。

生活水泵将会复杂些，除常规的运行状态、故障报警、手/自动状态检测外，还会有水泵的水流状态，以及变频器频率反馈、变频器故障报警、压力开关反馈等信息。如前文所说运行状态（接触器信号）、故障（热保信号）、手/自动状态要求是干接点信号；水流状态为无源常开信号，直接由水流开关引出；变频器故障要求是干接点信号，变频器反馈信号要求有0～10V或4～20mA反馈信号接点。另外，配电箱要有一对独立端子提供0～10V或4～20mA的系统压力反馈信号，此信号应是有源信号，直接由压力传感器引出。

所有与楼宇自控系统相关的设备的配电箱（柜）内均应为楼宇自控系统设置外引接线端子，将需要由楼宇自控系统监控的信号统一、清楚、正确地编号，压号后接至上述端子排的一侧；引线要求单独捆扎，并做好与强电的隔离工作。所有与楼宇自控系统相关的设备的配电箱（柜）均应在柜内显著位置粘贴电气原理图、标注楼宇自控系统接线端子并注明使用功能，以便将来维护检修；DDC配电箱安装在设备机房、弱电井，安装高度应距地面1.2m，如带有变频的配电箱建议距地面1.5m以上，以防干扰信号。

4.4.2　与变频器接口要求

变频器监控点位主要有频率控制、频率反馈和故障报警等，变频器频率反馈与调节信号要求是DC 0～10V或4～20mA信号，具体情况如下：

（1）BA专业提供0～10V或4～20mA直流信号给变频器，变频器接收0～10V或4～20mA直流信号，对应变频器30～50Hz。

（2）变频器频率反馈：变频器提供给BA专业0～10V或4～20mA直流信号，BA专业接收此信号作为频率反馈信号。

（3）变频器故障报警信号：变频器提供给BA专业无源干接点信号，信号闭合时变频器故障，断开时无故障信号。

4.4.3　与暖通空调专业的接口要求

与暖通空调的接口对接主要涉及风阀、水阀的控制及信号反馈，风阀、水阀主要分开关型和调节型两类、其供电要求AC 24V；水阀大于DN125可采用AC 220V供电。

（1）开关型风阀执行器

控制信号：风阀执行器接收 AC 24V 信号控制，执行器为三线制。如有反馈信号，要求为无源干接点信号。

（2）调节型风阀执行器

控制信号：风阀执行器接收 0 ~ 10V 或 4 ~ 20mA 直流信号，执行器为四线制。如有反馈信号，要求为 0 ~ 10V 或 4 ~ 20mA 直流信号。

（3）开关型水阀执行器

控制信号：风阀执行器接收 AC 24V 信号，执行器为三线制。如有反馈信号，要求为无源干接点信号。

（4）调节型水阀执行器

控制信号：风阀执行器接收 0 ~ 10V 或 4 ~ 20mA 直流信号，要求控制输出信号 0 ~ 10V 或 4 ~ 20mA 对应水阀 0 ~ 100% 开度。执行器为四线制。如有反馈信号，要求为 0 ~ 10V 或 4 ~ 20mA 直流信号。

4.4.4　与其他系统集成接口

变配电接口、发电机接口、电梯接口、制冷机房群控接口、换热系统接口、冰场制冰系统接口，均由各个设备厂家完成，要求此部分系统提供给 BA 专业开放标准协议接口。标准协议接口要求如下：供 BACnet、OPC、Modbus 协议接口。必须在订货前明确，否则会引起不必要的费用问题。

传感器/执行器配线表如表 4-4 所示。

传感器 / 执行器配线表　　　　表 4-4

序号	名称	线型	管	敷设方式
1	温度	RVVP2×1.0	JDG20	WE/CE
2	PM$_{2.5}$	RVVP4×1.0	JDG20	WE/CE
3	温湿度	RVVP4×1.0	JDG20	WE/CE
4	压力	RVVP4×1.0	JDG20	WE/CE
5	流量	RVVP4×1.0	JDG20	WE/CE
6	一氧化碳	RVVP4×1.0	JDG20	WE/CE
7	二氧化碳	RVVP4×1.0	JDG20	WE/CE
8	防冻开关	RVV2×1.0	JDG20	WE/CE
9	压差开关	RVV2×1.0	JDG20	WE/CE
10	水流开关	RVV2×1.0	JDG20	WE/CE
11	液位开关	RVV2×1.0	JDG20	WE/CE
12	开关型风阀执行器+反馈	RVV8×1.0	JDG25	WE/CE
13	调节型风阀执行器+反馈	RVVP6×1.0	JDG25	WE/CE
14	调节型水阀执行器+反馈	RVVP6×1.0	JDG25	WE/CE
15	开关型水阀执行器+反馈	RVV8×1.0	JDG25	WE/CE

接口通顺了，设备信息才通畅，"口口相传"地对接准确，才能保证楼宇控制系统的落地。设计说清楚了，订货才不会存在纠纷，才能为后续的施工、调试打下很好的基础。

4.5 "上下有序"浅谈BA系统的作用

商业项目楼宇控制系统主要通过人机交互实现自动化控制及相关管理工作，同时通过平台，可以进一步对数据进行分析，实现控制和运维管理。

商业项目BA监控的常规类机电设备主要有空调机组、新风机组、送/排风机、给水排水系统、冷热源系统、冰场制冰系统等。

根据商业项目设备特点及其工作时间、人员值守分配特点，BA系统除了便于管理监控及安全运行外，主要还有如下节能特点：

（1）统计设备运行时间，定期维修检查，延长机电设备使用寿命；

（2）优化设备运行时间和控制逻辑，使设备安全、节能运行；

（3）减少值守人员，节省人员费用。

4.5.1 统计设备运行时间，定期维修检查，延长机电设备使用寿命

根据DDC及其软件监控机电设备的运行状态，统计设备运行时间，当设备达到设定的运行时间时，可以指派相关技术人员给设备做维护保养工作。因建筑内设备运行时间不一致，这样既减少了人员的工作量，也减少了给设备做检查时的人力损耗，还延长了设备的使用寿命。

例如：机组的过滤网没有报警时就没有必要给其清洗；风机、水泵达到检修运行时间或故障报警时工作人员再去检修。

4.5.2 优化设备运行时间和控制逻辑，使设备安全、节能运行

1. 运行时间

使设备合理间歇启停，但不影响环境舒适程度和工艺要求。例如：可根据商场的营业时间和人员使用情况，预先开启/停止空调通风、公共照明设备；根据节假日及特殊活动时间制定特殊时间表，设备根据时间表自动运行。根据商场购物人员多少（时间段区分）可以调节空调通风机组的频率高低，使设备达到最优运行模式。

2. 安全运行

根据设备的工作方式制定特殊的逻辑，使其安全运行。

（1）送/排风机：主要监测风机运行状态、故障报警、手/自动状态、启停控制等。当风机故障报警时，在主机界面弹出报警界面提醒工作人员。通过风机运行状态统计风机运行时间，设定风机定期维护计划。

（2）给水系统：主要监测水泵运行状态、故障报警，以及水箱高低液位；水泵变频器故障报警、频率反馈；供水主管道压力监测。当水泵（变频器）故障报警时，在主机界面弹出报警界面提醒工作人员。通过水泵运行状态统计水泵运行时间，设定水泵定期维护

计划。

（3）潜污泵：主要监测水泵运行状态、故障报警；监测污水坑超高液位。当水泵故障报警（水池超高液位报警）时，在主机界面弹出报警界面提醒工作人员。通过水泵运行状态统计水泵运行时间，设定水泵定期维护计划。

4.5.3 减少值守人员，节省人员费用

设备根据时间表运行，省去了工作人员去现场启停设备，既节省开关机时间也节省设备大面积同时启停给项目的电力造成的损耗。也充分体现了人员分配与值守的节省与灵活性。

4.5.4 新风（变频）机组控制逻辑

新风（变频）机组的控制模式包括自动、手动模式，运行工况包括夏季供冷、冬季供热、新风免费供冷。

1. 控制对象
电动水阀、风机、新风阀等。

2. 检测控制内容
新风阀开关控制及反馈、粗/中效过滤网压差、静电过滤器启停状态及故障报警（如有）、冷水回水温度、水阀开度控制及开度反馈防冻报警状态反馈（如需）、电机启停及故障、变频器控制、反馈及故障、送风温度、风机压差等。

3. 控制方法
在自动/手动模式下，新风机组（变频）根据给定的送风温度设定值自动调节水阀开度，闭环控制过程如图4-2所示。

图4-2　新风机组闭环控制过程

具体控制策略如下：

（1）根据送风温度设定值和送风温度测量值，调节水阀开度。夏季/过渡季供冷模式下，当送风温度小于设定值时，关小水阀；当送风温度大于设定值时，开大水阀。冬季供热模式下，当送风温度小于设定值时，开大水阀；当送风温度大于设定值时，关小水阀。

（2）根据需求新风量调节风机频率。夏季/冬季模式下，根据区域实时人数和CO_2浓度的经验关系，计算新风需求量，并据此调节风机频率（缺少人数相关数据时，默认新风需求量为设计最小新风量）。过渡季模式下，当室外空气温度小于送风温度设定值时，风机按频率上限运行；当室外空气温度大于送风温度设定值时，风机按频率下限运行。

4. 安全联锁及保护
当风机启动时，先开水阀，再开风阀，最后启动风机；关机顺序则相反。在冬季，当盘管后侧送风温度低于设定温度时，防冻开关报警，停止风机运行，关闭新风阀并开大热水阀；当温度恢复时，机组正常运行。

（1）风机保护：若收到风机故障报警信号，给出故障报警，关闭 PAU 机组；风机故障报警信号解除后，解除风机保护报警，机组恢复正常运行。若风机压差开关反馈和风机启停反馈不一致，给出风机故障预警，机组运行不做特殊处理。

（2）防冻保护：防冻开关给出信号时，发出故障警报，停机并全开电动水阀；当防冻开关报警信号解除且盘管回水温度大于或等于回水温度设定值后，解除防冻保护报警，机组恢复正常运行。

（3）过滤器报警：粗效、中效过滤器压差给出信号或静电除尘过滤器给出清洗提示信号时，各自发出单独的过滤器清洗提示（预警），机组运行不做特殊处理；静电除尘过滤器给出故障信号时，发出过滤器故障报警，机组运行不做特殊处理；信号解除时，对应报警解除。

5. 智能诊断

（1）运行功率异常预警：风机运行时，监测到风机实时功率（当变频器或电表通信可获取这台设备的运行功率时，可实现此功能）与理论计算功率偏差持续较大时，给出运行功率异常预警，机组运行不做特殊处理。

（2）风阀异常预警：当风阀反馈值与设定值持续不一致时，给出对应风阀异常预警，机组运行不做特殊处理。

（3）水阀异常预警：当水阀反馈值与设定值持续不一致时，给出对应水阀异常预警，机组运行不做特殊处理。

（4）盘管换热能力异常预警：当回水温度持续过低且机组正常运行、无其他报警的情况下，给出盘管换热能力异常预警，机组运行不做特殊处理。

BA 系统人机互动及设备与集成层次起到了"承上启下"和"上下有序"的功能，楼宇自控系统是实现智慧建筑的根基，是智慧建筑生存的前提，是能源管理的有效技术手段，是智慧运营的基本。BA 设计、施工、调试到位，将会为使用者提供安全、舒适、高效及经济的工作或生活环境。

4.6 "上下有序"细谈 AHU 的控制

前文针对 BA 系统进行了较全面的介绍，从控制点表设计、控制策略及运营管理等角度分析了其安全控制和节能功能。本节主要从控制点表、控制策略、控制界面等角度详细阐述 AHU 的相关 BA 系统功能。

4.6.1 控制点表情况说明

1. 控制对象
电动调节水阀、风机、新/回风风阀、变频器、电控箱等。

2. 监控内容
新风阀开度控制及反馈、粗/中效过滤网压差开关报警、回风阀开度控制及反馈、静电过滤器启停状态及故障报警反馈（选设）、冷水回水温度、水阀开度控制及开度反馈、电箱手/自动及启停控制、变频器控制、频率及故障、风机状态、送/回风温度、防冻保护测温点等。

4.6.2 控制策略具体阐述

1. 空调机组（变频）的控制模式

空调机组（变频）的控制模式包括自动、手动等模式，运行工况包括夏季供冷、冬季供热和新风免费供冷，其中夏季工况有空调冷水供应，冬季工况有空调热水供应。

新风免费供冷工况包括以下两种情况：

（1）过渡季室外空气较凉爽时，冷水机组不开启，利用室外新风免费供冷；

（2）冬季，内区发热量大，需要利用室外新风降温。

2. 开关机情况说明

当风机启动时，先开水阀，再开风阀，最后启动风机。关机顺序则相反。

（1）开机过程：先将水阀开启50%，并开启自动调节；新风阀开至开度下限（用户可设定，可以为0），回风阀与新风阀开度互补，并开启自动调节；水阀、风阀开启后再将送风机开启，转速调至60%，并开启自动调节。

自动调节的过程将会在下文具体阐述。

（2）关机过程：先将送风机关闭，转速降至0，并停止自动调节；新风阀开度0，回风阀开度100%，并停止自动调节；最后水阀关小至开度下限（夏季工况为0，冬季/新风供冷工况可根据防冻需求设置），并停止自动调节。

3. 夏季供冷/冬季供热自动调节模式说明

空调机组（变频）会综合调节风机频率和水阀开度，使得回风温度（即机组负责区域的空气温度）达到回风温度设定值。

风机频率和水阀开度的调节是串级调节过程，根据控制环节热惯性的不同，分别设置不同的调节周期，使得控制过程更加稳定、高效，串级调节的示意图如图4-3所示。

图4-3 串级调节示意图

根据送风温度设定值和送风温度测量值，调节水阀开度；根据回风温度和回风温度设定值，调节送风机频率。

（1）水阀的调节过程

1）供冷（夏季）模式下，当送风温度小于设定值时（如16℃），关小水阀；当送风温度大于设定值时，开大水阀。

2）供热（冬季）模式下，当送风温度小于设定值时，开大水阀；当送风温度大于设定值时，关小水阀。

（2）风机频率的调节过程

1）供冷模式下，当回风温度小于设定值时，降低风机频率；当回风温度大于设定值时，增大风机频率。

2）供热模式下，当回风温度小于设定值时，增大风机频率；当回风温度大于设定值时，减小风机频率。

（3）送风温度设定值调节

1）供冷（夏季）模式：当送风机频率降低到给定频率下限（如30Hz）且回风温度仍过低时，逐渐提高送风温度设定值至送风温度设定值上限（用户可设置）；当送风机频率到达给定频率上限且回风温度仍过高时，逐渐降低送风温度设定值至送风温度设定值下限（用户可设置）；其余情况下送风温度设定值维持不变。

2）供热模式：当送风机频率降低到给定频率下限且回风温度仍过高时，逐渐降低送风温度设定值至送风温度设定值下限（用户可设置）；当送风机频率到达给定频率上限且回风温度过低时，逐渐提高送风温度设定值至送风温度设定值上限（用户可设置）；其余情况下送风温度设定值维持不变。

（4）新风阀的调节过程

根据项目实际条件，用户可选择是否根据服务区域的CO_2浓度自动调节新风阀开度。在自动模式下，新风阀开度根据室内CO_2浓度进行自动调节，如图4-4所示。

图4-4　新风阀开度调节示意图

新风阀联动相应区域的CO_2浓度需要平台或管理主机、下位机协同完成。如商业项目可以结合人流密度情况判定CO_2浓度，而人流密度与时间关联性比较强，故新风阀可以根据时间调整。

（5）新风免费供冷调节过程

当室外空气温度低于回风温度设定值时，系统判断是否进行新风免费供冷。根据送风温度设定值和测量值，自动调节新风阀开度，尽量使得送风温度测量值接近设定值。

4. 安全保护

安全保护具体包括风机保护、防冻保护、过滤器报警等，具体可参见本书第4.5.4节。

4.6.3　智能诊断

1. 智能诊断

主要包括运行功率异常报警、水阀异常报警、盘管换热能力异常报警等，详见本书第4.5.4节。与理论计算功率偏差持续较大时，给出运行功率异常预警，机组运行不做特殊处理。

2. 风阀异常预警

当风阀反馈值与设定值持续不一致时，给出对应风阀异常预警，机组运行不做特殊处理。

3. 水阀异常预警

当水阀反馈值与设定值持续不一致时，给出对应水阀异常预警，机组运行不做特殊处理。

4. 盘管换热能力异常预警

当回水温度持续过低且机组正常运行、无其他报警的情况下，给出盘管换热能力异常预警，机组运行不做特殊处理。

在冬季，当盘管后侧送风温度低于设定温度时，防冻开关报警，停止风机运行，关闭新风阀并开大热水阀；当温度恢复时，机组正常运行。

4.6.4 控制软件及界面要求

前文对控制点位及控制策略进行了详细阐述，有些功能需求是根据末端单元外的信息对末端单元进行运行调节，需要管理主机（或平台）运行来实现相应功能。例如根据空调机组服务区域的环境温度代替空调机组自身的回风温度进行调节、根据空调机组服务区域的CO_2浓度对空调机组自身的新风阀开度进行调节、服务于同一个上下贯通的中庭区域的空调机组之间通过协同工作共同维护中庭区域的环境温度平衡。

在某些情况下，空调箱单元自身的回风温度测量值（安装在空调箱回风管道上的传感器测量所得）不一定能准确反映其服务区域的环境温度，在这种情况下，可以通过本主机（或平台）将空调箱服务区域内测量的环境温度发送给该空调箱DDC来动态调节。

楼宇控制系统界面应有DDC的系统结构图，并应在电子地图中表示所有DDC的平面位置，显示DDC的在线、离线状态；发生通信故障时，DDC能按照设定运行策略继续独立运行，故障排除后能自动投入网络并自动运行。对新风机组、空调机组等进行夏季/过渡季/冬季模式的整体切换。

空调机组控制界面应有送风温度、机组负荷区域环境温度或回风温度、新风阀开度设定对话框，可以对空调机组对应的参数按组进行统一设定。

系统界面应有以下功能：显示设备运行台数/总台数；控制模式整体切换；分类一键整体启停设备；分类一键批量修改参数；运行模式整体切换；时间表编辑等。

4.7 "上下有序"细谈生活给（排）水泵的BA控制

4.7.1 生活变频供水泵

如第4.3节所述，商业建筑大多采用高位水箱+变频泵组的供水方式，第4.3节对变压变流量变频和恒压变流量变频做了相对详细的说明，本节主要讨论其BA控制的相关内容。

当水泵采用成套供水装置的方式时，水泵的启停由该成套设备根据系统压力自行控制，BA系统监测该成套设备的运行、故障及手/自动状态，同时监测变频器的运行、故障状态。生活变频供水泵监控原理图如图4-5所示。

监控内容主要包括：对各台水泵运行、故障、变频器运行状态进行监测，自动统计机组工作时间，提示定时维修、保养；变频水泵后设置压力传感器，监测给水管网压力，当压力超过设定值时，反馈至值班室报警。进水管常开电动阀，当达到水箱/池达到溢流水位时，联动关闭电动阀，物业人工手动复位。给水贮水箱设超高水位及超低水位，通过监测其高/低水位报警信号，可立即通知维护人员到现场勘测及处理问题。

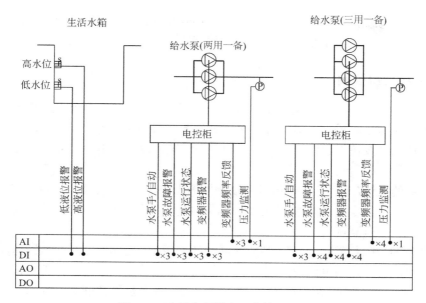

图4-5　生活变频供水泵监控原理图

4.7.2　潜污泵(污水提升泵)

潜污泵采用水泵厂家成套提供的水泵自带控制箱进行控制，潜污泵的启停控制由自带控制箱根据集水坑的液位高低自行控制。通过BA系统可对各台潜污泵进行运行、故障监测，自动统计潜污泵工作时间，提示定时维修；当集水井水位达到超高水位的同时检测到水泵未启动时，自动报警；当集水井水位达到超低水位的同时检测到水泵未停泵时，自动报警。

若潜污泵为2泵（一用一备），当污水坑水位达到设定的水位线时，自动开1台泵；当水位降到设定的低水位线时，水泵自动停止运行。当污水坑水位继续上升达到超高报警水位线时，发出报警信号。当正在运行的泵故障退出运行时，发出泵的故障信号，另一台备用泵自动投入使用。一用一备的2台潜污泵可通过控制器实现主用泵和备用泵轮换使用。设置备用泵轮换控制的目的是避免出现一台泵长期使用而另一台长期闲置的情况，这样可增加泵的使用寿命。潜污泵BA监控原理图如图4-6所示。

4.7.3　消防水池

设置于室内的水池、水箱，应在水池、水箱附近设置漏水检测器。漏水检测器设置在存在漏水隐

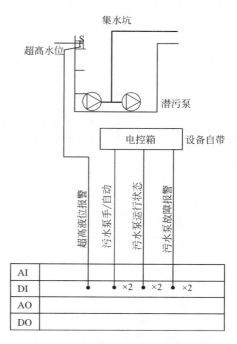

图4-6　潜污泵BA监控原理图

注：缺少超低液位，液位由配电箱厂家自行安装供应，配电箱提供干接点信号。

患的生活水箱、消防水箱等场所，在溢流时通过向消防监控中心或BA值班室报警。设超高报警液位，当水位高于超高液位时报警；设超低报警液位，当水位低于超低液位时报警。

4.7.4 配电箱接口说明

（1）在配电箱（柜）面板安装手动/自动控制转换开关，在切换功能的同时将自动开关的位置通过无源接点提供给楼宇自控系统；若选择到自动位置，设备受楼宇自控远程控制，同时手动控制按钮不起作用；若选择到手动位置，设备受本地启停按钮控制，远程控制不起作用。

（2）设备的运行(开/关)状态信号由接触器的无源辅助触点引出，如果没有辅助触点，可在接触器的下口与零线之间增加一个继电器，将其无源常开点作为该设备提供给楼宇自控系统的运行状态监测点。

（3）设备的故障报警信号由热保护继电器的无源辅助触点引出，如果没有辅助触点，可在该继电器的常开点与电源线之间增加一个继电器，将新增继电器的无源常开点作为该设备提供给楼宇自控系统的故障报警监测点，但其前提是热保护继电器的动点(刀)使得在设备发生故障时热保护继电器既能切断设备的供电回路，又能同时将新增继电器的供电回路接通，从而实现报警功能。

（4）所有与楼宇自控系统相关的设备的配电箱（柜）均应在柜内显著位置粘贴，将需要由楼宇自控系统监控的信号统一、清楚、正确地编号，压号后接至上述端子排的一侧；引线要求单独捆扎，并做好与强电的隔离工作。电气原理图、标注楼宇自控系统接线端子并注明使用功能，以便将来维护检修；

其相关控制原理图如图4-7所示：

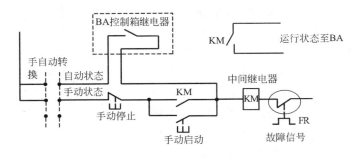

图 4-7　控制原理图

状态信号说明：

状态信号 —— 无源干接点信号（触点容量 220VAC，3A）；

手/自动信号 —— 无源干接点信号（触点容量 220VAC，3A）；

故障报警信号 —— 无源干接点信号（触点容量 220VAC，3A）；

起停控制信号 —— 无源干接点信号（触点容量 220VAC，3A，信号由 BA 系统提供）

变频器：

状态信号 —— 无源干接点信号（触点容量 220VAC，3A）；

故障报警信号 —— 无源干接点信号（触点容量 220VAC，3A）；

频率反馈信号 —— 0–10VDC 或 4–20mADC

变频控制信号 —— 0–10VDC 或 4–20mADC（BA 提供）

4.8　"群策群力"浅谈冷水机组群控系统（上）

近年来高效机房已成为热门话题，也是实现低碳发展的重要路径之一。目前我国冷站综合效率普遍偏低，如制冷机房能效提升1%，空调系统能耗将会降低约0.4%。但如果冷站群控深化设计不到位或相关要求不明确，将会导致群控设计错漏较多，调试困难较大，势必会影响群控系统功能的具体实现。本节从群控点位设置要求、群控功能、控制界面等方面进行相关阐述。

群控系统一方面实现自动化，节约大量人力成本，另一方面可以根据系统负荷情况，准确控制机组的运行数量和运行工况，启停相应水泵，或降低水泵电机转速，从而实现节能运行的目的。同时，可实现机组轮换，故障保护，有助于延长机组寿命，提高设备利用效率。

4.8.1　冷站群控系统点位设置要求

（1）设计单位应提供冷站群控具体点位表，点位表应明确点位类型、数量、所属设备或系统。特别要关注能量计、温度、压力等相关传感器的设置及精度要求。

（2）冷站群控应进行深化设计，进一步与空调专业沟通，点位表应细化到冷站群控点位原理图中，且需正确反映传感器的位置关系，同时电表和能量计亦需包含在原理图中。

（3）应提供群控系统设计说明、平面图等。重点核实能量计的安装位置，确保安装满足"前直管段不小于10倍内径，后直管段不小于5倍内径"的要求以及DDC箱设计及相关布线等设计。

（4）需提供网络架构图，明确各类设备点位按何种通信协议与上位机通讯，关注通信协议是否与IBMS等系统相匹配。

同时应让冷水机组、水泵、冷却塔厂家提供性能曲线图及效率等资料。

4.8.2　冷站群控功能要求

除了点表设置外，还应考虑其控制功能等相关要求，每个项目控制功能会存在或多或少的差异性，如不与厂家明确具体要求，厂家或许只提供通用做法，而不完全符合项目需求。

1.　控制功能要求

（1）冷站群控首先应能实现无人值守功能，如需手动控制，可具备切换功能，以满足设备维修时人工控制。

（2）需提供冷站设备顺序启停控制方案，包括冷水泵、冷却水泵、冷却塔、电动阀门、冷凝器在线清洗系统等。

（3）可实现冷水机组加减机优化控制，且可实现大小机组合和定频/变频机组合的加/减机策略，如按冷水机组负荷率、回水温度、出水温度等综合指标控制等。

（4）可实现冷水变频水泵优化控制，如通过最不利末端压差控制，当冷水末端环路较多时，可选择多组最不利末端压差，且需考虑主机流量变化率安全限定；并可实现泵组效率最优控制，如水泵台数和频率的优化组合。

（5）如冷水形式为一/二次变流量系统，且一次泵设置变频，可实现一次冷水变频水泵优化控制，如按泵组运行效率最优控制、一/二次侧水平衡控制等。

（6）可实现商场每日正式营业前空调水预冷而机组提前加载时间设定或优化，以及商场每日营业结束前利用余冷而机组提前减载的时间设定或优化。

（7）可实现变流量运行时主机蒸发器的冷水流量保护，深化设计单位需提供选定主机的最低和最高流量设置要求。

（8）可实现冷却水变频泵优化控制，如按冷水机组冷凝器进出水定压差（定流量）控制、过渡季冷却水温度较低时通过冷却水泵变频调节冷却水流量，并可实现泵组效率最优控制，如水泵台数和频率的优化组合。

（9）可实现冷却水供水温度重设优化控制，如根据冷却塔和冷水机组整体运行效率最高控制冷却塔高低速、风机频率、台数，且需考虑冷水机组低温保护。

（10）可实现板式换热器的供水温度控制，如根据二次侧供水温度设定与反馈差值，调节一次侧电动阀开度。

对于以上要求，深化设计单位需根据产品特性和应用经验再次深化，明确各控制功能如何实现。

2. 监测功能要求

（1）实现对冷站综合COP、每台冷水机组COP的实时监测及累积制冷量、累积冷站电量和累积冷站综合COP的监测。

（2）实现对冷水泵输送系数、冷却水泵输送系数、冷却塔散热效率的实时监测。

（3）以水压图方式实现对冷水水路压降的实时监测，包括制冷主机蒸发器进/出水压降、冷水供/回水主管压降、冷水泵泵组压头、一/二次侧板式换热器压降、分区立管供回水压降、最不利末端的压差等。

（4）以水压图方式实现对冷却水水路压降的实时监测，包括制冷主机冷凝器进/出水压降、冷却水供/回水主管压降、冷却水泵泵组压头等。

（5）实现对设备的起停状态、自动/手动状态、故障状态、频率或高低速的实时监测，包括制冷主机、冷水泵、冷却水泵、冷却塔、板式换热器、冷凝器在线清洗系统、补水箱、膨胀水箱等。

（6）实现对温度、耗电量、电动阀门、高低液位、制冷主机内部参数等的实时监测，制冷主机内部参数应由厂家确认。

4.8.3 冷站群控界面要求

为实现系统的全自动化运行，全面、动态、实时监控冷源系统，群控界面应具有参数显示、设备状态、数据纪录数据管理管理、安全管理、报警、报表等功能还应有强大的图形展示功能，使图形界面更加直观形象，操作更加便捷。

（1）冷站群控界面首先应具备人机友好界面，以系统图方式显示冷站系统运行状态，上文提及的监测数据应清晰反映在系统图中。应有一键开关机功能。

（2）所有控制功能应以适当图形界面清晰显示，需呈现控制逻辑和控制参数状态，包括季节模式、温度、压差、主机负载率、主机电流、流量、频率、高低速等信息，方便操作人员判断控制效果；重要控制参数应留有人机交互接口，如冷水温度设定值、冷却水温度设定值、压差设定值、主机低温保护温度设定值、主机电流设定值、流量保护设定值、设备自动/手动切换等。

（3）应具备人机友好界面，以实物图方式显示设备运行状态，如主机、空调水泵、冷却塔、板式换热器等，上文提及的监测效率和相关数据应清晰反映在设备图中；主机信息需根据主机厂家提供的通信协议获取。

（4）利用冷水和冷却水管路的压力点监测，以水压图的方式清晰表达冷水和冷却水的水路压力变化。

（5）上文提及的数据除了实时显示在系统图、设备图中，还应以图表方式显示历史数据，显示时长不低于1年。

（6）实施单位将上述点位以适当图形界面方式显示，可实现数据分类、合并、累计、存储、导出等功能。

4.9　"群策群力"浅谈冷水机组群控系统（中）

上节分享了冷站群控设计方面的相关要求，本节主要研讨冷站群控控制策略方面的相关内容。

冷站群控系统是冷站的核心系统，特别在自动控制和冷站综合效率提升方面发挥着举足轻重的作用。通过群控系统使冷站内的各类机电设备相互沟通、协作，实现冷站的整体安全稳定、节能高效运行的目标。

冷机群控以冷水机组为核心，冷水泵、冷却水泵、冷却塔设备均自动响应冷水机组的需求，在保证冷水机组安全运行的前提下，也会根据各自的控制目标进行自动优化调节，如冷却塔风机根据出口水温及出口水温设定值调节运行频率或高低挡位；冷水泵一方面响应冷水机组的需求，保证冷水机组安全运行的最小流量，另一方面根据空调末端运行水量分配需求进行优化调节。

4.9.1　冷水机组启停控制

1. 启动控制

冷水机组启动过程：

（1）接收到启动指令；

（2）启动冷却塔阀门、风机；

（3）启动冷水机组蒸发器侧水路阀门、冷凝器侧水路阀门；

（4）启动冷水泵、冷却水泵；

（5）群控系统接收到冷水机组冷水侧及冷却侧水流检测信号后判断流量是否达到要求，满足水量要求后启动冷水机组。

（6）如果没有收到接收冷水机组正确运行反馈，则系统认为该机组不能使用，停止前面发出的所有设备动作指令后重新进行选定冷水机组的程序。

关于冷水泵、冷却水泵、冷却塔及其阀门的启动顺序并没有严格的约定，泵与阀门也可同时开启，关键是流量满足冷水机组最小需求才能开主机。实现各台冷水机组及水泵的运行时间均衡，根据要求自动切换机组的运行次序，累计每台机组运行时间，自动选择运行时间最短的机组，使每台机组运行时间基本相等，以延长机组使用寿命。

2. 制冷系统的预冷启动

商业项目经过夜间较长时间的停运，水管内的水温将会升高，且建筑内温湿度也会升高，在新的一天工作开始之前需要提前对水管中的水进行预冷，将水的热量散发掉。此时群控系统建议设置预冷，可以按照项目工作时间设定预冷启动时间，可让公共区域的AHU提前运行，提前将室内温度降至舒适温度。

此时群控系统会将1台冷水泵作为循环水泵，水泵的频率由最不利末端压差进行控制，当大部分末端还未运行时，也可人为切成按照干管压差进行控制。之后群控系统会将设置为"预冷使用"的机组作为即将投入运行的机组，启动与其相关的辅助设备（电动阀、冷却泵、冷却塔），辅助设备状态正确反馈后启动作为"预冷使用"的冷水机组进行系统的预冷，预冷时的冷水温度由冷水机组预设的温度值进行自动控制。

如果选定的机组无法投入运行（故障、通信故障等），则投入后续机组。后续机组投入时控制程序会选定处于停止状态、可以启动且运行时间或运行次数相对较少，并且冷量相近的机组作为即将投入运行的机组。在达到正常运行时间后，系统会进入正常加/减载逻辑。预冷时间设定开放到界面，物业可自由设定。

在项目初期较低负荷情况下，也可采用管道水蓄冷模式运行。如果末端需求冷负荷小于系统总负荷的10%，系统检测到这种状态后会开启此模式，冷水机组将冷水出水温度降到设定值，当控制系统检测到冷水回水温度低于设定值+4℃时进入关机状态，所有机组直接关闭，冷却塔、冷却水泵延时关闭，冷水泵继续运行，在冷水回水温度高于20℃时再次启动主机。每启动一次水蓄冷模式，必须间隔一段时间之后才可以再次启动水蓄冷模式，也可以结合峰平谷电价灵活掌握。水蓄冷模式可以结合当地峰平谷电价、预冷负荷及预冷时间综合考虑。

3. 停机控制

冷水机组关机过程：

（1）接收到停止指令；

（2）停止冷水机组；

（3）停止冷却塔风机；

（4）判断是否满足进出水温度条件；

（5）满足冷却水进出口水温条件后，停止冷却水泵，关闭冷凝器侧水阀、冷却塔侧水阀；

（6）满足冷水进出口水温条件后，停止冷水泵，关闭蒸发器侧水阀。

重要提示：停主机后，不能立刻关闭冷水泵，以免造成结冰炸管的危险。

4. 制冷系统余冷利用

正常情况下商场在接近营业结束时负荷可能不是很大，同时水管中的冷水温度可能还很低，此时可以关闭冷水机组，利用水管中的余冷负担冷负荷。

当群控系统到达设定的"余冷利用"时间后，停止冷水机组及冷却水泵，冷水泵运行。

如果是二次泵系统，可以停止一次泵，运行 1 ~ 2 台二次泵即可。余冷利用启动时间建议为营业截止前半个小时。余冷利用时间设定开放到界面，物业可自由设定。

4.9.2　冷水机组并行运行逻辑

1. 加/减机逻辑

冷水机组的台数控制是根据冷水出水温度、末端负荷决定的，当末端负荷增加时，冷水出水温度高于设定值、冷水温度上升趋势保持 15min（可设）、当前运行的机组已经满负荷运行时需增加一台机组投入运行。

冷水机组如设置大小机搭配，群控系统根据负荷需求自动匹配大小机组，如负荷需求在 600RT 以下时开启小机组、在 600 ~ 1200RT 时开启大机组、在 1200 ~ 1800RT 时开启一台大机和一台小机（3 台 1200RT 机组，2 台 600RT 机组）。

夏季供冷时，不同时段的建筑负荷在时刻变化，因此需要冷量时刻变化，群控系统可实时采集系统数据，智能分析系统空调负荷需求，根据建筑内总负荷实时变化，在满足末端使用舒适性的前提下，智能调节空调主机供水温度及系统的供水流量，实现冷源及输送系统的整体节能。

冷水机组如何满足制冷量与末端负荷匹配，同时保证供水温度维持在要求的范围内，又能保证机组运行在性能曲线高效区域，即使其在满足冷量需求的前提下制冷能耗最低。这个控制调节过程是多台冷水机组间相互迭代计算和耦合控制的过程。

提高冷水机组效率的核心是根据能效和设备性能提供最优设备运行组合和优化每台冷水机组的负荷分配，提供智能控制算法以便最大限度地根据负载需求实现节能运行，合理控制冷水机组运行台数，实现最佳系统高效节能运行。

2. 机组出水温度低温保护

一台机组出水温度低于 5℃（防冻保护温度），并持续 3s，则保护停机，延时 9min 停冷却水泵；该机组冷水出水温度高于防冻保护温度 +5℃，并且延时定时器计时达到 900s 之后可以复位。

4.10　"群策群力"浅谈冷水机组群控系统（下）

4.10.1　冷水泵变频控制

冷水泵的频率依照最不利端压差的设置值进行 PID 控制加载或减载，同时在建筑楼层进行检修或维护时，可以切换成按照干管压差设置值进行 PID 控制。PID 设置中还要包括流量变化率的限制值，一般机组要求每分钟流量变化率不超过额定流量的 30%。群控系统根据冷水泵选型时的效率曲线及运行中实际的效率曲线保持冷水泵高效运行。

当冷水泵达到加载水泵频率时（加载水泵频率点可设置），则启动下一台水泵；当水泵启动后，所有水泵频率慢慢达到一致，然后同步加/减载，满足负荷需求；当所有水泵频率减小到最低频率设定点后，开始延时，若延时后压差仍未达到设置值，则停止一台水泵。系统会监控当前冷水流量，当发现系统总流量小于正在运行机组的最小流量之和时，水泵不再进行减载。冷水泵控制的主要原则是低频多泵，水泵初始运行阶段可依据水泵选型时确定的高效区间控制，在后续调试或运行过程中可根据现场实测情况对冷水泵的高效区间再设定并进行控制。由于影响冷水泵效率的因素很多，如扬程、流量、水系统中的管阻、负荷特性等，考虑到受控设备的特点及目前尚无成熟可靠的针对性策略，群控系统可依据大的原则对冷水泵进行变频控制，即在保证负荷需求的前提下尽量让冷水泵运行部分负荷区间（允许的最低频以上运行）。

有厂家也采用温差双控方式，冷水系统总供回水压差设定值是将冷站的控制与末端结合起来，综合考虑最不利末端的压差值和温差情况调节冷水系统总供回水压差的设定值，可根据系统末端特性设置多处不利末端（最不利末端压差根据环路情况选择3个最远环路安装压差传感器，通过末端控制器通信读取压差数据）不低于目标值（初始值为15kPa）。每处不利末端分别设置不同的压差设定值，并且根据末端的温差情况动态调节，当温差过小时降低此处末端支路压差设定值；当温差过大时增大此处末端支路的压差设定值。末端支路压差设定值的动态调整，在预设的范围内进行，预设的范围根据项目的实际运行情况确定。当冷水系统运行时，若存在最不利末端的压差测量值小于最不利末端压差设定值时，则增大冷水总供回水压差设定值；若所有最不利末端的压差测量值均大于最不利末端压差设定值时，则减小冷水总供回水压差设定值。当冷水系统停止时，维持当前冷水总供回水压差设定值不变。

4.10.2　冷却水泵变频控制

冷却水泵的频率采用定温差控制：依照干管温差目标值进行PID控制变频。PID设置中还要包括流量变化率的限制值。系统根据水泵运行效率最优判断是否要加减泵，判断依据：切换转速比$k=f$（扬程比，切换后台数/当前台数）；扬程比为ϕ（运行扬程与额定扬程的比值，运行扬程及水泵前后压力传感器数据的差值，额定扬程为水泵设计点扬程），当前运行台数为m，则水泵运行时的最优效率转速比控制范围如下：$k=\{f_1(\phi,m),f_2(\phi,m)\}$且保证不能超过$k=\{0.6,1\}$的上下限范围。每台冷却水泵轮换启停，每台冷却水泵的运行时间或运行次数相同，保证每台冷却水泵相同的使用寿命。当选定的或运行的某台冷却水泵出现故障时自动切入待运行的备用泵，同时发出报警提醒。

4.10.3　冷却塔变频控制

冷却塔作为中央空调系统（冷站）中的一个重要设备，其高效率的使用将会为整个冷站的低能耗运行起到至关重要的作用。尽管冷却塔的运行能耗占整个冷站的能耗较小，但冷却塔控制使用方式的优劣直接影响到冷水机组的运行效率，也是决定整个中央空调系统能效比高低的主要因素之一。

冷却塔控制的基本逻辑为均匀布水，最大限度利用冷却塔的填料面积进行散热，在不低于冷却塔变流量下限的前提下，尽量多开冷却塔低频率运行。通过降低冷却水水温，从而减少冷水机组的运行能耗。在总冷却水流量确定的情况下，开启的冷却塔台数越多越好，但每台冷却塔分担的水量不能过小，否则可能会出现布水不均的现象。可以通过进出冷却塔阀组数与主机开机台数进行关联控制，如 N 台主机运行时，开启 $N+1$ 个阀组。同时也考虑了冷却塔增加的能耗与冷水机组降低的能耗之间的平衡。

冷却塔开启后通过出水温度（即冷却水回水总管温度传感器测得）与目标温度（根据室外温湿度传感器实时计算）差异进行台数和频率控制，冷却水温度升高时先是低频（可设）逐台顺序开启所有风机，再同步提升所有风机到高频，冷却水温度降低时先是同步降低所有风机到最低频（可设），再逐台停止风机。

自控系统将根据冷水机（机组）开启／关闭类别及数量通过一定的通信方式通知冷却塔控制系统开启／关闭相应的冷却塔组。运行过程中根据给定的冷却水总流量，使得每台开启的流量不低于各冷却塔的流量下限，同时开启的台数最多。冷却塔的风机控制规则为水阀开启的冷却塔风机为投入使用，已开启的风机统一变频／挡位调节，控制冷却塔的出水温度，保证冷却塔的出水温度尽可能低且不低于冷水机组的冷却水进水温度下限。如果变频风机的转速达到转速的下限或挡位调节的风机为低速运行，则关闭一台风机；如果开启的风机转速达到上限或挡位调节的风机为高速运行，且仍有阀门开启的冷却塔的风机未开启时，则加开一台风机。如果冷却塔出水温度过低，首先是关闭运行中的冷却塔，当无冷却塔运行且冷却塔出水温度过低时，则冷却塔的部分供水直接通过电动温差式两通阀与冷却塔出水进行混合，从而达到冷水机组的要求。

4.10.4　冷水/冷却水旁通管

群控系统将监视冷水流量（或机组侧压差），当发现机组流量小于设定最小流量值后，冷水旁通阀开启，旁通水流，结合冷水泵的频率控制，保证机组的最小水流量。

在变流量中央空调水系统中，末端比例积分阀的调节会使管路压差发生变化，从而影响管路水流量。为了保证冷水机组蒸发器水流量不低于下限值，必须在供回水总管旁通管道上装压差旁通阀。每台主机都有流量值监测，可直接采用追加流量值来控制压差旁通阀的启闭。当主机流量值（主机流量值通过每台主机的热量表通讯获取）低于下限值时，打开压差旁通阀；当流量值高于下限值时，关小或关闭压差旁通阀。

压差旁通阀的传统控制方式也可以根据总管压力传感器测得的压差值进行控制，当压差值大于设定值时，旁通阀打开；当压差值小于设定值时，阀门关闭；压差目标值通过调试测得，一般初始值可设 0.2MPa。调试时逐渐关闭末端阀门，当主机出现断流报警时，记录此时的压差值，此值减 0.02MPa 为压差旁通阀的控制目标值。

冷却水旁通管群控系统实时监测冷却水的回水温度，当发现冷却水回水温度低于冷水机组允许的最低温度值时，调节旁通阀开度，保证冷水机组正常运行。

第5章 浅谈机电系统调适

5.1 "调兵遣将"浅谈调适组织

目前很多项目的机电系统调试还只停留在使系统基本运转起来，满足基本功能要求的阶段，距离系统很好地适应不同工况下的使用要求及充分满足运营管理需要还有较大的差距。由于受到设计缺陷、工期、环境、施工质量、调试能力及意识、物业运营管理能力等诸多因素的影响，目前在建和已完成的商业建筑在机电系统综合调试工作方面仍存在问题，一定程度上影响了项目的开业运营，更重要的是影响了系统设计工况的所要达到的长期能耗控制目标。本节将具体阐述调适理念、组织架构、各方职责等相关内容，之所以采用"调适"一词，是因为调适是指比调试更精细化的管理，让系统更加匹配、适应实际工况。另外，调适是个长期反复调试的过程，通过精调会更适合建筑。

5.1.1 机电系统调适理念简介

调适是指在机电设备投入日常运行前，按照调适方案使机电设备及系统的各项参数都能够达到设计要求所做的一系列专业内及跨专业的调适工作，包括单机及系统调适。建筑调适一般始于方案设计阶段，贯穿图纸设计、施工安装、单机试运转、性能测试、培训和运行维护各个阶段，确保设备和系统在建筑整个使用过程中达到设计功能。现实情况是业主聘请调适顾问的时间往往比较滞后，很多时候在施工阶段才考虑，此时已经错过了设计和设备选型等阶段。波特兰节能公司（Portland Energy Conservation Inc.）将调适定义为：一个系统性的过程——始于设计阶段，至少持续到项目收尾后一年，且包括操作人员的培训——确保建筑系统的性能符合业主的使用要求和设计师的设计意图。ASHRAE指南1-1996将调适定义为：以质量为导向，完成、验证和记录有关设备和系统的安装性能和质量，使其满足标准和规范要求的一种工作程序和方法。或定义为：一种使得建筑各个系统在方案设计、图纸设计、安装、单机试运转、性能测试、运行和维护的整个过程中确保能够实现设计意图和满足业主的使用要求的工作程序和方法。

机电系统调适是一个多专业、多责任方相互配合的全过程管理工作。建立一个统一管理的调适团队有利于调适项目各项工作顺利开展。一般情况下，调适团队由业主或业主代表、调适顾问、设计单位、施工单位（总承包单位、专项分包单位）、监理单位、物业单位以及各设备供应商等组成。业主可委托调适顾问开展项目的调适工作，协调各相关责任方的关系，提出相关技术要求、全权处理调适过程中出现的各类问题，最终使各系统高效运行。

5.1.2 调适组织架构

调适组织架构主要分为两种类型，一种是业主将调适工作委托给第三方。受业主委托的顾问单位，负责根据实际项目编写和制定详细的调适方案，在调适过程中给予承包商必要的技术指导及见证承包商的调适工作关键节点，保证调适工作的顺利执行及调适结果真实有效。另一种是由总承包单位组织，负责完成调适实操作业的各专业技术团队；调适组作为总承包单位在调适阶段组建的专职部门，协调各专业承包商完成各项机电调适工作。总承包单位负责统筹管理整体机电工程建设安装的承包单位，包括项目总承包商、机电总承包商。在没有调适顾问的情况下，同时承担调适顾问的工作。专业承包商包括总承包直管机电分部工程的专业承包商，以及总承包负责管理的业主指定的机电专业承包商、设备供应商。同时，物业公司在调适移交工作开始之前介入，从物业运营管理角度提供专业意见，以避免建筑设施日后运营的问题及风险。

5.1.3 各方调适职责简介

调适过程中各方应承担相关职责，具体如下：

1．业主主要职责

（1）协调各方资源，推动机电系统调适工作有序、高效开展；

（2）检查系统调适工作质量，确保运行效果；

（3）审批项目的调适方案；

（4）审批项目的调适报告。

2．调适顾问的主要职责

调适顾问的工作建议贯穿设计、施工、运营等各个阶段。负责整体规划各个阶段的工作内容及时间安排。设计阶段对项目设计成果及文件等资料进行审核，提出相关建议。其具体职责如下：

（1）负责编写详细的调适方案；

（2）在调适过程中提供技术指导；

（3）审核项目的调适方案；

（4）参与相关调适工作，见证关键调适步骤及成果；

（5）审核项目的调适报告。

如业主方未聘请专门的调适顾问，此部分工作应为总承包单位职责。

3．总承包单位的主要职责

总承包单位应制定详细的各机电系统的调适要求、内容及计划，管理协调专项分包及各设备供应商展开各项调适工作。调适人员要合理安排各项调适顺序。其具体职责如下：

（1）对机电系统安装质量负责，确保系统各部分软、硬件功能完好，整体完善，并能够使设备达到甚至超过设计要求；

（2）协调各专业承包商配合调适工作开展；

（3）负责带头解决调适过程中发现的技术问题；

（4）组织各机电承包商建立调适组，其职责包括：1）编写调适方案及计划，如果项目聘请了调适顾问，按照调适顾问编写的调适方案进行细化；2）制定系统功能性联调方案，组织安装单位、各机电设备供应商进行系统联动调适；3）优化各机电系统的运行逻辑、方式，实现业主及设计方的最终功能性指标和节能要求。4）实施具体测试、调适作业；5）排查机电系统问题，并推动问题的解决；6）记录调适数据，编制调适报告。

4. 物业公司的主要职责

（1）全程参与调适工作过程，了解系统的设计思路和实际工程状况；

（2）接受各专业承包商和设备供应商的培训，掌握机电系统的日常操作和基本维护；

（3）监管调适人员、施工人员进入物业接管区域的施工作业活动，保护成品。

5. 监理公司的主要职责

（1）负责对调适工作质量进行全面监管；

（2）负责审批调适方案及计划；

（3）监督总承包单位的调适过程，确保按照调适方案执行；

（4）负责审批调适报告，确保调适记录数据的完整性和真实性。

机电管控是全过程的管控过程，调适也是如此。管控除了常规主线外，还应引入多维度的理念，修正主线管控的逻辑和方法。调适就是一个很好的另外的角度和辅线，从调适角度可以看设计、施工、运营，关注实现系统的整体落地。希望大家对调适工作加以重视，关注系统最终运营状况是否满足当初设计要求。

5.2 "按部就班"浅谈调适流程管理

第一阶段：调适方案启动阶段

机电总包或调适顾问应担当项目调适活动的协调者。协调工作包括调适过程进度制定，组织领导调适工作会议和监督指导各项调适任务的完成。为了组织和领导整个调适过程，在项目开始时要对项目各参与方进行关于调适目的、重要性和工作流程的宣贯。因此，调适的第一步就是要组织一次由项目各参与方共同参与的工作会议，详细讨论项目的整个调适计划和工作流程，各项目团队对交换和保存项目信息的方法和步骤达成共识。会议最重要的目的是要让与会者获得对调适流程的基本认识和理解。

该阶段中，机电分包商向总承包单位提供技术信息，由总承包单位组织调适员审图并编制调适方案，编制的调适方案经由监理和业主审核，审核通过后，由总承包单位完成详细的调适方案并确认调适组织安排。机电总包单位审核及优化团队需制定和提交一份详细的调适计划，定义和描述各个项目阶段的调适内容和工作流程。该计划用作指引整个调适工作过程的推进，在重要的时间节点向项目各相关利益方进行调适活动汇报。

机电总包单位图纸审核优化管理团队需编写调适技术要求。从调适角度审查图纸，例如后续水平衡调适所涉及的阀门的设计和选型等。调适技术要求需提供足够的细节要求，从而让承包商能清楚地理解调适的流程和他们在调适中将要承担的任务和责任。这些细节为承包商提供清晰的如何执行调适工作的要求，也为承包商提供一个关于验证测试所要求的程度的清晰描述，包括什么部件和系统将会被测试和需要提交什么文档和提交的时间表要求。

第二阶段：施工阶段

（1）审核承包商送审材料。机电总包单位需审核各机电设备供应商提交的各类技术资料。机电总包单位各专业工程师要仔细审核主要机电设备的技术资料，确保各机电设备的性能指标满足设计要求，安装指导手册完善，开机调适操作说明明确、过程清晰，日常维护手册指导详尽。机电总包单位需要求承包单位按照工程进度及时提供完整详实的技术资料，设备供应商只有在完整地提供了技术资料，通过了机电总包单位的审核后才能设备进场安装。

（2）现场安装检查。各类机电设备安装的正确与否，会很大程度上决定今后开机调适及系统联调的成功与否，所以机电总包单位需日常巡检各机电设备的安装质量，每周提交现场设备安装质量报告，该报告应该包括各专业的设备安装情况。机电总包单位需在业主的支持下要求机电安装单位进行质量整改，并跟踪整改结果，确保所有安装质量问题得到及时解决。

（3）业主物业团队施工现场培训。机电总包单位需对现场的业主方、物业人员进行培训，普及基本调适知识，帮助相关人员逐渐掌握调适的方法和流程。经过这样的现场培训，物业团队的操作人员将能够在日后运营过程中更高效地对机电系统进行日常操作、管理、诊断和维护。

（4）见证重要设备出厂前测试。针对重要的机电设备（如中央空调冷水机组），机电总包单位需根据业主的需要，参加设备出厂前在工厂进行的测试，并对测试结果进行见证和记录，以确保实际测试结果与设备规格说明及设计要求一致。

第三阶段：调适阶段

该阶段中，由总承包单位派出的调适员在现场检查系统安装状态，监理方对其督促，业主项目部统一协调相关问题，在三方合作下确定调适前置要求是否满足，满足后，进行设备调校和数据测量，确定单机运行参数值是否与设备性能及设计要求一致，满足要求后，进行单系统调校和数据测量，记录单系统运行最终参数值，满足要求后进行系统并联调适记录实测参数并准备尾项清单。根据调适指引编制完整的调适报告，编制突发事故模拟清单，监理负责审核测试数据并与设计参数进行对比，满足要求后交由业主项目部和物业管理公司审核，满足要求后由总承包单位方递交调适报告。

（1）单机调适检查。机电总包单位需审核承包商的设备检验和开机启动计划，编写预调适（单机调适）清单以扩大增加承包商的设备检验和开机启动计划的内容。承包商需在设备的开机启动过程中完成单机调适清单上的检验项目，机电总包单位需监督和见证设备的检验和开机启动的测试过程。机电总包单位需协助承包商和当地的调适验收专员解决在单机调适任务清单完成过程中发现的问题。同时，机电总包单位需将所有在单机调适过程中发现的问题记录到问题日志中，并监督承包商修复这些问题或提供合理的解释。

（2）功能性测试。机电总包单位需制定各设备系统功能性测试的程序步骤和测试项清单，承包商现场执行这些测试。这些测试程序需依据项目的具体情况制定。机电总包单位需按照调适计划安排功能性测试的进度并执行测试、记录归档各设备和系统的测试结果。其中，控制系统需被首先测试和校验，以便用于帮助测试和校验其控制的机电系统或部件的性能。在对空气或水传输系统进行功能性测试前，承包商首先要对该空气或水传输系统进行风平衡或水平衡调适。功能性测试按部件、子系统、大系统最后到系统间的互动的顺序和层次进行。承包商要及时向机电总包单位汇报调适进展，机电总包单位需记录测试的结果。在测试过程中发现的小问题会根据机电总包单位的判断进行即时调整。机电总包单位需把测试结果记录在测试步骤表或测试数据表格上。测试中发现的缺陷或与设计相背离的情况需被记录汇报至机电总包单位汇总分析，然后向业主汇报。机电总包单位需要求相应的承包商对发现的问题采取必要的修正措施，并追踪其整改的情况，以确保问题能够得到及时解决。机电总包单位需和总承包单位一起安排重新测试的时间表。原则上希望可以把问题在最低的层次级别上加以解决，理想的情况是通过机电总包单位与分项承包商的合作将发现的问题解决或达成共识。对存在意见分歧的问题，由业主与设计方，承包商以及机电总包单位达成一致意见后做出决定。

（3）调适问题追踪。在调适过程中发现的所有问题都会被记录进一个问题追踪表，标明整改负责方和整改完成时间。机电总包单位需根据这个问题追踪表监督调适过程中的整改情况，确保所有问题都能依据项目工期得到及时解决。这个问题追踪表的使用需贯穿整个项目进程，并及时告知项目团队，以使所有参与方都能知道项目的相关决定及变更。

（4）撰写调适总结报。机电总包单位需根据项目的进展，及时向业主递交阶段性的调适报告，调适报告需将调适中发现的问题进行陈述。对于一般性的小问题，调适报告会直接记录整改方法和效果；对于重大问题，调适报告会依据发现的问题，提出解决办法，由业主最终决定采用何种整改方法。

第四阶段：开业后调适阶段

此阶段是对第三阶段剩余的尾项清单进行跟踪处理，并对系统进行不同季节工况调适，看系统是否能稳定运行，满足要求后提交最终的调适报告。并由总承包单位、监理、业主项目部等存档相关报告文件。

（1）审阅系统运行维护手册。机电总包单位需针对承包商提供的设备和系统的运行维护手册进行审阅检查，以使运行维护手册准确、清晰，包括对物业人员操作流程的清晰指导。对于易出现操作混淆的地方，需重点标示以避免任何误操作或错操作对建筑系统带来的损害。

（2）物业团队培训审核。机电总包单位需审查为将来的设备操作人员准备的培训资料，并提供建议。该培训必须在物业移交前进行，机电总包单位需确认并记录培训的举行时间。机电总包单位、机电分项承包商和设备供应商应对提供的各类设备操作培训负主要的职责。在临近功能性测试的尾声，机电总包单位要向业主提供一份培训计划，描述培训所涉及的项目，每个项目的培训时长和培训所采用的方式，并提交培训讲师的姓名和资格说明。业主应审查该培训计划并确认安装承包商和设备制造商已提供恰当和有效的培训课程。在进行培训前，机电总包单位需提供一份培训记录表样本给各培训讲师（通过分项承包商）。培训讲师需要在培训记录表上记录每个培训活动（包括时长和所涉及的项目概要）。培训讲师和所有参加培训的人员都需要在培训记录表上签字。培训结束后，培训讲师需向机电总包单位提供填写完整和已签字的培训记录表。机电总包单位需确认该培训记录表是否结构清晰明确和便于将来对新操作人员的培训。

5.3　"水到渠成"浅谈冷站输配系统调适

　　建筑系统整体调适是一个系统性的过程，涉及设计、设备选型、安装、调试、运行控制及维保等诸多方面，这些方面内容整体、系统性完成，才能够与业主的需要和项目设计意图相吻合，才能确保建筑系统与设备的运行相匹配。建筑系统整体调适的要点是调适总体管理，设计时要审核与优化系统，施工时要单机和整体调试，运营时要做运行维护培训指导。本节分享冷站输配水系统相关测试及调适方法。

5.3.1　输配水系统测试方法及流程

　　水泵效率测试原理如图5-1所示，待测物理量如表5-1所示。

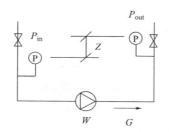

图 5-1　水泵效率测试原理图

待测物理量　　　　　　　　　　　　　　　　　　　　　　　表 5-1

编号	物理量	符号	单位	测量位置	测量工具
1	水泵工作流量	G	m³/h	水泵进口或出口管路	超声波流量计
2	水泵进出口压力	P_{in}, P_{out}	MPa	水泵进出口压力表	原有压力表或电子压力表
3	水泵进出口压力表高差（出口高度—进口高度）	Z	m	水泵进出口压力表	卷尺
4	水泵耗电功率	W	kW	水泵配电柜	电功率计
5	水泵效率	η_p	无	计算而得	

　　注：1. 水泵流量采用超声波流量计测量，超声波流量计测点的位置一般应保证上流10D以上、下流5D以上的直管段（D为管道内径）。

　　2. 一般情况下，往往认为在水泵工作台数、工作频率不变时，流量也不变。但在某些系统中或在研究某些问题时，系统流量会有明显变化，此时应测量多个工况。水泵扬程的测量注意考虑两个压力表之间的阻力部件（如过滤器、软连接、弯头等）对测量结果准确性的影响，如不能忽略则应进行修正。

水泵效率计算公式：

$$\eta_p = \frac{G\,(P_{out} - P_{in} + 10^{-6}\rho g Z)}{3.6W} \tag{5-1}$$

具体测试流程：先将系统工况调至额定工况，如冷水侧一台主机对应一台水泵，冷却侧一台水泵对应相应水量的冷却塔等，随即将水泵控制切换为就地控制或手动状态，将变频器频率调至工频（50Hz），准备进行测试。水泵测试流程如图5-2所示。

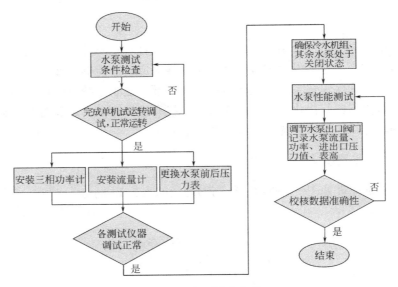

图 5-2 水泵测试流程

在调试条件检查完成后，寻找合适位置进行仪器的布置，测试期间确保工况的稳定性，最后根据实测数据，计算测试结果。

5.3.2 待测试量具体测试方法

1. 水泵工作流量

水泵流量采用超声波流量计测量，首先在现场根据管路安装情况确定水泵流量测点位置，在选取测点位置时需选择远离阀门、弯管、变径的直管段。测点的位置应保证上流$10D$以上，下流$5D$以上的直管段（D为管道内径）。测点位置确定后，使用卷尺测量管路的外直径，使用壁厚仪测试被测管段的壁厚，计算出超声波流量计探头安装距离，使用电砂轮和砂纸打磨测试区域至裸露出管路的光滑金属表面。将超声波流量计探头按照正确的方式放置于打磨后的测试区域，调节探头的相对位置使得超声波流量计的信号强度大于80，固定好探头位置，为测试流量做好准备。

2. 水泵进出口压力

在原有压力测点上使用高精度压力表进行测试，随即计算水泵扬程。首先现场确定所测泵前后压力测点位置，在选取水泵进出口压力测点位置时，需要确保压力表测试位置与水泵进出口之间没有阀门、过滤器等阻力部件。压力测点位置确定后，将校核后的高精度压力表，分别安装于水泵前后的压力测孔上，并使用合尺测量前后两块压力表的高差值，从而根据压力表读数及其高差值，计算出水泵的扬程。如果两个压力表之间的存在阻力部件，如过滤器、软连接、弯头等，则需考虑对测试结果准确性的影响，如影响不能忽略则进行相应修正，修正方法为查找该部件样本中提供的阻力系数，结合流量进行修正，或根据工程经验进行修正。

3. 水泵耗电功率

使用三相电功率计在配电柜进行测试，电功率计在所测水泵的配电柜中，使用三相四线的安装方法，实时测试当前水泵的实际运行电功率值。

4. 其他

使用激光转速仪对水泵转速进行测试，使用噪声仪对水泵工频下的运行噪声进行测试，使用红外热成像仪对水泵轴承温升进行测试。

5.3.3　水泵调试

在水泵额定工况测试结束后，对水泵进行调试。

（1）多运行工况判定：通过调节阀门或频率使水泵流量从0至额定流量；

（2）数据记录：分次记录水泵实测数据；

（3）现场问题记录：记录水泵测试时发现的现场问题；

（4）性能判定：制作水泵实际性能测试曲线与额定曲线对比并与实际性能曲线对比，观察是否能够重合，偏差应小于5%。

1）对工频工作点的判定：如性能满足要求，工频下实际工作状态点与样本进行对比，常见问题为工作状态点的左偏或右偏，左偏表明水泵实际扬程大，流量偏小，输配系数下降，应检查水路压降，排查是否有额外的阻力消耗（如过滤器脏堵），冷水机组"两器"阻力过大，管路中部分阀门状态存在问题；而右偏则表明水泵选型过大，系统阻力小。

2）水泵偏离调试方法：左偏时，通过压降判断问题，清洗设备或更换阀件，随即再次测试，直到水泵回归工作点；右偏时，为防止电流过大，先关闭部分阀门，使水泵重回工作点，然后降低水泵运行频率，每次幅度不得超过5Hz，降低后逐渐开启阀门，直到阀门完全打开，记录水泵运行频率，在该工况下，如无特殊情况不得超过该频率运行。调节水泵工作点时，需监测冷水机组、冷却塔等设备，确保满足其需求。

3）调适结果合格标准：

①水泵运行功率不得过载；

②在规定的额定扬程条件下，所对应的流量不低于规定值的95%；

③在规定的额定流量条件下，所对应的扬程不低于规定值的95%；

④绘制水泵的扬程—流量曲线，与厂商提供的额定曲线对比，看水泵实测工作点是否在水泵运行的高效区域内；

⑤绘制水泵的流量—效率曲线，与厂商提供的额定曲线对比，看偏离程度和偏离情况。

5.3.4　具体案例

在某建筑中，冷却水泵额定扬程为32mH$_2$O，额定流量为430m³/h（图5-5中圆圈内的点）。这个选型是合适的，单台冷水机组的冷却水额定流量即为425m³/h。但是，额定扬程的选型明显偏大，实际冷却水回路扬程仅15mH$_2$O。实际运行过程中，水泵工作点明显右偏（图5-3中三角形内的点），不仅造成冷却水流量偏大，而且使冷却水泵效率偏低，实测全效率为45%。经过经济性分析，建议更换水泵。

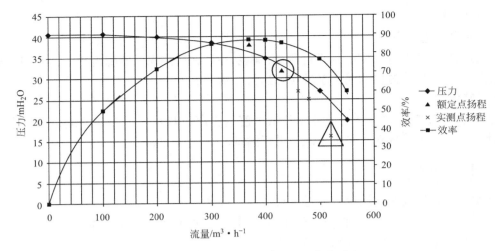

图 5-3 冷却泵额定点与实际工作点对比

5.4 "水到渠成"浅谈冷水机组调适

夏热冬暖地区公共建筑的运行能耗中，空调系统占40% ~ 60%，其冷水机组、水泵、冷塔能耗占空调系统能耗的75%左右，现状大部分制冷机房能效 EER < 4.0，与高效机房的要求（5.0）还有较大差距。那如何测试冷站综合效率和设备效率呢？本节主要分享冷水机组测试原理和方法，并结合具体问题阐述冷水机组效率低的调试方法。

5.4.1 冷水机组COP测试原理简介

冷水机组的瞬时制冷量与瞬时耗电量之比称作瞬时COP，累计制冷量与累计耗电量之比称作平均COP。这个指标简单明了地反映了冷水机组的运行效率，而且有良好的可测性，只需测出冷量和电量即可得出冷水机组运行能效比。

COP计算公式如下：

$$COP = \frac{Q_c}{W_{chiller}} \tag{5-2}$$

式中　Q_c——冷水机组瞬时冷量，kW；

$W_{chiller}$——冷水机组瞬时功率，kW。

冷水机组冷量需要测试冷水流量和冷水泵进、出水温，计算而得。冷量的具体计算公式如下：

$$Q_c = \frac{1}{3600} c_p \rho G_c \Delta t_c = \frac{1}{3600} c_p \rho G_c (T_{e,in} - T_{e,out}) \tag{5-3}$$

式中　G_c——冷水的流量，m³/h；

c_p——水的定压比热容，4.186kJ/（kg · ℃）；

ρ——水的密度，1000kg/m³；

$T_{e,in}$, $T_{e,out}$——冷水的进、出口水温，℃；

Δt_c——冷水供回水温差，℃。

冷水机组耗电量也可由其工作线电压 U、电流 I 和功率因数 φ 计算得到。

$$W = \sqrt{3}\ UI\cos\varphi \tag{5-4}$$

测试原理图如图 5-4 所示。

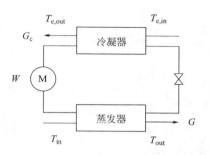

图 5-4 测试原理图

故要得冷水机组 COP，需要采用超声波流量计测量冷水干管流量，用热电偶或温度自记仪测冷水机组进出口冷水水温，采用电功率计测冷水机组耗电量等物理量。

5.4.2 冷水机组测试具体流程及方案

（1）冷水机组测试流程如图 5-5 所示。

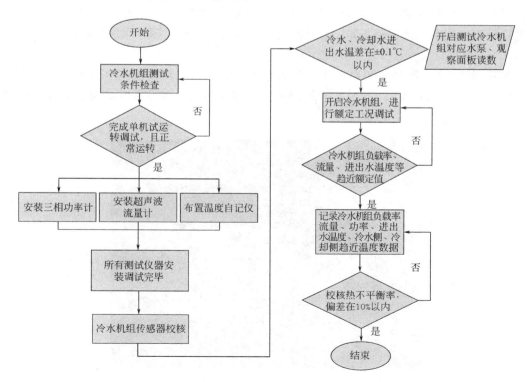

图 5-5 冷水机组测试流程

（2）在所测冷水机组的配电柜中，使用三相四线的安装方法，实时测试当前冷水机组的实际运行电功率值。电功率测试位置及方法示意如图5-6所示。

（3）流量测试方法：能量测试首先要进行流量测试，需要在现场根据冷水机组管路安装情况确定冷水和冷却水流量测点位置，具体方法详见第5.3.2节。冷却水管建议前期制定好测试点，避免后期测试时拆除保温层。流量测试位置方法示意如图5-7所示。

图5-6　电功率测试位置及方法示意　　　　　图5-7　流量测试流量及方法示意

（4）温度测量：首先现场确定所测冷水、冷却水进出口测点位置。温度测点位置确定后，将设置好取数间隔的温度自记仪的探头涂抹黄油后紧贴管壁放置，在探头外使用保温棉进行包裹并固定，确保探头紧贴管壁且与保温棉之间没有空隙。温度自记仪安装方式示意如图5-8所示。

某项目在8月4日16∶00对冷水机组进行测试，室外干球温度37℃，相对湿度47%，湿球温度27℃。此时开启了1号、2号、3号三台冷水机组。冷站温度及流量情况如图5-9所示。

图5-8　温度自记仪安装方式示意

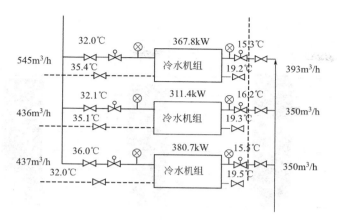

图5-9 冷站温度及流量测试图

典型工况下冷站温度及流量及COP计算情况如表5-2所示

典型工况下冷站温度及流量及 *COP* 计算情况 　　　　表 5-2

冷水机组	1 号	2 号	3 号
冷水供水温度/℃	15.3	16.2	15.5
冷水回水温度/℃	19.2	19.3	19.5
冷水流量/$m^3 \cdot h^{-1}$	393	350	350
冷却水进水温度/℃	32	32.1	32
冷却水出水温度/℃	35.4	35.1	36
冷却水流量/$m^3 \cdot h^{-1}$	545	436	437
蒸发温度/℃	10.1	11.5	10.6
冷凝温度/℃	39.4	37.7	39.2
供冷量/kW	1696	1349	1672
耗电量/kW	368	312	381
COP	4.61	4.32	4.39

注：蒸发温度和冷凝温度采用面板读数。

　　冷水机组的额定COP为5.5，实测3台冷水机组的COP分别为4.61、4.32和4.39；若将实测值按照冷水机组额定参数进行修正，3台冷水机组的COP仅为4、3.26和3.71，与额定COP偏差较大。机组典型工况COP与额定COP比较如图5-10所示。

　　结合蒸发冷凝温度进一步分析发现，冷水机组的蒸发器和冷凝器换热端差较大，趋近温度偏高，如表5-3所示。这说明蒸发器和冷凝器可能存在脏堵、结垢等问题。

蒸发侧及冷凝侧趋近温度 　　　　表 5-3

冷水机组	蒸发侧趋近温度/K	冷凝侧趋近温度/K
1号	5.2	4.2
2号	4.8	2.9
3号	5	3.3

注：蒸发温度和冷凝温度采用面板读数。

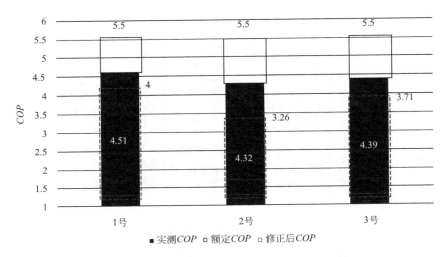

图 5-10 机组典型工况 COP 与额定 COP 比较

由机组的蒸发、冷凝温度可以计算得到 ICOP，结合机组的 COP 可以计算机组的热力学完善度 DCOP，具体公式如下：

$$ICOP = \frac{T_{ev}}{T_{cd} - T_{ev}}$$ （5-5）

式中 ICOP——冷水机组运行外部效率，即理想 COP；

T_{ev}——蒸发温度，K；

T_{cd}——冷凝温度，K。

注意，ICOP 指的是绝对温度，通过式（5-5）可得 2 号冷水机组 ICOP 为 10.859，根据公式 $DCOP = \frac{COP}{ICOP}$，可得 2 号冷水机组 DCOP 约等于 0.4，3 台冷水机组的 DCOP 如表 5-4 所示。

3 台冷水机组的 DCOP   表 5-4

冷水机组	1号	2号	3号
DCOP	0.49	0.4	0.45

注：内部效率 DCOP 即表达了 COP 与 ICOP 之间的偏差，COP 与 ICOP 的偏差主要在于以下几方面：有温差换热、截留损失、过热损失、压缩机效率等，这些影响因素都发生在冷水机组内部，因此称 DCOP 为内部效率。DCOP 的大小主要受冷水机组自身性能的影响，其中，压缩机效率与其额定效率之差，取决于实际工作点的压缩比和负荷率与额定工作点的压缩比和负荷率之差。因此，要重点考察实际运行压缩比和负荷率的大小。除此之外，制冷剂充灌量、冷水机组性能老化等其他因素也会对 DCOP 造成影响。

3 台冷水机组的热力学完善度低于 0.6，内部效率偏低，这说明设备自身存在问题。对冷水机组运行数据进一步分析发现，因冷水机组调适时属于供冷季末期，负荷较小导致调适时机组负载率低，调适后在供冷季中期负荷较大时出现冷水机组因膨胀阀开度不够、冷凝器排气压力过大导致机组频繁报警。

另外，冷水机组蒸发器饱和蒸发温度为 10.2℃，蒸发器吸气温度为 15.3℃，过热度高达 5.1K，而厂家以控制冷水机组最大负载率的方式来防止过电流保护，导致冷水机电出力不足，供水温度无法达到设定值要求以及机组能效低等问题。

针对冷水机组出力不足、能效低的问题的调适，可参考本书第3.1.4节。

5.5 "诸如此例"机电系统调适案例分享

案例一：冷却水系统

问题1：冷却塔四周挡板、设备等影响了塔外气流组织。如某项目冷却塔的散热能力设计不合理，出现散热不良造成主机频繁跳机的情况。日常施工图抽查中发现冷却塔组间进风面设计距离不到2m，严重影响后期散热及运行。

建议：因商业建筑屋面设备较多，建议设计之初进行冷却塔周边环境分析，进行CFD模拟，避免排油烟风机设置其附近。如有降噪等需求，应考虑通风性能。如果冷却塔置于通风效果不良或周围设置隔声百叶等降噪措施且影响冷却塔的散热时，需考虑进风反混引起的进风湿球温度的升高，进一步修订选型湿球温度值。在冷却塔选型工作完成前需由厂家考虑冷却塔的周边环境与排布，书面确认冷却塔散热能力可满足设计要求。复杂项目可要求厂家等第三方出具气流模拟报告，并提供最终选型清单及合理布置方案，评估所需的辅助资料由设计人员提供。建议冷却塔单排布置，最多2排布置。如某项目冷却塔周围风口较多，进风温度较高，气流组织不佳；空调室外机安装在冷却塔下方，出风温度为39.2℃，严重影响冷却塔气流组织，如图5-11所示。

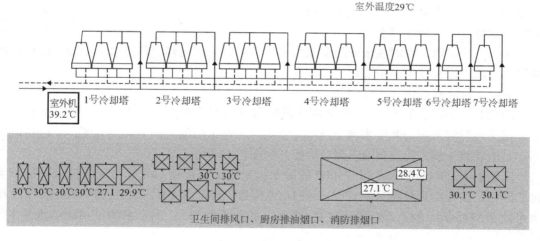

图5-11 各冷却塔气流组织

问题2：排油烟风机距离冷却塔较近，污染冷却塔水质、影响散热效果，如图5-12所示。

建议：排油烟风机出口应远离冷却塔10m以上，以降低油烟对冷却效果的影响。

另外补充一点：室外温湿度及$PM_{2.5}$传感器要远离排风与排油烟排放口以及冷却塔区域。

问题3：冷却塔的排风二次进入冷却塔。

厨房排烟

图 5-12　冷却塔与油烟风机出口距离过近

建议：冷却塔出口加装导风管，尽可能降低排风对冷却塔进风的影响。

问题 4：冷却塔布水的问题。

冷却塔水力不平衡有两种表现：一是冷却塔之间的不平衡，一般建筑中都会有不止一台冷却塔，如果这些冷却塔的进水或出水出现较为严重的不平衡，就会导致一些冷却塔处于大流量，另一些冷却塔水量不足的情况。对于那些流量过大的冷却塔，部分冷却水未得到充分冷却便回到冷水机组中，造成冷水机组进水温度偏高。二是单台冷却塔自身的水力不平衡，由于布水不均匀的问题，某些冷却塔一些换热面积拥有过大的流量，而另一些换热面积则几乎没有水流经过，这既是对冷却塔换热面积的浪费，又会造成过流的水量未经充分冷却便进入冷却水回水。

建议：冷却塔之间的供水管路要水力平衡，可以采用同程管路供水。冷却塔布水器要选用水力稳压器，以保证布水均匀。

案例二：冷水系统

问题 1：某项目每台空调机组管路中既安装电动调节阀，又安装动态流量平衡阀。一个是试图通过调节阀门开度来调节流量；而另一个是试图通过调节阀门开度，来维持流量不变。两者相矛盾，会导致流量调节失控。如图 5-13 所示。

问题 2：某项目设置了 3 台 750RT 的冷水机组，一到负荷高峰就出现主机运行报警停机的问题。设计冷水泵流量 378m³/h，进/出水温度 12.5℃/6.5℃，水泵扬程 41mH₂O；冷却水泵流量 534m³/h，进/出水温度 32℃/37℃，水泵扬程 30m。冷水泵测试情况如表 5-5 所示。其性能曲线如图 5-14 所示。

冷水泵测试情况　　　　　　　　　　　　　　　　　　　　　　　　表 5-5

工况		流量 /m³·h⁻¹	扬程/m	功率/kW	频率/Hz	效率/%
2 号冷水泵	额定工况	378	41.0	49.76	50	85
	水泵单台运行工况	415	33.4	57.0	50	66
	3 台水泵同时运行工况	355	35.9	54.2	50	64

为什么在变流量系统中不推荐自动流量限制阀和比例积分调节阀在一起应用?

在电动调节阀在关小时,自动流量限制阀会怎样动作?

自动流量限制阀会开大,因为它总是试图保持原来的流量。

由此导致的结果就是:比例积分调节阀变成了一个开关阀

图 5-13 电动调节阀和自动流量限制阀

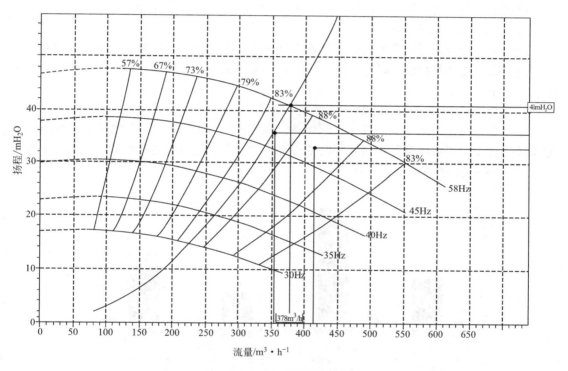

图 5-14 冷水泵性能曲线

问题分析如下:2号冷水泵单台工频运行时,实测流量偏大、扬程偏小、水泵性能曲线右偏,工作点偏离样本曲线;3台冷水泵同时工频运行时,2号冷水泵实测流量偏小、扬程偏小,工作点偏离样本曲线;冷水泵实测效率偏低,水泵性能实测与样本不符。冷水泵工频运行时水泵过滤器前后压降,实测扬程35.9mH$_2$O,扬程与额定值相比偏小;蒸发器压降11mH$_2$O,存在不合理阻力,建议清洗水泵过滤器和蒸发器。

进一步负荷复核选型,根据水泵的流量计算公式:

$$G=K\frac{Q}{1.163\Delta t} \tag{5-6}$$

式中　G——水泵的流量,m³/h;

　　　Q——水泵所负担的冷(热)负荷,kW;

K——水泵流量附加系数，取1.05 ~ 1.1；

Δt——供回水温差，℃。

可计算冷水泵流量为$1.05 \times 750 \times 3.517/（1.163 \times 6）=396\text{m}^3/\text{h}$，设计选型中显然没有考虑水泵流量附加系数。

案例三：末端系统，包括空调箱、新风机

问题1：风平衡失调，各空调箱回风温度不同，室内存在冷热不均现象。

建议：进行全面的风平衡调适，使各空调箱的风量能够供需匹配。

问题2：空调箱供冷能力不足，在风阀开度最大的前提下，仍存在空调箱水量不足、风量不足、盘管换热能力不足导致的制冷能力不足。

建议：对各空调箱的冷水流量、送风量进行调适，确保盘管的换热能力。

问题3：静压设定值不合理。

建议：进行全面的风平衡调适，使各空调箱的风量能够供需匹配，尽量统一控制室内温度设定值，或者限制设定温度下限，如最低26℃。完成以上调适动作之后，对静压设定值进行优化。

问题4：空调机组效率低、达不到额定工况。

如某项目调适检查，对其中84台空调机组进行了性能测试，以实测风量是否达到额定风量的85%来评估风量是否达标。其中有一半的空调机组风量达不到额定要求，主要原因如图5-15所示。

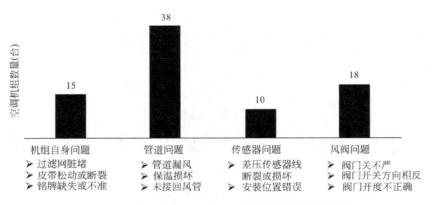

图5-15 空调机组风量达不到额定要求的可能问题

解决方法：1）解决机组自身问题；2）定期对过滤网进行清洗；3）定期对风机进行检查，皮带松动及时更换；4）对照风机样本检查风机铭牌参数；5）解决送风管道问题；6）对风管漏风处进行修补或封堵；7）对未保温的风管加装保温，对保温脱落处进行修补；8）解决风阀问题，对不能关严的阀门进行检修；9）对装反的阀门进行标记，并手动开关，对风阀开度与BA系统显示不符的，对传感器进行修正；10）解决传感器问题，对压差传感器损坏的进行更换，保证正常使用，安装位置错误的建议重新安装取压口并接入到BA系统中。采取上述调适措施后，空调末端耗电量共减少了32.2万kWh。

案例四：供暖系统

大型商业建筑存在内外分区，在冬季既需要供热又需要供冷，以下针对该类型建筑介绍一些调适的常见问题以及相应的解决方法：

问题1：管道压损较大。

由热站实测水压可知（图5-16），部分阀件或设备在额定流量下压降较大，需进行拆卸并清洗。

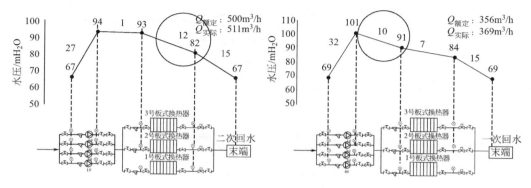

图5-16 热站实测水压图

清洗后，在相近的流量下，各板式换热器压降明显下降，阻力减小，同时板式换热器换热更加均匀。A区板式换热器二次侧清洗前后压降对比如图5-17所示。

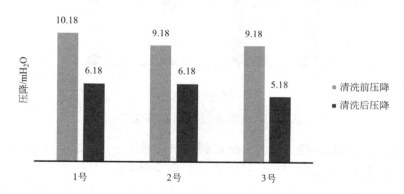

图5-17 A区板式换热器二次侧清洗前后压降对比

问题2：水力平衡。

部分公共区域实测环境温度区别较大，部分租户反馈较冷，实测各立管供回水温差较小且差别较大，水力不平衡，各区温差远小于设计值10K。

原因：热水系统水力平衡不佳，不能按需供给，区域冷热不均，调试前测试结果如图5-18所示。

解决办法：对热水系统进行水力平衡调试，主要采用热力平衡的方式。

效果：各立管供回水温差与设计偏离对比差距减小，A区实际总供回水温差在5～7K，B、C区在7～9K，环境场冷热不均的现象得以缓解，为水泵调试及系统自动化做准备，A区水力平衡调试前后对比如图5-19所示。

问题3：水泵无法变频。

现象：水泵长期无法启用变频。

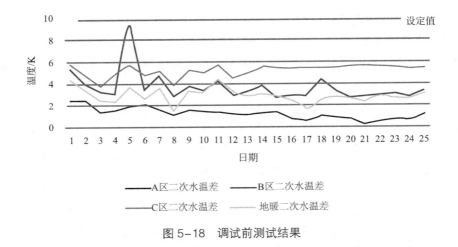

图 5-18　调试前测试结果

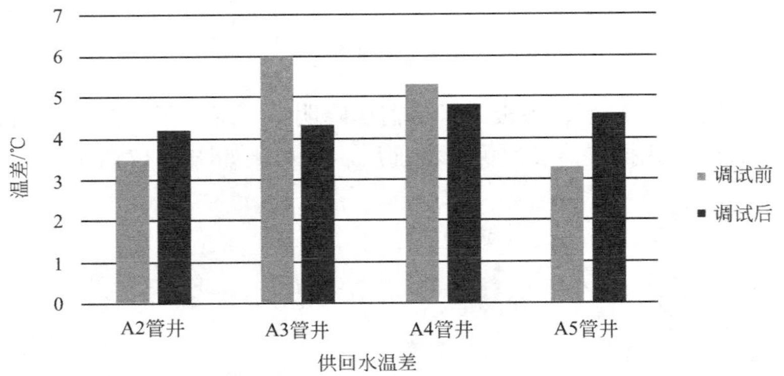

图 5-19　A 区水利平衡调试前后对比

原因：部分设备及阀件阻力较大，出口阀门未全部打开，末端水力平衡未经调试，如降低频率，减小流量，部分租户或公共区域需求得不到满足，只能手动工频开启。

解决办法：在水系统优化工作完成后，先降低水泵运行频率，并逐渐打开水泵出口处阀门，再根据实测流量以及末端需求再次降低水泵运行频率。

效果：在满足设计流量的前提下，水泵频率大幅下降，功率随之下降，A 区频率降至 47Hz，B 区频率降至 45Hz，C 区频率降至 41Hz，A、B、C 区流量如图 5-20 所示：

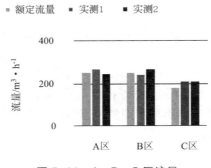

图 5-20　A、B、C 区流量

问题 4：控制策略。

现象：出水设定温度高，典型日为 55 ～ 60 ℃，导致能耗损失大，末端过度供热，同时水泵调试后虽可降频，但为保证运行效果，系统仍在手动运行。

原因：多种问题互相影响，为保证末端需求，只能使用手动模式过量供给。

解决办法：通过热水系统优化，水力平衡调试，设备调试后，已具备控制策略自动化条件，先实行自动化控制，逐渐根据实际测试需求，细微调整，最终使热站控制系统自动化运行，且各参数优于手动控制。

经上述一系列工作后，已根据室外气温，给出供水温度设定值，变化范围在 40 ～ 50 ℃ 之间，水泵变化范围在 38 ～ 42Hz 之间，解决了过量供热问题，供暖用热量下降 27260GJ，节省供暖费用 221 万元，且热水循环泵用电量下降 19.26 万 kWh，下降 44%，如图 5-21 所示。

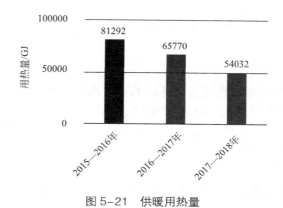

图 5-21　供暖用热量

5.6　"跃然纸上"机电系统调适案例分享

5.6.1　某办公楼运行调适

1. 项目介绍

该项目位于北京市朝阳区，为超 5A 写字楼，总建筑面积约 6 万 m²，地下 4 层，地上 30 层，为超高层一类建筑。首层为办公楼大堂及展厅，二层为展厅，三层以上为办公。办公楼地下一层为设备用房以及餐饮用房和商业用房。空调系统冷源为集中冷站供冷，末端主要采用变风量（VAV）系统。

从前期调研及反馈来看，该项目的空调系统未调适之前，主要存在以下问题：

（1）部分楼层 AHU 送风机频率升高，噪声会很大，并且风管振动；

（2）高区室内部分区域环境偏冷或偏热；

（3）屋顶新风机组无法制冷。

2. 调适方案

前期调研显示，该项目的变风量系统主要存在自控系统中控运行慢、运行逻辑混乱等问题，如末端数据采集数据错误、阀门失效、关不严等问题。针对以上问题，对VAV系统进行以下几个方面的调适：

（1）高区空调冷水系统调适；

（2）高区新风系统调适；

（3）空调机组的调适；

（4）变风量空调箱（VAV BOX）的单机调适；

（5）VAV BOX的系统平衡调适；

（6）室内环境的检测及验证。

3. 主要建议

（1）高区空调冷水系统调适

调适目的：根据设计流量使每层流量一致，保证每层冷热均匀，改善每层冷量偏差较大的情况，改善室内办公环境。

调适手段：根据每层流量温差初步判断流量分布情况，使用超声波流量计进行每层精调。

（2）高区新风系统调适

调适目的：根据新风机组的风量，将新风均匀地送入相应AHU，再由室内环境来控制每一层新风与回风的比例，从而改善室内办公环境。

调适手段：根据新风机组的风量确定每层所送入的新风量，根据实际需求通过调节新风阀门来平衡每层所送入的新风量。

（3）空调机组的调适

调适目的：根据设计负荷，在最大负荷运行时保证空调机组有满足最大负荷的能力，此时运行频率要为50Hz；最小负荷时风机在设定对应频率下运行。调节风管静压，风机频率能够由静压控制，保证节能效益。空调机组的新回风比例调节满足室内新风和室内环境要求，空调机组的水流量电动调节阀能由送风温度控制，从而改善室内办公环境。

调适手段：根据空调机组运行工况测试机组的送风量，调节二氧化碳设定值改变新风阀的开度；调节风管的静压，改变风机的频率。调节送风温度设定值改变水阀开度。

（4）VAV BOX的单机调适

调适目的：根据VAV BOX送风需求满足送风量，在最大、最小送风需求时满足室内的新风量和换气次数，VAV BOX根据所负责区域的温度很好地控制该台空调箱的送风量，改善所服务区域的环境品质。

调适手段：校验温度传感器，检查VAV BOX的通信状态，保证温度采集正确且通信正常。检查VAV BOX的电动阀，手动设置风阀开度至0、50%，观察风阀实际动作状态是否与自控一致；改变设定温度，验证VAV BOX风阀开度、一次风进风量与室内温度、设定温度的关系是否符合控制逻辑。

（5）VAV BOX的系统平衡调适

调适目的：根据VAV BOX送风需求满足送风量，保证每台VAV BOX送风量与需求风量偏差不超过15%。每一台VAV BOX在最大需求风量时电动阀开度80%左右。找到最不利末端，设定满足最不利末端时静压值。以此静压值作为实际运行控制值，改善办公环境品质。

调适手段：调整VAV BOX前端手阀，保证VAV BOX电动阀100%开度时能够满足最大需求风量并初步找到最不利末端。改变风量较大的VAV BOX设定温度，使其满足最小需求，找到最不利末端并记录静压值。

（6）室内环境的检测及验证

调适目的：根据室内温湿度分布情况，了解室内的环境，辅助调节整体平衡调适，并进行调适前后对比。

调适手段：通过AHU水阀开度改变供水流量，通过调整VAV BOX电动阀开度来改变风量，以实现室内环境品质的提升。整理记录样表如表5-6所示。

整改记录样表　　　　　　　　　　　　　　　　　　　　　表 5-6

序列	照片	问题概述	检测意见 整改建议
1		地点：二十九层5号空调箱 问题：手阀不能固定，损坏 影响：★★★★ 　　运行过程容易出现松动，送风量有偏差 时间：2018-8-11	建议：施工单位将手阀完成固定 整改情况： □已整改 □未整改
2		地点：二十九层1号空调箱 问题：1号空调箱静压管窝管 影响：★★★ 　　数据采集不正确，中控始终显示数值为零。导致中控做出错误判断，影响送风量及负责区域室内环境。 时间：2018-8-11	建议： 　　更换毕托管 整改情况： □已整改 □未整改

经过调适，高区水系统各层冷水流量及高区新风系统各层风量的差距减小，不平衡状况得到改善；VAV BOX送风量与需求风量匹配度提高，送风量过大的情况有所改善。

5.6.2　某商场+写字楼综合体冬季供暖调适

1. 项目介绍

该项目为商场和写字楼综合体，供暖建筑面积14.2万 m^2（不含停车场和酒店），其中商场8.56万 m^2、写字楼5.61万 m^2。2013—2014年供暖季单位面积天然气消耗量远大于国家标准引导值，且存在楼层间冷热不均、高区过热、低区过冷的现象。

2. 调适方案

连续监测供热量可知，办公楼耗热量占12%，商场耗热量占88%。根据监测结果，主要从以下几个方面对供暖系统进行调适工作：

（1）对漏风点进行排查与封堵。2013年起，每个供暖季均开展漏风排查，先后发现门窗漏风、结构与吊顶漏风漏热、屋面排风机及百叶风口漏风等上百处，物业运维人员均及时进行封堵，并检测封堵效果。

（2）风平衡测试，维持建筑微正压。运用二氧化碳示踪法测量无组织新风，核算得到夜间换气次数为0.18h^{-1}，日间新风量根据风压调整。冬季AHU新风风阀关闭，测量并调节商场PAUR新风，修正部分PAUR联动问题，保障新风供应。

（3）全面排查AHU及PAUR自控系统，校核传感器精度。部分AHU与PAUR的控制温度目标与实际温度仍有较大差别，需要逐台排查，确定是否是传感器误差还是机组控制策略出现问题。

（4）精细化调节措施。消除局部过热问题，可通过调整AHU及AHNU的运行时间，改善局部过热问题；完成楼内水系统热力平衡调节，减小不同立管的供回水温差，保证不同立管的热力平衡。

（5）提高锅炉效率。增加烟气热回收，提高系统效率。未来还将实现锅炉负荷无级调节改造，避免由于楼内负荷与锅炉出力不匹配频繁启停，损失锅炉效率。

（6）调节供水温度。由于写字楼为玻璃幕墙建筑，且气密性较好，同时灯光设备、人员与太阳辐射对热负荷也有重要影响，实际需要的热站供热量较低。因此，需根据办公楼的负荷规律，进行供热质、量双调节。

3．主要建议

经过调适，该建筑供暖燃气消耗量大幅降低，室内环境热舒适和空气质量均大幅度改善。为实现办公楼近零能耗供暖运行技术路线，在提高围护结构和供热系统的基础上，在运行中需要注意的问题包括：

（1）对于在冬天同时存在供热和供冷需求的建筑，若有过热区域，并希望采用四管制系统抵消冷热时，需研究缓解现状并降低能耗的运行方式；

（2）需要通过数据获得室内实际需热量；

（3）设备调适结合策略调适，供热量需匹配建筑负荷规律；

（4）具有不同负荷规律的建筑部分建议单独控制，从而增加系统灵活性；

（5）增加自由冷却系统，大幅减少供暖季楼内供冷量。

5.6.3 某购物中心电气调适

1．项目介绍

某商场1号变压器（10kV/0.4kV，1600kVA）运营中出现电容补偿经常故障、功率因数和谐波电流不合格等问题，当地供电部门勒令整改，于是聘请专业机构进行测试和改造。

测试时间为周末中午，测试点为低压侧进线柜断路器下口，无功补偿装置自动运行。电能质量测试数据如表5-7所示。

某商场1号变压器电能质量测试数据　　　　　　　　　　　　　　　　　表5-7

测试项目	1号变压器	结论	参考值
电流/A	382.2	—	—
3次谐波电流/A	112.3	不合格	62
5次谐波电流/A	73.5	不合格	62

续表

测试项目	1号变压器	结论	参考值
7次谐波电流/A	40.3	合格	44
9次谐波电流/A	15	合格	21
11次谐波电流/A	9.8	合格	28
13次谐波电流/A	6.4	合格	24
三相功率因数	0.88	不合格	0.95

表5-7中数据的测试时间为周末中午，基本可代表商场高峰负荷，变压器负荷率不足，严重偏离经济运行区域。1号变压器低压侧功率因数不符合当地供电部门要求的一般工商业用户考核点高于0.95的要求。系统的3次和5次谐波超出《电能质量　公用电网谐波》GB/T 14549-1993的要求。

测试期间无功补偿柜处于自动投切状态，但功率因数平均值低于0.9，原因是现场无功补偿装置步级太大，造成欠补。原有无功补偿装置为纯电容补偿，现场谐波含量较大，纯电容补偿对谐波有放大的作用。

2. 调适方案

根据以上测试数据和问题分析，拟对原有无功补偿装置予以更换，测试机构建议三种可选方案：

（1）采用传统的动态无功补偿装置，配置自愈式电容器、调谐电抗器和步投控制器等；

（2）采用传统的动态无功补偿装置+有源滤波装置APF的组合；

（3）采用SVG（静止无功发生器）型无功补偿装置。

3. 主要建议

综合技术经济比较，结合现场条件、日后的扩容需求等，最终选用方案（3），配置一台500kVA静止无功发生器SVG。改造工程结束后，商场高峰负荷期间，系统的功率因数、谐波含量等均在合格范围。

5.7 "深入细致"浅谈电气火灾报警系统调适

前文对电气火灾监控系统设计进行了较详细的介绍，实际交付部分项目漏电超标情况较突出，一方面与设计和施工有一定的关系；另一方面涉及系统调试的问题。本节重点探讨相关调适的问题。

目前电气火灾监控系统根据布线形式可分为有线和无线2大类，有线分CAN总线和KNS总线2类，以CAN总线敷设方式为例，阐述其调适的基本逻辑及具体调适方法。由于总线的敷设和调适往往不是由一个单位完成的，所以在调适前应该把总线敷设的情况摸清，做到心中有数。

5.7.1 测试总线的步骤和方法

（1）不连接主机的总线端子，先测量CAN总线两端的交流电压。一般情况下这个电压应该非常低，接近0，是比较正常的，说明没有干扰。假如大于0.2V，说明干扰比较大，可能影响正常的通信。

（2）在确认CAN总线上无高的电压以后，进一步使用欧姆表测量总线两端的电阻值，前提条件是还没有并联任何匹配电阻的情况下的测量值，如果阻值较小，要了解是否并联了电阻，把电阻去掉以后再测量。

（3）测量总线两条线中的每一条对地的电阻，电阻值均应大于2MΩ以上，如果电阻过小，例如小到几十千欧，说明总线对地有短路，要进行排除。

（4）确认总线的总长度没有超过2000m。通过图纸上的大致估算和测量，可以大致估计总线的总长度，保证其没有超过2000m。

（5）确认总线没有接成环形接法，如果不能确定，要进行实地勘察，哪怕是在局部，也要保证其没有环形接法。

调试前还要做以下工作：

（1）测试完毕后，就可以把总线连接在主机的总线输出端子上，注意极性不要接错。

（2）在调试前，要保证每个探测器均已经上电，是否报警无碍，但是最好把报警的探测器的地址记录下来，以便调试主机时参考。

（3）调试前确认主机无任何故障和问题（可以在调试前先把主机就近连接1～2个探测器一试）。

5.7.2 调适工程中具体问题分析

接通主机电源，观察探测器的上线情况，可能会有以下几种情况：

（1）基本全部上线，仅有1～2个探测器没有找到；

（2）基本全部没有上线，仅有1～2个上线；

（3）1/3以上未上线；

（4）全部上线（或大部分），但是保持不住，逐渐掉线，直到掉完为止；

（5）某些探测器（可以是某些固定地址的，也可能是不固定的）时而上线时而掉线。

对于第（1）种情况，是比较正常的，基本可以找到其不上线的原因，排除后可以全部上线。这属于比较顺利的情况。

对于第（2）种情况，在保证监控设备没有问题的前提下，基本可以断定是总线问题。判断是否为总线问题的方法：1）断开干线，从主机到第1台探测器使用临时线代替，看上线情况有无改进，即可判断这段干线的质量。2）暂时把全部探测器从总线上摘掉（只摘一根线），然后一个一个地往上接，接一个就使用对讲机和中控室联系，看上线情况，如果上线就再接第2个，直到接到某一个探测器时，前面已经上线的探测器突然全部掉线，说明这个探测器可能有问题。依此类推，逐一排查，会找到问题症结。

对于第（3）种情况，可以观察掉线的探测器的地址，应该是处于某一段总线上的探测器掉线，如果确实如此，那么可以断定在此处的总线存在问题，按照上述步骤注意排查可以解决。

第（4）种情况属于干扰比较严重的情况，可以把总线分段，先把最远端的一段断开，观察上线情况，然后再断开一段，再查看，逐段进行，就可以找到故障所在。

第（5）种情况类似于第（4）种，但是比第（4）种的干扰轻微些，通过分段查看的办法可以找到故障段，并想办法解决。

对于回波干扰，可以采取在探测器的总线端子上并接 $1\,k\Omega$ 电阻的办法解决，但是在同一总线上不能并联的电阻太多，一般最多不能超过10个，再多就会造成电阻值过小，使通信质量下降。

5.7.3　布线设计及施工原则

为了使电气火灾监控系统的调试简单容易，要重视总线的敷设，要严格按照以下要求进行：

（1）总线的材质一定要按照要求，保证线材的截面积达到要求，如总线截面积≥$2.5mm^2$；经验证明：一定要买国标线，不要买非标线。

（2）总线的长度一定要严格控制，CAN总线不超过2000m。

（3）总线敷设一定不要走强电线槽，要单独走线管，且线管外皮接地。

（4）总线一定要使用双绞线，即使屏蔽线也要双绞线，且屏蔽层一端接地。

（5）总线的敷设中不要有环形接法，局部也不行。要采用放射形、树枝形或二者结合形均可。

（6）总线使用双色线，红色接主机输出端的正极，白色（或黑色）接负极。

（7）总线严禁和交流220V有任何联系，否则会烧毁电气火灾监控设备。

（8）总线决不能和金属管外皮有任何短接，否则信号传输不稳定。

（9）总线不能短路，否则易烧毁设备。

（10）总线在接线盒中连接时要牢固可靠（有条件的情况下要焊接接头），接头处的包扎绝缘良好。

关于低压柜剩余电流探测器的安装，一般由盘柜厂家统一安装，随柜体到场；而低压出线回路电缆较大，柜体内空间有限，往往会出现电缆很难穿越线圈、探头不能固定安装等问题，如图5-22所示。

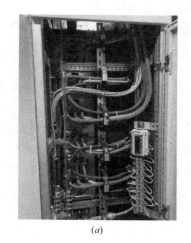
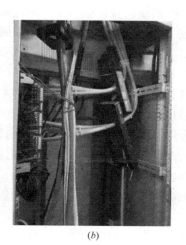

(a)　　　　　　　　　　　　　　(b)

图5-22　低压柜剩余电流探测器的安装问题

5.8 "云消雾散"浅谈冰场起雾诊断及治理

某大型商业综合项目内设计了 $1800m^2$ 的标准冰面，自7月中旬冰面开始出现薄雾，到7月下旬左右雾气逐渐变大，每次大雾持续时间约十几分钟，距离冰面约80cm的高度内都被雾气所笼罩，每天起雾频率2～3次。8月初此冰场将承接亚洲滑冰邀请赛活动，大雾的情况势必会影响运动员的发挥及裁判的判分。通过对冰场起雾原因进行深入的研究和分析，制定了相关的治理措施，最终保证了赛事的顺利举行。

冰场起雾的根本原因是湿度大，针对该问题，对场内及冰场周边环境展开了一系列的调研和分析。通过对场内环境测试，发现场内 CO_2 平均浓度为502ppm，明显低于常规标准，湿度达到82%，因项目地处海边，夏季室外湿度较大，明显存在湿热空气侵入的问题。所以外因着手湿热空气侵入，内因着手空调除湿能力。

5.8.1 内因调研及分析

（1）调研制冷系统运行情况，发现近期物业运行中主机一般情况下只开1台2000RT和1台500RT主机，偶尔会运行2台2000RT主机，二次泵流量大于一次泵，且主机的出水温度设定为7℃，实际运行制冷系统的供水温度为9～10℃，与原设计值（6℃）供水温度差距较大，故末端AHU和PAU除湿能力大打折扣。

协调物业将主机的出水温度调整到6℃，并在白天营业高峰期主机开到2～3台，保证系统的供水温度在6℃左右。并在夜间将一台小机及冰场侧的二次泵系统开启（临时措施），实现除湿功能。

（2）排风机运行时间为9：30～21：30运行，中庭风平衡失调，负压较严重，排风结合人员密度情况适当关闭。

（3）冰场后勤区的风机盘管电动阀冷热水控制线接反，风机盘管水过滤器堵塞。将冷热水电动阀控制线调整正确，清洗过滤器。风机盘管运行正常。

（4）冰场顶棚设置了除湿系统，调研发现除湿空调运行总风量（$25000m^3/h$）比设计风量小25%。检查回风管发现有一个穿墙处的阀门关闭，将该阀门打开后测得总风量（$33300m^3/h$）达到设计值。

（5）冰场顶棚的2台除湿空调的回风口均未与百叶连接紧密，且风管周围封堵不严。回风部分为吊顶内的风。

将回风管周围封堵严密，并调节各回风口手动阀，使冰场周边的回风口风量均衡。因除湿空调安装高度较高，干冷空气无法到达冰面，此方面设计应进一步研究。

除湿空调机组的运行策略未充分研讨，其变频AHU的控制点表如图5-23所示。

建议：用混风温湿度计算露点温度，露点温度与冷水盘管后侧温度比较调节冷水阀开度除湿。

（6）测得冰场周边AHU和PAU的BA送风温度设定为24℃，回风温度设定为26℃，均高于设计值。将LG层以上AHU和PAU送风温度调整到16℃，回风温度调整20℃。测试过

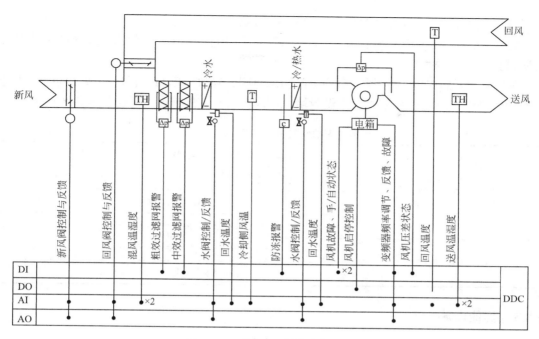

图 5-23　变频 AHU 的控制点表

程中，发现这几台 AHU 风量偏小，主要原因为粗、中效过滤网脏堵严重。另一台 AHU 回风温度与回风口附近室温偏差较大，原因为精装时未开设回风口，回风均为顶棚内吊顶回风。后清洗过滤网，精装单位开设回风口后，AHU 运行正常。

5.8.2　湿热空气侵入调研

冰场周边为餐饮业态及美食广场，实测发现美食广场一侧为负压，因为其负压较大，造成六层等区域室外新风在补充美食广场负压时将湿热空气带至冰场周边。

（1）排查美食广场的 5 台补风机发现有 2 台风机无法开启。调试后风机运行正常，利用晚上闭店的时间排查美食广场内风管阀门开启情况，发现租户施工的管线杂乱，阀门未开的有很多，在第二天营业前将阀门开启，但仍有部分阀门处吊顶内空间狭小无法检查其是否开启。

（2）排查冰场周边租户排油烟补风机运行情况。发现部分租户补风量严重不足，部分租户补风机未开启。通过对租户提出整改要求，要求整改到位，保证补风风量达到排油烟风量的 90%。

（3）对冰场周边围护结构进行了排查，发现六层温室花园有 3 个大的门洞口未封闭，每个口都有大量室外空气吹进中庭，该位置距离冰场很近，对冰场影响较大。有门的将门常闭上锁，没有门的位置用大芯板等将洞口临时封闭。还发现七层冰场吊顶上空有 3200mm × 1200mm 的洞口通往室外，有大量湿热空气倒灌。用镀锌铁板将该洞口进行了临时的封闭处理。

（4）商场出入口门均未错位开启，部分入口门斗内外侧门是常开的，其为自由开关状态，风大时两樘门均被风吹开，造成室外湿热空气进入室内。其中主入口为东南门，夏季主导风向为东南风，如此门常开，会形成穿堂风，湿热空气侵入严重。加强入户门的管理，将商场出入口门错位开启后，将其他门暂时关闭上锁，从入口侵入到商场的室外空气有所减少。

检查中还发现中庭屋顶风机房预留门洞未封闭，导致中庭与该机房连通。同时该机房内有预留排油烟风管通往室外且未做封堵，该风机房与室外连通。总结如表5-8所示。

阻止湿热空气进入对策   表 5-8

室外湿热空气侵入	商场出入口门斗营业期间错位开，非营业时间关闭
	进车库电扶梯玻璃门、车场与商场进入口正常需关闭
	电动排烟窗需关闭
	六层通室外屋面玻璃门需关闭
租户湿热空气侵入	保证美食广场排风正常开启
	监控、维持冰场周边餐饮租户气流组织正常

5.8.3 其他措施

（1）清洗冰场周边的AHU水过滤器和风滤网。

（2）冰场周边安装10台除湿机。

（3）检测冰场周边温湿度及风柜运行情况，并记录雾气严重程度等。

5.8.4 反思

（1）检查中发现封堵不到位的地方有很多，造成室外湿热空气侵入较严重，风平衡难以调试到位，空气处于无组织状态。同时会造成夏季冷负荷和冬季热负荷增大且室内很难达到设计效果。因此对围护结构应引起重视，重点排查。

（2）空调调试不到位，主系统调试未完成，更多的问题是在末端的小问题没有得到及时解决，比如风口的接驳、阀门的开关、过滤器的清洗和送回风温度的设定等。

（3）租户排油烟及补风的管理几乎是缺失的，虽然设计有排油烟、补风的BA检测，但几乎是形同虚设，施工阶段租户不配合，缺乏监管，导致运营后无法达到设计的功能。

（4）应关注各出入口的管理，在顾客出入频率低时及时关闭。其他门在没有人员通过时应保持常闭。出入口需加强运营维护的管理。

5.9 "工欲善于其事，必先利其器"浅谈机电系统调适工具

机电系统调适过程中通常会用到很多测试设备，比方流量、风速、温度、功率需要现场测量，本节对其测试设备进行阐述。

1. ZRN-2000P便携式超声波流量计

特点：非接触式测量（将带磁性的超声波流量计传感器吸附在管道外壁，即可完成流量的测量）。

主机，2×20点阵式背光型液晶显示器，工作温度−20 ~ 60℃。

标准TS−2型适用管径：$DN15$ ~ $DN100$，流体温度−30 ~ 90℃；

标准TM−1型适用管径：$DN50$ ~ $DN700$，流体温度−30 ~ 90℃；

标准TL−1型适用管径：$DN300$ ~ $DN6000$，流体温度−30 ~ 90℃。

管道材质：钢、不锈钢、铸铁、PVC、铜、铝等一切质密的管道，允许有衬里。

测量介质：水、海水、工业污水等能传导声波的液体。

流速范围：0 ~ ±30m/s。

测量精度：线性度优于0.5%，重复性精度优于0.2%，流量优于 ±1%，热量：优于±2%。

主机电源：镍氢电池可连续工作20h以上或AC 220V功耗1.5W。

充电：采用智能充电方式，直接接入AC 220V，充电后自动停止，显示绿色。

信号强度、质量用0 ~ 99.9的数字表示（60 ~ 75差，75 ~ 80良，80以上优）。

实测与理论传输时间比：在97% ~ 103%。

2. 热球风速仪

风管的风量宜用热球式风速仪测量，由热球式风速传感器(热敏电阻测温)和测量仪表两部分组成。

该仪表使用的是热球式风速测头、测量部分由单片机和高精度、低温漂的芯片组成。风速测量部分还具有高精度的恒流装置。该仪表可广泛用于测量管道、目标环境、气象、暖通空调、环保、节能监控、农业、冷藏、干燥、劳卫、医疗、洁净空间等场合风速的测量。

测量风速范围：0 ~ 10m/s或0 ~ 30m/s。

风速测量误差：仪器在正常使用下，温度在0 ~ 40℃；相对湿度30% ~ 85%，大气压强在97 ~ 104kPa范围内，仪器的基本测量误差如下：当测量风速为0 ~ 30m/s时，其测量误差：±5%读数+1个字。

附加误差：测头方向偏差为 ±15° 时，其附加误差≤ ±5%(满量程)，使用时要注意，测试点正对迎风面，以免引起附加误差。

该仪表有即测即显和存储数据功能，可以自动记忆测量64组数据。

传感器响应时间≤3s。

传感器测杆尺寸：最长620mm，最短250mm，直径$\Phi 11$mm。

USB接口将存储数据导入计算机，通过USB接口给锂电池充电。

3. 三相电功率计

三相电力分析仪TES−3600。

交流电压：挡位600V，准确性 ±0.5%读值 ±10位（＞30V）。

交流电流：挡位250A、500A、1000A，准确性 ±0.5%读值 ±10位+夹式电流感应器规格。

有效功率：挡位600kW，准确性 ±0.5%读值 ±10位+夹式电流感应器规格。

视在功率：挡位600KVA，准确性 ±0.5%读值 ±10位+夹式电流感应器规格。

操作环境温湿度：0 ~ 50℃，（相对湿度低于80%）。

4. 温度自记仪

（1）工作原理

温度自记仪是一种智能化的温度测量和记录仪表，它以微处理器为核心，能定时对目标环境温度进行自动测量，并把测量结果保存在内部的存储器中。它小巧、轻便、自动记录、无需人工监视，广泛应用于测量和记录温度数据的场合。如：目标环境温度测量、气象记录、空调系统调试、制冷产品检验、供暖效果测试、节能监控、农业、冷藏、医疗、食品卫生等各种需要了解温度变化过程的领域。

（2）主要技术参数

测量范围：–20 ~ 80℃（WZY–1A）、–40 ~ 60℃（WZY–1B）、–50 ~ 100℃（WZY–1C）。

仪表不确定度：±0.3℃（WZY–1A/1B）、±0.4℃（WZY–1C）。

仪表工作环境温度：0 ~ 50℃。

仪表工作环境相对湿度：10% ~ 90%。

非易失性存储器，存储容量：30000点。

可设置启动时刻：2000—2999年可任意时刻调节。

可设置记录时间间隔：2秒 ~ 23小时59分59秒（最小间隔：1s）。

三位半液晶显示，可自行设置屏保时间：1 ~ 9min，长亮（调整最小间隔：1min，默认值：2min）。

电池：内置3.6V可充电锂电池一节，可长时间工作，建议每三个月充一次电。

外形尺寸：98 × 49 × 25（mm）。

传感器标准引线长度：1.5m。

标准测头尺寸：15mm × 6mm × 3mm（长方形）或30 × Φ4mm（管状）。

重量：100g。

系统接口：USB接口。

5. 温湿度自记仪

（1）工作原理

温湿度自记仪是一种智能化的温度湿度测量和记录仪表，它以微处理器为核心，能定时对目标环境温度和湿度进行自动测量，并把测量结果保存在内部的存储器中。它小巧、轻便、自动记录、无需人工监视，广泛应用于测量和记录温度数据的场合。如：目标环境温度湿度测量记录、气象记录、空调系统调试、节能监控、农业、冷藏、劳卫、医疗、食品卫生等各种需要了解温度湿度变化过程的领域。

（2）主要技术参数

仪表分辨率：温度0.1℃，相对湿度0.1%。

仪表量程：温度–40 ~ 100℃，相对湿度0 ~ 100%。

仪表工作环境温度：0 ~ 50℃。

仪表工作环境相对湿度：10% ~ 90%。

非易失性存储器，存储容量：15000组。

可设置记录时间间隔：2秒 ~ 23小时59分59秒（最小间隔：1s）。

三位半液晶显示，可自行设置屏保时间：1 ~ 9min，长亮（调整最小间隔：1min，默认值：2min ）。

电池：内置3.6V 充电锂电池一节，可长时间工作，建议每三个月充一次电。

外形尺寸：98mm × 49mm × 25mm。

传感器标准引线长度：0.75m 或0.35m。

标准探头尺寸：62 × Φ16mm。

重量：100g。

系统接口：USB 接口。

6. 环境测量自记仪

（1）工作原理

HCZY–1环境测量自记仪是一种智能化的二氧化碳浓度及温湿度检测、自动记录仪表。该仪表采用低功耗设计，使用进口的环境测量传感器和温湿度传感器，实现了长时间、高精度的连续采集。

（2）主要技术参数

测量范围：二氧化碳浓度0 ～ 5000ppm。

测量精度：± 75ppm 或读数的10%。

温度测量范围：–40 ～ 100℃。

相对湿度测量范围：0 ～ 100%。

传感器长期稳定性：10年小于5%FS。

温度漂移：0.2%FS/℃。

仪表工作环境温度：0 ～ 50℃。

仪表工作环境相对湿度：10% ～ 90%。

内存存储器，最大可存储数据容量：大于6万组数据。

128 × 64点阵液晶，LED 背光。

内部供电：内置8000mAh 可充电聚合物锂电池一块。

外部供电：电源转换设备（普通手机充电器）+专用USB 数据线。

功耗：连续工作平均功耗3.7V，小于50mA。

采集时间：采集周期≤3min，采集时间不小于3d，采集周期≥30min，采集时间不小于25d。

仪表外形尺寸：204mm × 112mm × 38mm。

手持式仪表重量：< 400g。

可设置采样时间间隔：4秒 ～ 23小时59分59秒（最小间隔：4s）。

记录的数据通过USB 导出保存并生成EXCEL 文件，绘制成环境测量浓度的参数曲线。

7. 转轮风速仪

FLUKE–925福禄克转轮风速仪。

测量风速范围：0.4 ～ 25m/s，分辨率0.01m/s。

精度：± 2%。

测量风温：0 ～ 50℃，分辨率0.1℃，精度 ± 0.8℃。

测量风量：0.01 ～ 99.99m^3/s，面积0 ～ 9.99m^2，分辨率0.01。

风速/风量传感器：常规角向叶轮臂，采用润滑滚珠轴承。

风温传感器：精密热敏电阻。

电池：9V 电池（约100h 使用时间）。

工作温度：0 ～ 50℃，相对湿度：＜80%。

5.10 "有案可查"商业项目机电巡检应查什么

机电巡检的目的应以保证机电系统最终安全、稳定、高效运行为目标，通过从设计、施工到运行各阶段的全过程检查，推动项目及时发现问题、暴露问题、解决问题、督促项目并重视机电系统的实际运行效果，重视机电系统安全及运行品质和效率，尤其是消防、电气方面保证系统安全、可靠，功能方面提高运行效率，降低运营能耗，同时对商场温度等运营品质有所保障。通过从设计、施工到运行各阶段适当的检查和评估来评价各项目的机电系统设计管理、施工质量管理及运行管理等状况，并通过对质量问题的整改及预防控制措施的跟踪落实，消除项目安全、质量隐患及各类风险，促进产品质量和客户满意度的持续提升和成本的有效控制。

工程质量由项目工程师、监理等层层把关，设计院及甲方设计师是否需要巡检？如果巡检设计师应具体检查点什么呢？笔者认为作为一名设计师应定期或不定期进行现场巡检工作，一方面审查现场施工质量是否满足设计要求，另一方面巡检过程中检查是否存在设计问题。作为设计师巡检更多的是从功能角度检查，如巡检过程中结合现场的整体感，梳理和重新评估空调系统及遮阳设计，是否存在设计缺陷和是否需要采取其他加强措施等。特别是在联调过程中应重点关注风平衡、水平衡等调试情况及机组效率、整体能耗等运营问题。使设计、施工、运营实现良性循环，整体提高机电质量，而不是"自扫门前雪"。机电是个系统工程，专业的打通及过程的打通至关重要。设计师应有相关意识。

5.10.1 空调系统巡检重点关注点

机电巡检时应从系统功能、管线综合情况、工艺做法、品质等较多角度检查。制冷主机系统从设计之初就应关注系统整体运行效率和系统品质，根据建筑等空间情况保证机电系统的合理性。后续应针对设计关注的重点进行巡检检查，检查是否达到设计要求。

1. 制冷主系统关注点

（1）水阻力会影响制冷系统输送效率，巡检要关注管道的敷设情况，检查和关注冷水机组、水泵、冷却塔的支管与主管道连接，是否参与顺水三通；水泵入口变径是否为顶平；出口是否为同心变径；通过测试记录关注冷水机组、风柜、水泵、Y形过滤器、止回阀等阻力部件前后均压降是否控制在 $2mH_2O$ 以内；是否有管道冲洗方案，并检查冲洗记录，现场放水查看水质等。现场水质过程照片如图5-24所示。

（2）从计量精准度角度，关注核心检测设备安装情况，如能量计应采用管段式，且安装需保证前 $10D$、后 $5D$ 直管段的要求，关注能量计的精度等级及现场校验情况。

（3）从运行效率角度，逐台审查空调水泵设计工况检测表及测试记录，如单泵运行流量和组合运行流量、压差、电流（调试记录）等，性能参数及曲线是否满足设计选型要求；水泵运行曲线是否存在左偏或右偏的问题。

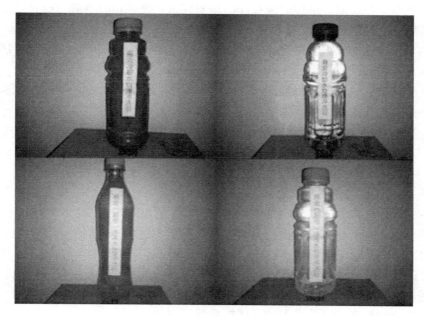

图 5-24　现场水质检测照片

例如，实测数据较理论点偏左，水泵性能曲线有变化，流量缺少19%，扬程增加3mH₂O。因此要系统地排查原因，如排查系统阻力问题，清洗过滤器、对水进行除垢等，降低不合理沿程阻力。另外，应关注如采用大温差设计，管道选型偏小，实际运行时采用小温差运行，会造成管道阻力增加，且水力失调等问题的发生。

（4）从运营安全和品质角度，关注有冻结危险的地区，冬季运行的冷却塔的防冻措施是否符合设计要求，冷却塔填料及边框是否为防冻型材料制作，集水盘是否设电伴热及电加热设施，相关补水管，冷却水供回水管及阀门等是否设保温及电伴热。

（5）从效果角度，关注冷却塔周边的风环境是否畅通，是否存在建筑和设备遮挡问题，是否存在影响散热问题等。

（6）从安全角度，关注制冷主机电机、控制屏上方是否避免安装水管，吊装口下方是否有大型设备等。

（7）整体应关注检查冷站综合效率，是否实现设计约定的 COP 指标，冷却水/冷水传输效率是否满足设计的模拟情况。

（8）从安全角度，关注供暖管道、冷水管道、冷却水管道在自然补偿不足而必须安装伸缩器时，是否尽量采用方形伸缩器，是否有管道的热伸长量计算书，是否根据计算结果配置伸缩器。

（9）关注在闭式系统的最高点、楼层管道的最高点以及容易产生气堵的马鞍弯处是否安装自动排气阀。

（10）关注冷却塔布水支管均是否设置调节阀门，是否均匀布水等。

2. 空调机组及管路检查点

设计应考虑商场在不同季节、不同时间段的室内空气平衡，需进行商场整体风平衡设计及计算。商场排风机宜为多台设计，以便于不同季节、不同使用情况下的排风量调节。必要时排风机可变频控制。巡检时应关注商场整体风平衡，检查各餐饮租户排油烟风机风量及补风机风量是否满足要求。

（1）冬季寒冷地区室内管道在靠近外墙、后勤走道、楼梯间等不完全供暖区域防冻措施是否到位？

（2）风柜风量、效率、风机静压/全压测试（记录）；是否完成风管漏风试验，检查漏风试验合格报告。其效率可根据如下公式进行核对。

$$\eta_f = \frac{G \times H}{1000 \times N} \times 100\% \tag{5-7}$$

式中　G——风机风量，m^3/h；

H——风机风压，Pa；

N——风机电机输入功率，kW。

（3）关注压力表的量程及精度，是否在水泵前后、过滤器前后安装压力表，根据压差情况判断过滤器的脏堵情况。

（4）从运维角度检查空调箱出水管上比例积分调节阀是否设置旁通及阀门，冷凝水存水弯高度是否满足安装要求，空调箱及附配件安装完成后需有足够的检修空间，所有空调箱出水管上加装的温度传感器是否接入楼控系统。

（5）从噪声影响角度关注组合式空调机组和吊装空调机组是否设置了减振措施。

参考文献

［1］陆耀庆. 实用供热空调设计手册［M］.2 版. 北京：中国建筑工业出版社，2008.

［2］中华人民共和国住房和城乡建设部. 民用建筑供暖通风与空气调节设计规范：GB 50736–2012［S］. 北京：中国建筑工业出版社，2012.

［3］中华人民共和国住房和城乡建设部. 多联机空调系统工程技术规程：JGJ 174–2010［S］. 北京：中国建筑工业出版社，2010.

［4］徐秋生，陈启，许爱民. 多联机空调系统设计探讨［J］. 暖通空调，2008，38（1）：69–73.

［5］中华人民共和国住房和城乡建设部. 民用建筑能耗标准：GB/T 51161–2016［S］. 北京：中国建筑工业出版社，2016.

［6］代允闯. 空调冷冻站"无中心控制"系统研究［D］. 北京：清华大学，2016.

［7］清华大学建筑节能研究中心. 中国建筑节能年度发展研究报告 2017［M］. 北京：中国建筑工业出版社，2017:1–4.

［8］李娥飞. 暖通空调设计与通病分析［M］. 北京：中国建筑工业出版社，2004.

［9］王鑫，魏庆芃，江亿. 基于能耗数据和指标的空调系统节能诊断方法及应用［J］. 暖通空调，2010，40（8）：22–24，4.

［10］常晟，魏庆芃，蔡宏武，等. 空调系统节能优化运行与改造案例研究（1）：冷水机组［J］. 暖通空调，2010，40（8）：33–36.

［11］常晟，魏庆芃，蔡宏武，等. 空调系统节能优化运行与改造案例研究（2）：冷水系统［J］. 暖通空调，2010，40（08）：37–40，56.

［12］沈启，魏庆芃，陈永康. 空调系统节能优化运行与改造案例研究（4）：冷却塔［J］. 暖通空调，2010，40（8）：45–50.

［13］常晟，魏庆芃，姜子炎，等. 空调系统节能优化运行与改造案例研究（3）：空调机组［J］. 暖通空调，2010，40（8）:41–44.

［14］冯一鸣. 基于层次化指标体系的制冷站诊断方法研究［D］. 北京：清华大学，2013.

［15］黄章星. 变频一二次泵设计问题四则［J］. 暖通空调，2007，37（7）：83–85.

［16］高养田. 空调变流量水系统技术设计发展（之二）［J］. 暖通空调，2009，39（1）：92–101，126.

［17］常晟. 空调系统节能优化运行与改造案例研究（2）:冷水系统［J］. 暖通空调. 2010，40（8）：37–40，56.

［18］钱漾漾. 磁悬浮变频离心式冷水机组可应用性研究［D］. 北京：清华大学，2017.

［19］魏庆芃，张辉，许哲文，等. 某机场暖通空调系统的改造及调试运行［J］. 建筑技术，2020，51（6）：666–670.

［20］姜凯迪，崔红社，高屾，等. 磁悬浮冷水机组在公建项目中的应用分析［J］. 建筑热能通风空调，2020，39（9）：58–61.

［21］肖龙洋，宋晋.民用建筑暖通空调系统节能设计措施分析［J］.绿色环保建材，2020（3）：38，40.

［22］丁伟翔，唐红，蒋一鸣.某办公楼空调系统冷热源节能改造方案测算［J］.节能，2020，39（4）：33-35.

［23］张昌建，覃皓，刘欢，等.天津市某商业楼节能改造技术经济分析［J］.科技创新与应用，2019（23）：158-160.

［24］邹国良.上海市某高星级酒店节能减排解决方案与节能潜力分析应用研究［J］.节能，2020，39（6）：26-30.

［25］温彩霞，范宜斌，张云峰，等.磁悬浮制冷机在百货商场空调系统节能改造中的应用分析［J］.上海节能，2020（4）：341-345.

［26］黄渝兰.某商场空调系统节能改造案例分析［J］.四川建筑，2019，39（2）：320-322.

［27］张向阳.某高层酒店建筑空调系统节能改造分析［J］.节能，2020，39（5）：36-39.

［28］沈中健，曾坚.自控系统在某建筑节能管理中的应用［J］.建筑节能，2018，46（11）：105-109.

［29］何佳.广州某酒店自控系统改造节能分析［J］.建筑热能通风空调，2020，39（4）：81-83.

［30］贺静静.陕西省某商场空调系统的节能改造研究［J］.自动化仪表，2020，41（7）：52-55，60.

［31］张向阳.某高层酒店建筑空调系统节能改造分析［J］.节能，2020，39（5）：36-39.

［32］李佳殷，周勃，乔清锋.基于Elman神经网络的新风负荷预测研究［J］.建筑节能，2020，48（3）：19-21，39.

［33］周璇，凡祖兵，刘国强，等.基于多元非线性回归法的商场空调负荷预测［J］.暖通空调，2018，48（3）：120-125，95.

［34］叶飞.中央空调系统能效分析及评价技术［J］.科技资讯，2015，13（25）：79-81.

［35］中华人民共和国国家质量监督检验检疫总局.空气调节系统经济运行：GB/T 17981-2007［S］.北京：中国标准出版社，2007.

［36］李先庭，赵阳，魏庆芃，等.碳中和背景下我国空调系统发展趋势［J］.暖通空调，2022，52（10）：10.

［37］衣健光.碳约束下空调冷热源系统选择思路与探讨［J］.暖通空调，2022，52（4）：6.

［38］江亿.“光储直柔”——助力实现零碳电力的新型建筑配电系统［J］.暖通空调，2021，51（10）：12.